全国高等院校计算机教育规划教材

计算机网络技术与应用

主　编　朱小明　孙　波
　　　　王　兵　张冬慧
副主编　肖永康　肖　融　林　捷
　　　　曾宇胸　张　弘

U0248515

中国铁道出版社
CHINA RAILWAY PUBLISHING HOUSE

内 容 简 介

为了使读者能够更好地学习计算机网络基础知识，培养出大量的计算机网络应用人才，本书系统地介绍了目前计算机网络中一些常用的技术。全书共 8 章，内容包括：计算机网络基础；网络体系结构和 TCP/IP 协议；Windows 操作系统和常用服务器配置；Linux 操作系统和常用服务器配置；网页的制作；路由器及选路协议基础；交换机配置基础；计算机网络安全。

本书层次清晰、概念准确、内容丰富、图文并茂，注重实验和能力的培养。本书在介绍理论的同时突出应用，其目的是为了培养合格的网络管理员和网络工程师。

本书适合作为高等院校计算机专业的教材，也可作为计算机网络爱好者的自学参考用书。

图书在版编目（CIP）数据

计算机网络技术与应用 ／ 朱小明等主编. --北京：
中国铁道出版社，2011.1
全国高等院校计算机教育规划教材
ISBN 978-7-113-12512-7

Ⅰ. ①计… Ⅱ. ①朱… Ⅲ. ①计算机网络－师范大学
－教材 Ⅳ. ①TP393

中国版本图书馆 CIP 数据核字(2011)第 009465 号

书　　名：**计算机网络技术与应用**	
作　　者：朱小明　孙　波　王　兵　张冬慧　主编	

策划编辑：沈　洁			
责任编辑：杜　鹃	**读者热线电话：400－668－0820**		
特邀编辑：田学清	编辑助理：何　佳		
封面设计：付　巍	封面制作：白　雪		
责任印制：李　佳			

出版发行：中国铁道出版社（北京市宣武区右安门西街 8 号　　邮政编码：100054）
印　　刷：河北新华第二印刷有限责任公司
版　　次：2011 年 1 月第 1 版　　　2011 年 1 月第 1 次印刷
开　　本：787mm×1092mm　1/16　**印张：**18.5　**字数：**441 千
印　　数：3000 册
书　　号：ISBN 978-7-113-12512-7
定　　价：29.00 元

2007 年，国务院办公厅转发了教育部等部门关于《教育部直属师范大学师范生免费教育实施办法（试行）》的通知，国务院决定在教育部直属师范大学实行师范生免费教育。采取这一重大举措，就是要进一步形成尊师重教的浓厚氛围，让教育成为全社会最受尊重的事业；就是要培养大批优秀的教师；就是要提倡教育家办学，鼓励更多的优秀青年终身做教育工作者。全国高等院校计算机基础教育研究会编制的《中国高等院校计算机基础教育课程体系 2008》中，将计算机基础教育分为理工、农林、医药、财经、文史哲法教、艺术和师范共七大类，将师范类计算机基础教育作为其中的一个重要类别。此处所指的师范类，是指全国各院校（包含师范和非师范院校）中的师范专业，即培养师范生的各个专业。

　　师范教育也就是教师教育，各学科学生不仅要掌握学科教学的知识和技能，也应该掌握学科教学中必须用到的计算机应用技能，需要具备应用计算机进行教学改革的能力。师范生计算机基础教育的教学目标是：

　　（1）掌握计算机基本技能，提高自身的信息技术素养，并培养终身学习信息技术的能力。

　　（2）掌握现代教学的思想和方法，具备应用现代信息技术整合学科教学的能力。

　　（3）具备运用多媒体技术将各种教学资源制作成高质量的课件，并将其创造性地运用到学科教学之中的能力。

　　（4）具备独立或合作创建有特色的教学资源库，创建精品课程的能力。

　　这些教学目标，强调了计算机基本技能在教学中的重要性，注重培养学生学习、应用计算机基本技能的能力与应用信息技术进行学科教学改革的能力。达到这一目标，并不是降低计算机基础理论知识和基本技能水平，而是更偏重教师教学设计的科学性、合理性和一定的示范性。因此，针对师范生的教材应采用案例教学，强调实践和应用；教学以学生为主，注重研究性学习、探索性学习；激发学生学习的主动性、积极性和创造性。

　　为配合《中国高等院校计算机基础教育课程体系 2008》中关于师范类教育教学改革思想的落实，紧跟目前广大师范类院校计算机基础和计算机专业教育的改革与发展，满足师范生计算机基础教育的目标，中国铁道出版社联合诸多师范院校专家组成编委会共同研讨并编写了这套"全国高等师范类院校计算机教育规划教材"。

　　本套教材根据《中国高等院校计算机基础教育课程体系 2008》中提出的师范类课程体系设计选题，丛书编委会本着服务师生、服务社会的原则，将"面向应用"作为立足点，结合师范生计算机基础教育培养目标和各学科的特点，以突出实践和操作的原则来组织内容，将培养创造性思维的思想贯穿教材之中；以提高信息素养为目标，培养学生提出问题、收集信息、分析整理、加工处理、交流信息的能力；引导学生发现信息资源、新技巧、新技术，并灵活运用，提高学生的学习能力和创新能力。本套教材"面向学科、突出实践"，彰显师范教育的特色，并与实际学科相结合，对师范类学生计算机能力的培养有着重要的作用。

本套教材配有丰富的电子课件、程序代码、实验指导等教学资源，便于教师组织教学和实践，以及学生培养创造性学习能力，是全国各院校师范专业学生的理想教材。同时，我们相信非师范专业的教师、学生和从事与信息技术有关的工作人员，也可以采用本套教材作为教材或参考书。希望选用本套教材的师生都能够从中受益！

　　本书的出版得到了中国铁道出版社的大力支持，在此表示由衷的感谢。由于我们水平的限制，这套教材中可能存在不尽如人意的疏漏和问题，希望使用的教师和学生指出，以利再版时修订。

沈复兴

2010 年 11 月

进入 21 世纪以来，计算机网络正以空前的速度、广度和深度发展。计算机网络应用已遍及政治、经济、军事、科技、生活等几乎人类活动的一切领域，并正在对社会发展、生产结构，乃至人们的日常生活方式产生着深刻的影响和冲击。为了适应形势的发展，国内很多大学陆续开设了计算机网络的相关课程。

计算机网络技术及应用是一门理论性和实践性都非常强的课程。作为学生，必须先深入理解和掌握计算机网络的相关概念、理论、协议等知识，然后结合大量的网络实践，才能真正掌握这门技术作为教师，必须把计算机网络相关的理论知识做细致的整理，以通俗易懂的方式展现给学生，然后设计一系列网络实验来验证这些理论，从而让学生真正掌握计算机网络知识。

本书编写的目的是为社会培养合格的网络人才，在这些人才中不但有理科的，还要有工科的，甚至是文科的。学生通过学习本书，能够成为合格的网络管理员。本书主要适用于非计算机专业的大学文、理科学生，特别是师范类专业的本科生，也可以作为其他类学校的本科教材。

全书共分 8 章。第 1 章计算机网络基础，介绍了计算网络的基础知识；第 2 章网络体系结构和 TCP/IP 协议，介绍了计算机网络的体系机构和 Internet 的核心协议 TCP/IP；第 3 章 Windows 操作系统和常用服务器配置，介绍了 Windows 操作系统下的 4 种常用的服务，以及如何配置这 4 种服务器；第 4 章 Linux 操作系统和常用服务器配置，介绍了 Linux 操作系统下的 4 种常用的服务，以及如何配置这 4 种服务器；第 5 章网页制作，介绍了利用 Dreamweaver CS4 软件制作网页；第 6 章路由器及选路协议基础，介绍了路由器的基本原理和配置方法；第 7 章交换机配置基础，介绍了交换机的基本原理和配置方法；第 8 章计算机网络安全，介绍了网络安全的基础知识、加密算法、防火墙和入侵检测系统的简单配置。

本书具有以下特点：

（1）内容新。本书讲述了当今计算机网络发展中出现的新技术、新成果。

（2）知识面广。本书涵盖了目前网络中常用的几乎所有的设备和技术。

（3）实用性强。本书强调应用与实践，并且本书配有实验教材，每章都有相应的实验和习题。

（4）结构编排合理。本书突破了同类教材的传统模式，对知识结构进行了相应的调整。

（5）本书是精品课程的配套教材，我们建立了相关的网站，该网站有本教材最新的更新资料、相关课件、优秀教师教学录像、优秀学生作品，以及编著者、读者与学生的交流园地，可给予读者全方位的支持。

本书适合作为大学本科基础课教材，根据学生的情况不同，教师可以对其中的某些章节进行取舍。某些章节可以让学生自学，例如讲解第 3 章之后，第 4 章就可以要求学生自学。这两章的区别只是在不同的操作系统下。之所以如此安排，是为了方便学生自学，以更好地培养学生的自学能力。

本书由朱小明、孙波、王兵、张冬慧任主编，肖永康、肖融、林捷、曾宇胸、张弘任副主编、其中第 1 章由朱小明、林捷编写，第 2、3 章由张冬慧、孙波编写，第 4 章由肖永康、曾宇胸编写，第 5 章由肖融编写，第 6、7 章由王兵编写，第 8 章由朱小明、王兵、肖永康、曾宇胸编写。最后由朱小明、孙波、郭小娟统稿。

本书配有考试系统和 PPT 讲稿，如有需要请通过电子邮箱 Zhuxm@elec.bnu.edu.cn和我们联系。

由于编者的水平有限，加之时间仓促，疏漏和不妥之处在所难免，欢迎广大教师、同行专家以及各位读者批评指正。

编 者

2010 年 11 月

目 录

第1章 \ 计算机网络基础

引 言

计算机技术和通信技术的结合产生了今天广泛使用的计算机网络技术。借助计算机网络，人们可以实现信息的交换和共享。如今，从机关到学校、从海关到银行、从企业到商场、从办公室到家庭，随处都可以感受到网络的存在，随处都可以享受到网络带来的便利。网络，不仅仅代表着一项技术，一种应用，还代表着一个时代，一种时尚。本章主要介绍计算机网络的基本概念、理论、技术及应用。

内容结构图

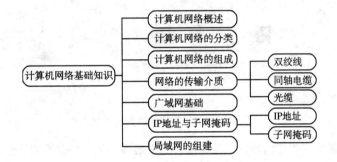

学习目标

- 了解计算机网络的定义、发展、功能和、拓扑结构。
- 了解计算机网络的分类。
- 熟悉计算机网络的组成，熟悉计算机网络的硬件部分和软件部分。
- 熟练掌握双绞线的制作和测试，熟练掌握无线局域网络的架设，熟悉光缆的通信原理。
- 熟练掌握 IP 地址原理、格式和使用方法，熟练掌握子网掩码原理、格式和使用方法。
- 了解网络通信的基本原理。

1.1 计算机网络概述

计算机网络的建立和使用是计算机技术与通信技术发展相结合的产物，它是信息高速公路的重要组成部分。计算机网络使人们不受时间和地域的限制，能够实现资源共享。

1.1.1 计算机网络的概念

计算机网络可以从不同角度来定义：

- 从技术上讲，计算机网络是计算机技术和通信技术相结合的产物，其通过计算机来处理各种数据，再通过各种通信设备和线路实现数据的传输。

- 从组成结构来讲，计算机网络是通过通信设备和连线，将分布在相同或不同地域的多台计算机连接在一起的集合。
- 从应用的角度讲，只要将具有独立功能的多台计算机连接在一起，能够实现各计算机间信息的交换，并可共享计算机资源的系统便可称为计算机网络。

综上所述，将分布在不同地域的一群具有独立功能的计算机通过通信设备和传输介质互连起来，在通信软件的支持下，实现计算机间资源共享、信息交换的系统，称之为计算机网络。

图 1-1-1 是一个简单网络系统的示意图，它将若干台计算机、打印机和其他外部设备互连成一个整体。连接在网络中的计算机、外围设备、通信控制设备等，称为网络结点。

网络示意图

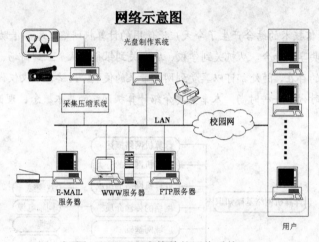

图 1-1-1　一个简单的网络系统

计算机网络从诞生到现在已经过了多次重大的发展和变化，根据不同时期的变化特点可将其分为以下 4 个发展阶段。

1．面向终端的第一代计算机网络——终端与主机互连

计算机网络大约产生于 1954 年。随着当时一种既能发送信息又能接收信息的终端设备（用户端不具备数据的存储和处理能力）的研制成功，人们实现了将穿孔卡片上的数据通过电话线路发送到远程计算机上。此后，电传打字机也作为远程终端与计算机实现了相连，用户可以在远程的电传打字机上键入自己的程序，经计算机处理后，程序又指挥计算机将处理结果再传送给电传打字机，并在电传打字机上打印输出，第一代计算机网络就这样问世了，并最后形成如图 1-1-2 所示的通信形式。

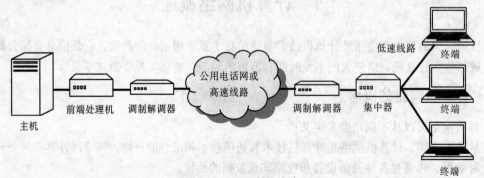

图 1-1-2　以主机为中心

第一代计算机网络是以单台主机为中心、面向终端设备的网络结构。由于终端设备不能为中心计算机提供服务，因此终端设备与中心计算机之间不提供相互的资源共享，网络功能以数据通信为主。

2．强调整体性能的第二代计算机网络——主机与主机互连

第二代计算机网络产生于 1969 年。第二代计算机网络强调网络的整体性，用户不仅可以共享与之直接相连的主机的资源，而且还可以通过通信子网共享其他主机或用户的软、硬件资源，如图 1-1-3 所示。

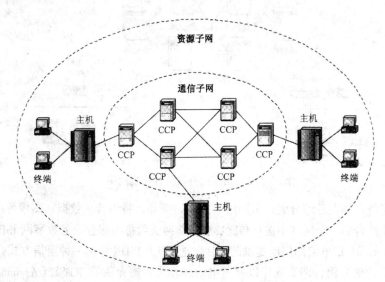

图 1-1-3　以通信子网为中心

第二代计算机网络是以通信子网为中心的计算机网络，它的工作方式一直延续到现在，即计算机网络=通信子网+资源子网。

第二代计算机网络与第一代计算机网络的区别主要表现在两个方面：其一，网络中的通信双方都是具有自主处理能力的计算机，而不是终端与计算机；其二，计算机网络功能以资源共享为主，而不是以数据通信为主。

3．以 OSI 模型为基础的第三代计算机网络——网络与网络互连

早期计算机之间的组网是有条件的，在同一网络中只能存在同一公司生产的机器和网络设备，不同公司之间的网络不能互连互通。针对这种情况，国际标准化组织 ISO（International Organization for Standardization）于 1977 年设立了专门机构研究解决上述问题，不久后提出了一个使各种计算机能够在世界范围内互连的标准框架，即开放系统互连参考模型 OSI/RM（Open System Interconnection/Recommended Model），简称为 OSI 参考模型。OSI 参考模型是一个开放体系结构，它规定将网络分为 7 层，并规定了每层的功能。OSI 参考模型的出现，意味着计算机网络发展到第三代，如图 1-1-4 所示。

OSI 参考模型的出现，为计算机网络技术的发展开创了一个新的纪元，为计算机网络的互连奠定了理论基础。从此，计算机网络进入了标准化网络发展阶段。

4．宽带综合的第四代计算机网络——多媒体信息互连

第四代计算机网络是在进入了 20 世纪 90 年代后，随着多媒体技术和数字通信的出现而产生的，其主要特点是综合化。

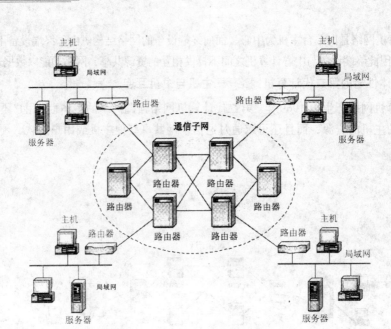

图 1-1-4   第三代开放的计算机网络

综合化是指将多种业务综合到一个网络中实现。例如，将语音、数据、图像等信息以二进制代码的数字形式综合到一个网络中进行传送，这样的网络就称为综合业务数字网 ISDN（Integrated Service Digital Network），电信部门所提供的"一线通"即为 ISDN 中的一种通信方式。如果说 ISDN 开创了网络综合化的先河，那么同样以普通电话线作为传输介质的 ADSL（Asymmetrical Digital Subscriber Loop，非对称数字用户环路）技术和以有线电视作为传输介质的线缆调制解调器（Cable Modem）技术的广泛应用，将网络综合化的应用推向了高峰。现在，许多城市的普通用户都可以申请 ADSL 或 Cable Modem 以实现真正意义上的宽带接入。

网络综合化的另一种形式就是"三网合一"。简单地说，"三网合一"是指在宽带环境下，将传统的电信网、广播电视网和计算机网络这 3 个不同信道所实现的不同功能整合到一个信息平台上，提供文字、数据、影视、声音等宽带业务服务，用户可以在一条线、一台电视机上享受打 IP 电话、看电视和快速上网冲浪。三网合一、宽带服务代表着未来的信息生活。

1.1.2   计算机网络的主要功能

计算机网络的功能主要体现在数据通信、资源共享、增强可靠性和分布式处理 4 个方面。

1. 数据通信

数据通信功能是计算机网络最基本的功能，主要完成网络中各个结点之间的信息交换。如文件传输、IP 电话、E-mail、视频会议、ICQ 信息广播、交互式娱乐、音乐、电子商务、远程教育等活动。

2. 资源共享

网络上的资源包括硬件、软件和数据（数据库）资源。在网络范围内的各种输入/输出设备、大容量的存储设备、高性能的计算机等都是可以共享的网络资源，对于一些价格昂贵又不经常使用的设备，可通过网络共享提高设备的利用率和节省重复投资。

网上的数据库和各种信息资源是共享的主要内容。因为任何用户都不可能把需要的各种信息由自己收集齐全，况且也没有这个必要，计算机网络提供了这样的便利，全世界的信息资源可通过 Internet 实现共享。

3．增强可靠性

利用计算机网络可替代的资源，可提供连续的高可靠服务。在单一系统内，单个部件或计算机的失效会使系统难于继续工作。但在计算机网络中，每种资源（尤其程序和数据）可以存放在多个地点，而用户可以通过多种途径来访问网内的某个资源，从而避免了单点失效对用户产生的影响。

4．分布式处理

所谓分布式处理就是指在分布式操作系统统一调度下，各计算机协调工作，共同完成一项任务，如并行计算。这样，就可将一项复杂的任务划分成许多部分，由网络内各计算机分别完成，从而使整个系统的性能大大提高。

1.1.3 计算机网络的拓扑结构

拓扑学是几何学的一个分支。拓扑学先把实体抽象成与其大小、形状无关的点，将连接实体的线路抽象成线，进而研究点、线、面之间的关系，从而使人们对实体有个明确的全貌印象。如人们看到铁路交通图、航空线路图等。计算机网络的拓扑结构是网络中结点（计算机或设备）和通信线路的几何排列形式。

计算机网络有很多拓扑结构，最常用的网络拓扑有如下几种：

1．总线形结构

总线形结构采用一条单根的通信线路（总线）作为公共的传输通道，所有的结点都通过相应的接口直接连接到总线上，并通过总线进行数据传输，如图 1-1-5（a）所示。

总线形网络使用广播式传输技术，总线上的所有结点都可以发送数据到总线上，数据沿总线传播。但是，由于所有结点共享同一条公共通道，所以在任何时候只允许一个站点发送数据。当一个结点发送数据并在总线上传播时，数据可以被总线上的其他所有结点接收。各站点在接收数据后，分析目的物理地址再决定是否接收该数据。同轴电缆以太网就是这种结构的典型代表。

总线形拓扑结构具有如下特点：

- 结构简单灵活，易于扩展；共享能力强，便于广播式传输。
- 网络响应速度快，但负荷重时性能迅速下降；局部站点故障不影响整体，可靠性较高。但是，当总线出现故障时，将影响整个网络。
- 易于安装，费用低。

2．星形结构

星形结构的每个结点都由一条点到点链路与中心结点（公用中心交换设备，如交换机等）相连，如图 1-1-5（b）所示。

星形结构的信息传输是通过中心结点的存储转发技术实现的，并且只能通过中心站点与其他站点通信。

星形拓扑结构具有如下特点：

- 结构简单，便于管理和维护；易实现结构化布线；结构易扩充，易升级。
- 通信线路专用，电缆成本高。
- 星形结构的网络由中心结点控制与管理，中心结点的可靠性基本上决定了整个网络的可靠性。
- 中心结点负担重，易成为信息传输的瓶颈，且中心结点一旦出现故障，会导致全网瘫痪。

3．环形结构

环形结构是各个网络结点通过环接口连在一条首尾相接的闭合环形通信线路中，如图 1-1-5（c）所示。

环形结构有两种类型，即单环结构和双环结构。令牌环（token-ring neework）是单环结构的典型代表，光纤分布式数据接口（Fiber Distributed Data Interface, FDDI）是双环结构的典型代表。

环形拓扑结构具有如下特点：

- 在环形网络中，各工作站间无主从关系，结构简单；信息流在网络中沿环单向传递，延迟固定，实时性较好。
- 两个结点之间仅有唯一的路径，简化了路径选择，但可扩充性差。
- 可靠性差，任何线路或结点的故障都有可能引起全网故障，且故障检测困难。

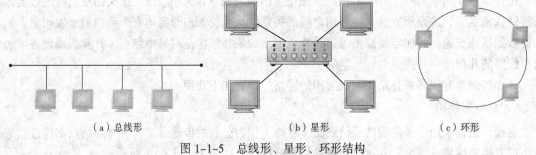

（a）总线形　　　　　　　　（b）星形　　　　　　　　（c）环形

图 1-1-5　总线形、星形、环形结构

4．混合型结构

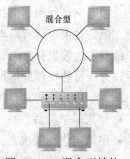

混合型结构是由以上几种拓扑结构混合而成的，如环星形结构，如图 1-1-6 所示。

此外，还有从星形结构演变而来的树形结构和从环形结构演变而来的网状结构。

树形结构是各结点按一定的层次连接起来，形状像一棵倒置的树。

网状结构是指将各网络结点互连成不规则的形状，每个结点至少与其他两个结点相连。

图 1-1-6　混合型结构

1.2　计算机网络的分类

人们常常会听到各种各样的网络类型，如"局域网"、"广域网"、"校园网"、"以太网"、"Novell网"、"互联网"等，而且对某一种网络又有多种说法，使人很容易混淆，不知哪一种说法是正确的。其实这些说法都没错，因为计算机网络可以有不同的分类方法。常用的分类方法有按网络覆盖的地理范围分类、按网络的拓扑结构分类、按网络协议分类、按传输介质分类、按通信方式分类、按交换技术分类、按网络操作系统分类等。

1. 按网络覆盖的地理范围分类

按网络覆盖的地理范围分类是最常用的分类方法。按照网络覆盖的地理范围的大小，可以将计算机网络分为局域网、城域网和广域网 3 种类型。

2. 按网络的拓扑结构分类

按网络的拓扑结构可以将网络分为总线形网络、星形网络、环形网络和混合型网络。例如，以总线形物理拓扑结构组建的网络为总线形网络，同轴电缆以太网系统就是典型的总线形网络；以星形物理拓扑结构组建的网络为星形网络，交换式局域网以及双绞线以太网系统都是星形网络。

3. 按网络协议分类

根据使用的网络协议可以将网络分为使用 IEEE 802.3 标准协议的以太网（Ethernet）、使用 IEEE 802.5 标准协议的令牌环网（token-ring network）；另外，还有 FDDI 网、ATM（Asynchronous Transfer Mode，非同步传输方式）网、X.25 网、TCP/IP 网等。

4. 按传输介质分类

根据网络使用的传输介质可以将网络分为双绞线网络、同轴电缆网络、光纤网络、无线网络（以无线电波为传输介质）和卫星数据通信网络（通过卫星进行数据通信）等。

5. 按通信方式分类

根据所使用的数据通信方式可以将网络分为广播式网络和点到点网络。

1）广播式网络（Broad Cast Network）

这种网络中仅使用一条通信信道，该信道由网络上的所有结点共享。传输信息时，任何一个结点都可以发送数据分组传到每台机器上，被其他所有结点接收。这些机器根据数据包中的目的地址进行判断，如果是发给自己的则接收，否则便丢弃它。总线形网络就是典型的广播式网络。

广播式网络适用于地理范围小或保密性要求不高的网络。

2）点对点网络（Point-to-Point Network）

与广播式网络相反，数据以点到点的方式在计算机或通信设备中传输。点到点网络在一对对机器之间可通过多条路径连接而成，在每对机器之间都有一条专用的通信信道，不存在信道共享的情况。当一台计算机发送数据分组后，它会根据目的地址，经过一系列中间设备的转发，直接到达目的站点。点对点通信是大型网络广泛采用的数据传输方式。

另外，按网络所使用的交换技术分类，有电路交换网、报文交换网和分组交换网等；按网络所使用的操作系统分类，有 Windows NT 网络、NetWare 网络、UNIX 网络等。

1.3　计算机网络的组成

局域网（Local Area Network，LAN）是将较小地理区域内的计算机、打印机和数据通信设备连接在一起的通信网络。LAN 有网络覆盖的地理范围有限（距离≤25km）、数据传输速率高（10～1000Mbit/s）、延迟小、误码率低（$10^{-10} \sim 10^{-8}$）等特点。局域网也是应用最为广泛的一类网络。

下面我们将局域网划分成硬件和软件两部分，分别加以介绍。

1.3.1　计算机网络的硬件设备

以太网硬件设备可分为 3 类：计算机、通信线路和通信设备。

1．计算机

计算机是计算机网络的重要组成部分，是计算机网络不可缺少的硬件元素。计算机网络连接的计算机可以是巨型机、大型机、小型机、工作站或微机，以及笔记本电脑或其他数据终端设备。

在网络中，计算机的主要作用是负责数据信息的收集、处理、存储、传输和提供共享资源。在计算机中主要负责通信的设备是网卡，网卡包括常用的 PCI 以太网插卡或主板上的网卡集成芯片，还包括路由器的以太网接口卡等部件。网卡既能借助相应传输介质进行基本物理信号的发送和接收，又具有帧处理功能，因此网卡包含了物理层和链路层的功能，属于链路层设备。

2．通信线路和通信设备

计算机网络的硬件部分除了计算机本身以外，还有用于连接这些计算机的通信线路和通信设备，即数据通信系统。其中，通信线路指的是传输介质及其介质连接部件，包括电缆（同轴、双绞）、光缆、无线（红外、微波、卫星）等。通信设备指网络连接设备、网络互连设备，包括网卡、集线器（Hub）、中继器（Repeater）、交换机（Switch）、网桥（Bridge）和路由器（Router）以及调制解调器（Modem）等其他的通信设备。使用通信线路和通信设备将计算机互联起来，在计算机之间建立一条物理通道，以便传输数据。

通信线路和通信设备负责控制数据的发出、传送、接收或转发，包括信号转换、路径选择、编码与解码、差错校验、通信控制管理等，以便完成信息交换。通信线路和通信设备是连接计算机系统的桥梁，是数据传输的通道。

通信设备包括中继器、集线器、网桥、交换机、路由器等。中继器是两端口的物理层设备，其基本功能是将其中一端口收到的信号整形放大后发向另一端口；集线器是多端口的中继器，也是一种物理层设备，基本功能是将从某一端口收到的信号整形放大后发送到其他所有端口；网桥是两端口链路层设备，除了能够完成物理层的信号收发功能外，还能够根据帧中的目的 MAC 地址决定是否将帧发向另一端口；交换机是多端口的网桥，也是链路层设备，可以识别帧并能根据帧中的目的 MAC 地址将帧发向唯一应该发向的端口（目前大多高端以太网交换机同时具有网络层功能，功能逻辑上融合了传统交换机和路由器的功能）；路由器是多端口网络层设备，可以识别数据报文中的目的 IP 地址，并且根据路由算法将数据报发向唯一应该发的端口。

1.3.2　计算机网络软件

1．网络协议

协议是指通信双方必须共同遵守的约定和通信规则，如 TCP/IP、NetBEUI 协议、IPX/SPX 协议。在网络上通信的双方必须遵守相同的协议，才能正确地交流信息。因此，协议在计算机网络中是至关重要的。

计算机网络协议是有关计算机网络通信的一整套规则，或者说是为完成计算机网络通信而制定的规则、约定和标准。网络协议由语法、语义和时序三大要素组成。

- 语法：通信数据和控制信息的结构与格式。
- 语义：对具体事件应发出何种控制信息，完成何种动作以及做出何种应答。
- 时序：对事件实现顺序的详细说明。

计算机主要网络协议，在各层的应用如下：

- 应用层：
  - DHCP（Dynamic Host Configuration Protocol，动态主机分配协议）。
  - DNS（Domain Name System，域名解析）。
  - FTP（File Transfer Protocol，文件传输协议）。
  - Gopher（英文原义：The Internet Gopher Protocol，中文释义：（RFC-1436）网际 Gopher 协议）。
  - HTTP（Hypertext Transfer Protocol，超文本传输协议）。
  - IMAP4（Internet Message Access Protocol 4，即 Internet 信息访问协议的第 4 版本）。
  - IRC（Internet Relay Chat，网络聊天协议）。
  - NNTP（Network News Transport Protocol，网络新闻传输协议）（RFC-977）。
  - XMPP（eXtensible Messaging and Presence Protocol，可扩展消息处理现场协议）。
  - POP3（Post Office Protocol 3）即邮局协议的第 3 版本。
  - SIP 即信令控制协议。
  - SMTP（Simple Mail Transfer Protocol，即简单邮件传输协议）。
  - SNMP（Simple Network Management Protocol，简单网络管理协议）。
  - SSH（Secure Shell，安全外壳协议）。
  - TELNET 即远程登录协议。
  - RPC（Remote Procedure Call Protocol，远程过程调用协议）（RFC-1831）。
  - RTCP（RTP Control Protocol）即 RTP 控制协议。
  - RTSP（Real Time Streaming Protocol，实时流传输协议）。
  - TLSP（Transport Layer Security Protocol，安全传输层协议）。
  - SDP（Session Description Protocol，会话描述协议）。
  - SOAP（Simple Object Access Protocol，简单对象访问协议）。
  - GTP（General Data Transfer Platform，通用数据传输平台）。
  - STUN（Simple Traversal of UDP over NATs，NAT 的 UDP 简单穿越）是一种网络协议。
  - NTP（Network Time Protocol，网络时间协议）。
- 传输层：
  - TCP（Transmission Control Protocol，传输控制协议）。
  - UDP（User Datagram Protocol，用户数据报协议）。
  - DCCP（Datagram Congestion Control Protocol，数据报拥塞控制协议）。
  - SCTP（Stream Control Transmission Protocol，流控制传输协议）。
  - RTP（Real-time Transport Protocol，实时传送协议）。
  - RSVP（Resource ReSer Vation Protocol，资源预留协议）。

> PPTP（Point to Point Tunneling Protocol，点对点隧道协议）。

- 网络层：IP（IPv4、IPv6）、ARP、RARP、ICMP、ICMPv6、IGMP、RIP、OSPF、BGP、IS-IS、IPSec。
- 数据链路层：802.11、802.16、Wi-Fi、WiMAX、ATM、DTM、令牌环、以太网、FDDI、帧中继、GPRS、EVDO、HSPA、HDLC、PPP、L2TP、ISDN。
- 物理层：以太网物理层、调制解调器、PLC、SONET/SDH、G.709、光导纤维、同轴电缆、双绞线。

2．网络软件

网络软件是一种在网络环境下使用和运行或者控制和管理网络工作的计算机软件。根据软件的功能，计算机网络软件可分为网络系统软件和网络应用软件两大类型。

1）网络系统软件

网络系统软件是控制和管理网络运行、提供网络通信、分配和管理共享资源的网络软件，它包括网络操作系统（Network Operating System，NOS）、网络协议软件、通信控制软件和管理软件等。

2）网络应用软件

网络应用软件是指为某一个应用目的而开发的网络软件（如远程教学软件、电子图书馆软件、Internet 信息服务软件等）。网络应用软件为用户提供访问网络的手段、网络服务、资源共享和信息的传输。

1.3.3　计算机网络操作系统

网络系统和计算机系统一样，仅有网络硬件而不安装网络软件就构不成网络系统。网络软件包括网络操作系统、编程语言和数据库管理系统、网络通信软件和用户程序。计算机网络像计算机一样，也需要网络操作系统来支持。

网络操作系统是具有网络功能的操作系统。它除了具有通用操作系统的功能外，还应具有网络的支持功能，能管理整个网络的资源。相对单机操作系统而言，网络操作系统具有如下显著特点：

- 复杂性。单机操作系统的主要功能是对本机的软、硬件资源进行管理，网络操作系统要对全网进行管理，以实现整个系统的资源共享。除了资源共享外，另一重要任务是机间通信与同步。因此，网络操作系统的复杂性表现在各个方面。
- 并行性。网络操作系统在每个结点机上的程序都可以并行执行，一个用户的作业既可以分配到自己登录的结点机上，也可以分配到远程结点机上。
- 安全性。网络操作系统的安全性表现在可对不同用户规定不同的权限，对进入网络的用户能提供身份验证机制，网络本身保证了数据传输的安全和保密。

目前，网络操作系统主要有三大系列，分别是 UNIX（Linux）、NetWare 和 Windows NT 操作系统。

1．UNIX 操作系统

UNIX 网络操作系统出现于 20 世纪 60 年代，最初是为第一代网络所开发的，是标准的多用户终端系统。在采用 UNIX 操作系统的网络上，所有应用软件、文件和数据都集中保存在一个地方，其他用户终端则通过网络来访问这些资源。UNIX 操作系统是典型的 32 位多用户多任务的网络操作系统，它主要应用于从事工程设计、科学计算以及 CAD 等工作的小型机或大型机上。由于 UNIX 的安装、管理和维护都比较专业化，所以在中小型局域网中使用得较少。

2．Linux 操作系统

1991 年，芬兰赫尔辛基大学的学生 Linux Torvalds 利用 Internet 发布了他在 80386 个人计算机上开发的 Linux 操作系统内核的源代码，开创了 Linux 操作系统，也促使了自由软件 Linux 的诞生。随后经过各地 Linux 爱好者的补充和修改，到 1994 年 Linux 1.0 发布之时，这一操作系统已经具备了抢先多任务和对称多处理的功能。经过 Linux 编程人员的不断努力，如今 Linux 家族已经有近 200 个不同的版本。不同的公司可以推出不同的 Linux 产品，但是他们都必须承诺对初始源代码的任何改动皆公布于众。

相对于 Windows 操作系统而言，Linux 具有开放源代码、可以运行在多种硬件平台上、支持大量的外围设备、支持的文件系统多达 32 种等特点。但是，Linux 同样摆脱不了版本过多，且不同版本之间互不兼容等致命的缺点，所以使用 Linux 作为局域网服务器的用户还不多，多数 Linux 爱好者只把它作为 Web 服务器和 E-mail 服务器，与 Windows NT 集成在同一个网络中使用。

3．NetWare 操作系统

NetWare 系列网络操作系统是 Novell 公司开发的专门用于管理网络的操作系统。在 20 世纪 80 年代初，Novell 公司充分借鉴了 UNIX 操作系统的优点，吸收了 UNIX 的多用户、多任务的功能推出了 NetWare 网络操作系统。NetWare 网络操作系统以个人计算机为主要连网对象，所以自推出后大部分的局域网都使用 NetWare 操作系统，在 20 世纪 80 年代末到 90 年代初是风靡一时的网络操作系统。近年来，随着 Windows NT 网络操作系统的广泛应用，NetWare 操作系统已不再是中小型局域网操作系统的主流。

4．Windows NT Server 4.0 操作系统

Windows NT Server 4.0 系列网络操作系统是由微软公司于 1996 年推出的一个网络操作系统，它是基于 32 位结构的操作系统。使用 Windows NT Server 4.0 可以得到很快的处理速度。因为 Windows NT Server 4.0 采用了多处理器的设计方法，通常每增加一个 CPU，系统的性能就可以提高 80%。Windows NT Server 4.0 在应付多任务时采用了抢先式的处理方式，这样当一个正在运行的应用程序因错误不能顺利交出控制权时，操作系统就可以直接接管计算机，避免了系统瘫痪，同时其他的应用程序也可以继续运行。此外，Windows NT Server 4.0 的操作界面采用了图形用户界面（Graphical User Interface，GUI），凡是会使用 Windows 操作系统的用户都很熟悉这种友好的界面，操作方法也大同小异。Windows NT Server 4.0 还提供了一系列的网络管理工具用来指导网络管理员一步一步地完成网络管理工作。

基于以上特点，Windows NT Server 4.0 成为了一个非常适合中小型局域网用户使用的网络操作系统。

5．Windows 2000 Server 操作系统

Windows 2000 Server 是微软公司于 2000 年推出的新一代网络操作系统，是在 Windows NT

Server 4.0 的基础上专门为部门工作组或中小型公司的中小型网络环境所开发的网络操作系统，是 Windows NT Server 4.0 的升级产品。Windows 2000 Server 在稳定性、可靠性等方面都有所改进，管理更加容易。

6．Windows.NET Server 操作系统

Windows.NET 是微软公司继 Windows 2000 与 Windows Me 之后于 2001 年 11 月推出的又一个系列版本的操作系统，它集 Windows 2000 的安全性、可靠性及 Windows Me 的易操作性等众多优异性能于一体，是微软公司 Windows 操作系统的另一颗新星。

Windows.NET Server 是 Windows 2000 Server 的升级版本，它不仅继承了老系统的优秀功能与特性，又在内部添加了许多全新的功能与特性，大大提高了 Windows.NET Server 的易用性、安全性、高效性和集成性。

7．Windows Server 2003 操作系统

Windows Server 2003 的前身是 Windows.NET Server。这是微软针对服务器操作系统推出的最新高端商用产品。其安装过程与一般 Windows 系列类似；启动也很快；其桌面整体效果给人以质朴、稳重的感觉。Windows Server 2003 继承了 Windows XP 界面，对内核处理技术进行了更大程度的改良，在安全性能上相对以前版本也有很大的提升，在管理功能上增加了许多流行的新技术，目前在 Windows 系列服务器中，其实际应用的比例与 2000 系列服务器产品相当。

Windows Server 2003 具有良好的操作易用性和安全性，线程处理速度和管理能力较之以前也有不小的提升。但是 Windows Server 2003 的安全性能仍有待更加完善，由于管理功能的增加，需要处理的线程更加繁杂，如果使用同样的硬件，2000 系列比 2003 系列产品在处理速度上会稍快。

8．Windows Server 2008 操作系统

Windows Server 2008 是一套相当于 Windows Vista（代号为 Longhorn）的服务器系统，两者可能拥有很多相同功能；Windows Vista 及 Windows Server 2008 与 Windows XP 及 Windows Server 2003 间存在相似的关系。

Microsoft Windows Server 2008 代表了下一代 Windows Server。使用 Windows Server 2008，使得网络专业人员对其服务器和网络基础结构的控制能力更强，从而可重点关注关键业务需求。Windows Server 2008 通过加强操作系统和保护网络环境提高了安全性。Windows Server 2008 不仅加快了服务器系统的部署与维护、使服务器和应用程序的合并与虚拟化更加简单、提供直观管理工具，还为网络专业人员提供了更为灵活的操作平台。

Microsoft Windows Server 2008 用于在虚拟化工作负载、支持应用程序和保护网络方面向组织提供了高效的平台。它为开发和可靠地承载 Web 应用程序和服务提供了一个安全、易于管理的平台。从工作组到数据中心，Windows Server 2008 都增加了相应的功能，对基本操作系统做出了重大改进。

9．Windows Server 2008 R2 操作系统

Windows Server 2008 R2 以 Windows Server 2008 为基础，对现有的技术进行了扩展并且增加了新的功能，使组织能够增强其服务器基础结构的可靠性和灵活性。新的虚拟化工具、Web 资源、

管理增强功能以及 Windows 7 集成有助于组织节省时间、降低成本，并为动态和高效的托管数据中心提供了平台。Internet 信息服务（IIS）7.5 版、已更新的服务器管理器和 Hyper-V 平台以及 Windows Power Shell 2.0 版这些工具的组合，将为客户提供更强的控制、更高的效率以及比以往任何时候都快地响应一线业务需求的能力。

10．Windows Home Server 操作系统

随着计算机以及多媒体技术的普及，拥有多台计算机的个人用户需要一个简单的解决方案来管理越来越多的数字媒体资料。借助 Windows Home Server，微软和合作伙伴一起提供硬件、软件及服务紧密集成的解决方案，为用户提供一个容易使用、方便扩展、永远在线的智能平台。帮助用户集中保存文件、照片、音乐和视频等重要的资料，并且能够很方便地实现资料管理、共享及访问。利用 Windows Home Server 提供的远程访问及动态域名服务等功能，用户即使外出也可以通过浏览器登录到家庭服务器，方便地访问及管理个人文档，就像坐在家里的计算机前一样方便。同时，Windows Home Server 简化了计算机的存储管理，用户可以很方便地自行添加硬盘来扩展存储容量。此外，Windows Home Server 还能每天自动备份家里其他计算机的系统及数据，为用户提供更加周全的保护。

1.4　网络的传输介质

传输介质用于连接网络中的各种设备，是数据在网络上传输的通路。局域网使用的传输介质一般都是有线介质，主要包括双绞线、同轴电缆和光缆等。

1.4.1　双绞线

双绞线是由两根具有绝缘层的铜导线按一定密度螺旋状互相绞缠在一起构成的线对。把一对或多对双绞线放在一个绝缘套管中便成了双绞线电缆。双绞线电缆中的各线对之间按一定密度逆时针相应地绞合在一起，外面包裹绝缘材料。双绞线电缆的电导线是铜导体。铜导体采用美国线规尺寸系统，即 AWG（American Wire Gauge）标准。在双绞线电缆内，不同线对具有不同的扭绞长度，相邻双绞线的扭绞长度差约为 1.27cm。线对互相扭绞的目的就是利用铜导线中电流产生的电磁场互相抵消邻近线对之间的串扰，并减少来自外界的干扰，提高抗干扰性。双绞线的扭绞密度、方向以及绝缘材料直接影响它的特征阻抗、衰减和近端串扰等。

常见的双绞线电缆绝缘外皮里面包裹着 4 线对，共 8 根线，每 2 根为 1 对相互扭绞。也有超过 4 线对的大对数电缆，大对数电缆通常用于干线子系统布线。在国际布线标准中，双绞线电缆也被称为平衡电缆。

双绞线按特性可分为非屏蔽双绞线（Unshielded Twisted Pair，UTP）和屏蔽双绞线（Shield Twisted Pair，STP）两种，如图 1-4-1 所示。屏蔽双绞线性能优于非屏蔽双绞线。

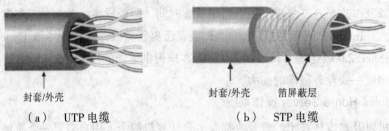

封套/外壳
（a） UTP 电缆

封套/外壳　箔屏蔽层
（b） STP 电缆

图 1-4-1　双绞线电缆

双绞线中各对线的传输功能如表 1-4-1 所示。

表 1-4-1　双绞线中各对线的功能

针 脚 号	作 用	针 脚 号	作 用
针脚 1	发送+	针脚 5	不使用
针脚 2	发送−	针脚 6	接收−
针脚 3	接收+	针脚 7	不使用
针脚 4	不使用	针脚 8	不使用

用于千兆传输的双绞线中各对线的功能如表 1-4-2 所示。

表 1-4-2　千兆传输下双绞线中各对线的功能

针 脚 号	作 用	针 脚 号	作 用
针脚 1	发送+	针脚 5	发送−
针脚 2	发送−	针脚 6	接收−
针脚 3	接收+	针脚 7	接收+
针脚 4	发送+	针脚 8	接收−

用于千兆传输的双绞线，其 8 条线都要用上，以形成 4 对同时传输的模式。

1. 非屏蔽双绞线

非屏蔽双绞线（Unshielded Twisted Pair，UTP）是目前计算机网络中使用的频率最高的一种传输媒体。UTP 电缆可以用于语音、低速数据、高速数据和呼叫系统，以及建筑自动化系统。UTP 电缆一般为 22AWG 或 24AWG，24AWG 是最常用的尺寸。非屏蔽双绞线电缆由多对双绞线外包缠一层 PVC（聚乙烯化合物的氯化物）绝缘塑料护套构成。这种双绞线电缆的产品特征是单股裸铜线聚乙烯（PE）绝缘，两根绝缘导线扭绞成对，聚乙烯或聚卤低烟无卤护套。UTP 双绞线可应用于语音综合业务数据网络（ISDN）等，千兆位以下的快速以太网电缆。

非屏蔽双绞线电缆采用每对线的绞距与所能抵抗的电磁辐射及干扰成正比，并结合滤波与对称性等技术，经由精确的生产工艺而制成。采用这些技术措施可以减少非屏蔽双绞线电缆线对之间的电磁干扰。非屏蔽双绞线电缆的特征阻抗为 100Ω。

非屏蔽双绞线电缆的优点主要有：线对外没有屏蔽层，电缆的直径小，节省所占用的空间；质量小、易弯曲，较具灵活性，容易安装；串扰影响小；具有阻燃性及价格低等。但是它的抗外界电磁干扰的性能较差，在信息传输时易向外辐射，安全性较差，在金融等重要部门的综合布线系统工程中不宜采用。

2．屏蔽双绞线

屏蔽是保证电磁兼容性的一种有效方法。所谓电磁兼容性（EMC），它一方面要求设备或网络系统具有一定的抵抗电磁干扰的能力，能够在比较恶劣的电磁环境中正常工作；另一方面要求设备或网络系统不能辐射过量的电磁波干扰周围其他设备及网络的正常工作。实现屏蔽的一般方法是在连接硬件的外层包上金属屏蔽层，以滤除不必要的电磁波。屏蔽式双绞线电缆就是在普通双绞线的基础上增加了金属屏蔽层，从而对电磁干扰有较强的抵抗能力。在屏蔽双绞线电缆的护套下面，还有一根贯穿整个电缆长度的漏电线，该漏电线与电缆屏蔽层相连。

屏蔽双绞线（Shield Twisted Pair，STP）电缆与非屏蔽双绞线电缆一样，电缆芯是铜双绞线，护套层是绝缘塑橡皮。只不过在护套层内增加了金属层。按增加的金属屏蔽层数量和金属屏蔽层绕包方式，屏蔽双绞线又可分为铝箔屏蔽双绞线（Foil Twisted Pair，FTP）、铝箔、铜网双层屏蔽双绞线（Shielded Foil Twisted Pair，SFTP）、独立双层屏蔽双绞线（SSTP）3 种。

铝箔屏蔽双绞线电缆是在 4 对双绞线的外面加一层或两层铝箔，利用金属对电磁波的反射、吸收和趋肤效应原理有效地防止外部电磁干扰进入电缆，同时也阻止内部信号辐射出去干扰其他设备工作。

3．双绞线的种类

双绞线分不同的种类，不同种类的双绞线传输性能不同，下面就分类介绍各类双绞线的性能：

- 7 类双绞线：7 类双绞线电缆系统是欧洲提出的一种 ISO/IEC 电缆标准。7 类双绞线电缆系统可以支持高传输速率的应用，提供高于 600 MHz 的整体带宽，最高带宽可达 1. 2GHz，能够在一个信道上支持包括数据、多媒体、宽带视频等多种应用，安全性极高，线对分别屏蔽，降低射频干扰，不需要昂贵的电子设备来降低噪声。

- 6 类双绞线：这是一个新级别的双绞线电缆系统，TIA/EIA 的 6 类标准于 2002 年 6 月 7 日正式颁布，6 类的带宽由 5 类、5e 类的 100MHz 提高到 200MHz，为高速数据传输预留了广阔的带宽资源。

- 5e 类双绞线：4 对 24AWG 非屏蔽双绞线电缆；5e 类（Cat 5e）是厂家为了保证通信质量单方面提高的 Cat5 标准，目前并没有被 TIA/EIA 认可。5e 类对现有的 UTP 5 类双绞线的部分性能进行了改善，不少性能参数，如近端串扰（NEXT）、衰减串扰比（ACR）等都有所提高，但带宽仍为 100 MHz。

- 5 类双绞线：4 对 24AWG 非屏蔽双绞线、25 对 24AWG 非屏蔽双绞线电缆，增加了绕绞密度，外套一种高质量的绝缘材料，传输频率为 100MHz，用于语音传输和最高传输速率为 100Mbit/s 的数据传输，主要适用于 10Base-T 和 100Base-T 网络。

- 4 类双绞线：有 4 对 24AWG 非屏蔽双绞线和 25 对 24AWG 非屏蔽双绞线两种。该类双绞线电缆的传输频率为 20 MHz，用于语音传输和最高传输速率 16 Mbit/s 的数据传输，主要适用于基于令牌的局域网和 10Base-T/100Base-T。

- 3 类双绞线：4 对 24AWG 非屏蔽双绞线，25 对 24AWG 非屏蔽双绞线；该类电缆的传输频率为 16 MHz，用于语音传输及最高传输速率为 10Mbit/s 的数据传输，主要适用于 10Base-T。

- 2 类双绞线：传输频率为 1 MHz，用于语音传输和最高传输速率 4Mbit/s 的数据传输，常用于 4 Mbit/s 令牌传递协议的令牌网。

- 1 类双绞线：主要用于传输语音（1 类双绞线标准主要用于 20 世纪 80 年代初之前的电话缆线），不适用于数据传输。

另外，在双绞线的外套上印有生产厂商的名字、线的类型和长度等信息，在使用时应加以注意。

1.4.2　同轴电缆

同轴电缆是局域网布线中较早使用的一种传输介质，近年来，随着以双绞线和光纤为主的标准化布线的推行，同轴电缆已逐渐退出大中型网络的布线场合。

同轴电缆的核心部分是一根导线，导线外有一层起绝缘作用的塑性材料，再包上一层金属网，用于屏蔽外界的干扰，最外面是起保护作用的塑料外壳，同轴电缆的结构示意如图 1-4-2 所示。同轴电缆的抗电磁干扰特性强于双绞线，传输速率与双绞线类似，但它的价格较高，几乎是双绞线的两倍。

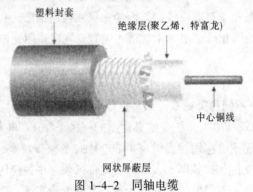

塑料封套　　　　　　　　　绝缘层(聚乙烯，特富龙)

中心铜线

网状屏蔽层

图 1-4-2　同轴电缆

1.4.3　光缆

光缆又称光纤电缆。光纤是由非常透明的石英玻璃拉成细丝（光导纤维）做成的，图 1-4-3 所示为光纤结构示意图。光缆主要由纤芯和包层构成双层通信圆柱体。纤芯很细，其直径只有 8～100mm，正是这个纤芯用来传导光波，包层较纤芯有较低的折射率。

因为只要从纤芯中射到纤芯表面的光线的入射角大于某一个临界角度就可产生全反射，因此可以存在许多条不同角度入射的光线在一条光纤中传输，这种光纤称为多模光纤。若光纤的直径减小到只有一个光的波长，则光纤就像一根波导那样，它可使光线一直向前传播，而不会产生多次反射，这样的光纤称为单模光纤，如图 1-4-4 所示。在多模光纤上，由发光二极管产生用于传输的光脉冲，通过内部的多次反射沿芯线传输。单模光纤使用激光，具有很高的带宽，价格更高。

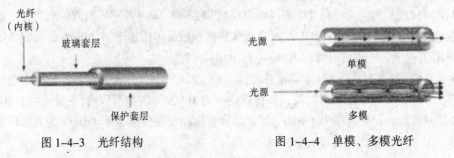

光纤
（内核）

玻璃套层

保护套层

图 1-4-3　光纤结构

光源

单模

光源

多模

图 1-4-4　单模、多模光纤

光纤不仅具有通信容量大的优点，而且还具有一些其他特点：

- 传输损耗小，中继距离长，对远距离传输特别经济。
- 抗雷电和电磁干扰性能好。这在有大电流脉冲干扰的环境下尤为重要。
- 无串音干扰，保密性好，也不易被窃听或截取数据。
- 体积小，重量轻。

1．单模光纤（Single Mode Fiber）

单模光纤的纤芯直径很小，在给定的工作波长上只能以单一模式传输，传输频带宽，传输容量大。光信号可以沿着光纤的轴向传播，因此光信号的损耗很小，离散也很小，传播的距离较远。单模光纤 PMD 规范建议芯径为 8~10μm，包层直径为 125μm。计算机网络用的单模光纤纤芯直径分别为 10μm 和 9μm，包层直径为 125μm；导入波长上单模分为 1310nm 和 1550nm。单模光纤适合于远距离传输，当数据传输速度为 420Mbit/s 时，单模光纤传输距离可以达到 119km，其误码率为 10^{-8}。传输距离和传输速度有关系。

2．多模光纤（Multi Mode Fiber）

多模光纤是在给定的工作波长上能以多个模式同时传输的光纤。多模光纤的纤芯直径一般为 50~200μm，而包层直径变化范围为 125~230μm。计算机网络用的多模光纤直径分别为 62.5μm、50μm，包层直径为 125μm，也就是通常所说的 62.5μm。导入波长上为多模分为 850 nm、1300 nm。多模光纤适合于近距离传输，当传输速度为 420Mbit/s 时，多模光纤传输距离可以达到 2~5km，其误码率为 10^{-8}。但是当以千兆位的传输速率传送数据时，多模光纤传输距离只有 275m。

1.5　广域网基础

广域网（Wide Area Network，WAN）是覆盖广阔地理区域的数据通信网。广域网具有网络跨越的地理范围广（其覆盖的距离可以从几十千米到几万千米）、常利用公用通信网络提供的信道进行数据传输、网络结构比较复杂、传输速率一般低于局域网等特点。广域网能够不断地扩展，所互联的网络可以分布在一个城市、一个或多个国家或地区，甚至于全球，如 Internet 就是全球覆盖范围最广、规模最大的国际互联网，它连接了约 200 多个国家或地区的几千万个网络。广域网主要用于实现局域网的远程互连，扩大网络规模，以实现远距离计算机之间的数据通信及更大范围的资源共享。

广域网实际上由相距较远的计算机、局域网、城域网互连而成，通常除了计算机设备外，还需要涉及一些电信通信方式。广域网的通信方式种类主要有下列几种：

1．公用电话网（PSTN）

PSTN（Public Switched Telephone Network），即公用交换电话网，其用户端接入速度是 2.4kbit/s，通过编码压缩，一般可达 9.6 ~ 56kbit/s，需要异步 Modem 和电话线，投资少，安装调试容易，常常当做拨号访问方式，家庭访问 Internet 可采用此种方式。

2．分组交换网（PDN）

分组交换是一种存储—转发方式，它将到达交换机的分组先送到存储器暂时存储和处理，等到相应的输出电路有空闲时再送出。能进行分组交换的公用数据网（Public Data Network）称为分组交换网（PDN）。在分组交换网上传输的线路可以是数字信道或模拟信道，目前大多数是数字信道。分组交换网采用国际电报电话咨询委员会（Consultative Committee of International Telegraph and Telephone，CCITT）制定的 X.25 通信协议，所以人们常把分组交换网称做 X.25 网。

X.25 网速度为 9.6~64kbit/s，方式比较古老，应用广泛，采用冗余校验纠错，可靠性高，但速度慢，延时长。

3．综合业务数字网（ISDN、ADSL）

ISND（Integrated Service Digital Network）即综合业务数字网，是电话网与数字网结合而成的网络。目前，我国对公众开放的综合业务数字网属窄带 ISDN，ISDN 用户使用普通电话线，但需要电信提供 ISDN 业务，采用数字传输。

ADSL（Asymmetrical Digital Subscriber Line）即非对称数字用户线，是以铜质电话线为传输介质的传输技术的一种，可用于传送视频、音频、多媒体等信号，是性能更高的综合服务数字网。目前，在现有的电话线上使用 ADSL 技术进行数据传输时，需要在线路两端安装 ADSL Modem。

4．数字数据网（DDN）

DDN（Digital Data Network）即数字数据网，是利用数字信道传输数据信号的数据传输网，这是一个半永久性连接电路的公共数据网。所谓半永久性连接是指提供的信道是非交换型，用户数据在传输率、到达地点等方面根据事先的约定进行传输而不能自行改变。利用 DDN 的主要方式是租用专线。利用数字信道传送网络内的计算机信号，比用电话网具有更高的信道容量和可靠性。

5．帧中继（Frame Relay）

帧中继又称为快速分组交换，是一种由 X.25 发展而来的网络传输技术，它使分组交换技术从窄带发展到宽带，其平均传输率是 X.25 的 10 倍。它采用一点对多点的连接方式，在传输信息量大的情况下可以超越传输线速度。

6．ATM 技术

ATM（Asynchronous Transfer Mode）即异步传输模式，是由国际电报电话咨询委员会（CCITT）在 1989 年制定的一种高速网络传输和交换的信息格式。它的优势是可以把 LAN 与 WAN 融为一体，可以在同一条线路上实现高速率、高带宽地传输数据、音频、视频等信息，满足了多媒体信息的传输需要，而传统的电路交换模式要用不同的线路来传输不同类型的数据。传统的网络技术，在传输距离上都有一定的限制，如以太网连接距离在 2.5km 以内，光纤传输的分布数据接口 FDDI 的最大连接距离在 100km 以内，而 ATM 没有传输距离的限制。它既可以用于局域网，也可以用于广域网。在 ATM 体系结构的网络中，只需要配置工作站和交换机两种设备，因而在技术支持和技术培训方面比较简捷。

1.6　IP 地址与子网掩码

1.6.1　IP 地址

1．IP 地址的概念

为了实现 Internet 上不同计算机之间的通信，除了使用相同的通信协议 TCP/IP 外，每台计算机都必须由授权单位分配一个区分于其他计算机的唯一地址，我们称之为 IP 地址。因此，IP 地址即互联网地址或 Internet 地址，是用来唯一标识 Internet 上计算机的逻辑地址，每台连入 Internet

的计算机都依靠 IP 地址来标识自己。

IP 地址具有如下特性：

- IP 地址必须唯一。
- 每台连入 Internet 的计算机都依靠 IP 地址来互相区分、相互联系。
- 网络设备根据 IP 地址帮助用户找到目的端。
- IP 地址由统一的组织负责分配，任何个人都不能随便使用。

2.IP 地址的表示

IP 地址由 32 位（bit）二进制数组成，即 IP 地址占 4 个字节。为了方便书写，通常用"点分十进制"表示法，其要点是：每 8 位二进制数为一组，每组用一个十进制数表示（0～255），每组之间用小数点"."隔开。例如，二进制数表示的 IP 地址：

·11001010　01110000　00000000　00100100

用"点分十进制"表示即为

202.112.0.36

3．IP 地址的分类及构成

IP 地址可分成 5 类：A 类、B 类、C 类、D 类和 E 类。其中 A 类 、B 类、C 类地址是基本的 Internet 地址，是用户使用的地址，为主类地址。D 类和 E 类为次类地址，D 类地址称为组播（Multicast）地址，而 E 类地址尚未使用，以保留给将来的特殊用途。无论哪类 IP 地址都是由类别 ID、网络 ID 和主机 ID 这 3 部分组成：

类别 ID	网络 ID（NetID）	主机 ID（HostID）

其中，类别 ID 用来标识网络类型，网络 ID 用来标识网络，主机 ID 用来标识在某网络上的主机。各类 IP 地址的具体定义如下：

A 类：

0	网络 ID（7 位）	主机 ID（24 位）

B 类：

10	网络 ID（14 位）	主机 ID（16 位）

C 类：

110	网络 ID（21 位）	主机 ID（8 位）

D 类：

1110	多目广播地址（28 位）

E 类：

11110	实验或将来使用（27 位）

根据上述定义，可以推导出各类 IP 地址第一个字节的取值范围以及其他相关信息，其中 A 类、B 类、C 类的 IP 地址的相关信息如表 1-6-1 所示。

表 1-6-1　A 类、B 类、C 类的 IP 地址相关信息

类别	第一个字节取值范围	最大网络数（个）	最大主机数（台）	适用的网络规模
A 类	0～127	128（2^7）	16 777 216（2^{24}）	大型网络
B 类	128～191	16 384（2^{14}）	65 536（2^{16}）	中型网络
C 类	192～223	2 097 152（2^{21}）	256（2^8）	小型网络

在 IP 地址的体系中，还做了以下一些规定：

- 主机地址全"0"或全"1"是专用的，不能分配。其中：
  - ➢ 主机地址全"0"代表本网络。该类地址一般在路由表中使用。例如，28.0.0.0 代表 28 网络；129.30.0.0 代表 129.30 网络。
  - ➢ 主机地址全"1"称为广播地址。例如，一个报文送到 130.60.255.255，也就是将该报文同时送往 130.60 这个网络的所有主机上。
- 对于 A 类网络，0 和 127 这两个网络地址用于特殊目的，不能分配。127.0.0.1 以及形如 127.X.Y.Z 的地址都保留为回路（Loop Back）地址，用于网络测试。例如，一个报文送到 127.0.0.1 地址时，信息通过自身的接口传给自己。

4．全局 IP 地址和局部 IP 地址

- 在 Internet 上使用的 IP 地址称为全局 IP 地址（或公用 IP 地址、外部 IP 地址）。
- 专供局域网内部使用的 IP 地址称为局部 IP 地址（或专用 IP 地址、内部 IP 地址）。采用内部 IP 地址技术是为了解决全局 IP 地址不够用的问题，保留的内部 IP 地址如表 1-6-2 所示。

表 1-6-2　保留的内部 IP 地址

类别	IP 地址范围	网络 ID	网 络 个 数	默认子网掩码
A 类	10.0.0.0 ～ 10.255.255.254	10	1	255.0.0.0
B 类	172.16.0.1 ～ 172.31.255.254	172.16～172.31	16	255.255.0.0
C 类	192.168.0.0 ～ 192.168.255.254	192.168.0 ～ 192.168.255	256	255.255.255.0
微软 自动寻址	169.254.0.1 ～ 169.254.255.254	169.254	1	255.255.0.0

需要指出的是，如果局域网不接入 Internet，则 IP 地址可从 A、B、C 3 类地址中任意选取，否则会与 Internet 上的全局 IP 地址发生冲突；如果局域网要接入 Internet，则需要申请使用全局 IP 地址。局域网内的内部 IP 地址可通过代理服务器或路由器的 NAT（网络地址转换）功能实现访问 Internet。

5．IP 地址的分配

IP 地址的分配主要有两种方法：静态分配和动态分配。

- 静态分配：指定固定的 IP 地址，配置操作需要在每台主机上进行。缺点是配置和修改工作量大，不便统一管理。

- 动态分配：自动获取由 DHCP（Dynamic Host Configuration Protocol，动态主机配置协议）服务器分配的 IP 地址且 IP 地址不固定，优点是配置和修改工作量小，便于统一管理。

注意：服务器必须使用静态 IP 地址。

1.6.2　子网掩码

在 Internet 中，每台主机的 IP 地址由网络 ID（含网络类别）和主机 ID 两部分组成，为了使计算机能自动地从 IP 地址中分离出相应的网络 ID，需要专门定义一个网络掩码（Net Mast，也称为子网屏蔽码）。TCP/IP 网络的主机在通信时就是通过子网掩码来判断彼此是否属于同一个子网的。

子网掩码也是一个 32 位的二进制数，分别对应于 IP 地址中的 32 位二进制数，同样采用"点分十进制"表示。在子网掩码中，用二进制位"1"对应 IP 地址中的网络 ID 部分，用二进制位"0"对应 IP 地址中的主机 ID 部分。例如，对于 C 类 IP 地址为 192.168.8.10，其子网掩码为 11111111 11111111　11111111　00000000，用"点分十进制"表示为 255.255.255.0。

根据上述规则，将子网掩码和 IP 地址进行逻辑"与"运算，即可获得 IP 地址中的网络 ID 部分，从而区分出不同的网络。例如，某主机的 IP 地址为 192.168.8.10，其子网掩码为 255.255.255.0，它们的逻辑"与"运算如下：

```
        11000000  10101000  00001000  00001010
AND     11111111  11111111  11111111  00000000
        ─────────────────────────────────────
结果：   11000000  10101000  00001000  00000000
```

在这里，"与"运算的要点是：当两个二进制数相"与"时，只有同时为"1"时结果才为"1"，否则为"0"。从运算结果中可知，192.168.8 为网络 ID，余下的 10 即为该网络中的主机 ID。

一般情况下，A、B、C 3 类 IP 地址的子网掩码默认值分别为 255.0.0.0、255.255.0.0 和 255.255.255.0。但是在实际应用中，人们往往将一个大的网络划分为若干个子网。例如，一个 B 类 IP 地址的网络可以划分 256 个相当于 C 类 IP 地址的子网，这时它的子网掩码取"1"的二进制位数应当与子网 IP 地址相对应。例如，B 类 IP 地址为 172.17.7.250 与 172.17.8.200 设在不同的子网上，为区分出不同的子网，它们的子网掩码就应该是 255.255.255.0。这时，172.17 就是主网络 ID，而 7 和 8 就是子网络 ID，250 和 200 便是其中的主机 ID。

总之，子网掩码技术拓宽了 IP 地址的网络 ID 部分的表示范围，主要用于：

- 屏蔽 IP 地址的一部分，以区分网络 ID 和主机 ID。
- 说明 IP 地址是在本地局域网上还是在远程网上。

1.7　局域网的组建

局域网由网络硬件和网络软件两部分组成。网络硬件用于实现局域网的物理连接，为连接在局域网上的计算机之间的通信提供一条物理信道和实现局域网内的资源共享。网络软件则主要用于控制并具体实现信息传送和网络资源的分配与共享。这两部分互相依赖，共同完成局域网的通信功能。

局域网硬件应包括网络服务器、客户机、网卡、网络设备、传输介质及介质连接部件以及各种适配器。其中网络设备是指计算机接入网络和网络与网络之间互联时所必需的设备，例如路由器、交换机等。

　　在局域网中，网络软件可分为网络系统软件和网络应用软件。网络系统软件是控制和管理网络运行、提供网络通信和网络资源分配与共享功能的软件，为用户提供访问网络和操作网络的友好界面。网络系统软件主要包括网络操作系统、网络协议和网络通信软件等。网络操作系统 Windows NT、Windows 2000 Server 和广泛应用的协议软件 TCP/IP 协议包，以及各种类型的网卡驱动程序都是重要的网络系统软件。网络应用软件是为某一应用目的而开发的网络软件，它为用户提供实际的应用。网络应用软件既可用于管理和维护网络本身，也可用于某一个业务领域，如网络管理监控程序、网络安全、分布式数据库、管理信息系统、数字图书馆、Internet 信息服务、远程教学和视频点播等。

　　在组建局域网时可以根据不同的地理环境，组建不同拓扑结构的局域网，可以是总线形也可以是星形或环形，甚至可以是它们的混合型。在选择传输介质时可以根据不同环境，选择双绞线、光缆和无线等传输介质。在组建局域网前，首先要设计一个最佳方案，反复论证后再开始施工。在这个方案中不但要考虑传输介质、网络设备，甚至要考虑 IP 地址的规划。局域网的规模虽小，但是可靠性等往往比广域网要求更高。因为局域网更关注的是一个具体的单位，例如学校、医院、政府部门等。在组建局域网过程中，选择网络互连设备时，也要根据不同的需求选择不同类别的、不同档次的互连设备，达到安全、可靠、经济等目的。

第2章 网络体系结构和 TCP/IP 协议

引 言

要想让两台计算机进行通信，必须使它们采用相同的信息交换规则。在计算机网络中用于规定信息的格式以及如何发送和接收信息的一套规则被称为网络协议（Network Protocol）或通信协议（Communication Protocol）。

网络协议是计算机网络的核心问题，是计算机网络中最基本的概念之一。针对网络理论和协议标准等知识比较抽象、难以理解的特点，本教材利用抓包工具来观察网络行为，将协议理论知识和应用相关联，把抽象的概念具体化，帮助读者尽快掌握计算机网络知识的内在精髓。先精练地讲解几个网络知识点，然后实现相关的网络行为，运行抓包工具，给出实例分析，讲解网络上真实数据的含义，从而明确该网络行为的底层工作过程，进一步理解其工作原理，结合到网络理论知识点，真正理解和掌握网络理论知识。

本章首先介绍网络协议的分层理论和观察网络的工具，然后重点介绍 TCP/IP 协议族的 5 个基本协议，最后学习几个常用网络测试工具的使用，理解 TCP/IP 协议的应用。

内容结构图

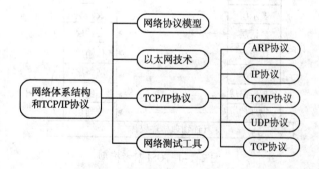

学习目标

- 了解网络协议模型，掌握 OSI 和 TCP/IP 协议的分层及各层功能。
- 掌握以太网的工作原理，能熟练运用 Sniffer 等抓包工具捕获、分析数据包。
- 掌握本章所介绍的 ARP、IP、ICMP、UDP、TCP 这 5 种协议的基本原理和工作过程，借助抓包工具能够分析协议数据，理解网络协议的真实含义。
- 掌握本章所介绍的几个网络测试工具的基本工作原理，并能熟练应用到实际网络测试中。

2.1　网络协议模型

2.1.1　协议分层

为了减少网络设计的复杂性，绝大多数网络采用分层设计方法。所谓分层设计，就是按照信息的流动过程将网络的整体功能分解为一个个功能层，不同机器上的同等功能层之间采用相同的协议，同一机器上的相邻功能层之间通过接口进行信息传递。

网络中同等功能层之间的通信规则就是该层使用的协议，而同一计算机的不同功能层之间的通信规则称为接口。总的来说，协议是不同机器同等功能层之间的通信约定，而接口是同一机器相邻功能层之间的通信约定。不同的网络，分层数量、各层的名称和功能以及协议都各不相同。然而，在所有的网络中，每一层的目的都是向它的上一层提供一定的服务。

计算机网络体系结构是网络中分层模型以及各层功能的精确定义。最著名的网络体系结构就是国际标准化组织（ISO）制定的开放系统互连参考模型（OSI/RM）。

2.1.2　OSI 参考模型

OSI 参考模型将整个网络的通信功能分成 7 层，自下至上分别为物理层、数据链路层、网络层、传输层、会话层、表示层和应用层，如图 2-1-1 所示。按此模型，一台计算机上的每一层都只与另一台计算机上的同层"对话"，在图中用双向箭头线表示。模型中低三层属于通信子网范畴，高三层属于资源子网范畴，传输层起着衔接高三层和低三层的作用。

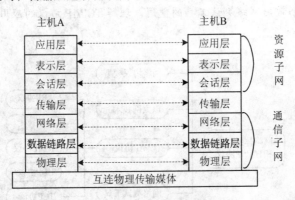

图 2-1-1　OSI 参考模型

1．OSI 参考模型中各层的功能

1）物理层（Physical Layer）

该层为通信提供物理链路，实现比特流的透明传输。数据传输单位是比特（bit）。

物理层定义了传输媒体以及接口硬件的机械、电气、功能和规程等各种特性，以便建立、维护和解除物理链接。它定义了信号线的作用、电压的大小及它们之间的关系。

2）数据链路层（Data Link Layer）

该层用于提供网络中相邻结点间可靠的信息传输，使之对网络层呈现一条无差错的线路。数据传输的单位是帧（Frame）。

数据帧是用来传输数据的一种结构包，这个结构包中除了包含需要传输的有效数据以外，还包括发送端和接收端的网络地址以及控制信息和错误校验信息。

3）网络层（Network Layer）

该层提供源端到目标端的信息传输服务，负责从发送端到接收端连接多于一个链路的数据的传输，负责最佳路径的选择和包的转发。数据传输单位是分组（Packet，数据报）。

4）传输层（Transport Layer）

该层为源端主机到目标端主机提供可靠的数据传输服务，保证实现数据包无差错、按顺序、无丢失和无冗余的传输。数据传输单位是数据段（Segment，报文，报文段）。传输层把源主机接收来的报文正确地传送给目的主机，因此这一层的协议也叫做主机—主机（端—端）协议。传输层只能存在于主机中，传输层以上的各层就不再管信息传输的问题了。因此，传输层就成为计算机网络体系结构中最为关键的一层，可以说传输层是资源子网与通信子网的接口层。

5）会话层（Session Layer）

会话层也称为会晤层或对话层，该层用于建立、管理和中止不同机器上的应用程序之间的会话。所谓会话是指为完成一项任务而进行的一系列相关的信息交换。

6）表示层（Presentation Layer）

该层向应用层提供被传送数据的表示问题，即信息的语法和语义。如有必要，使用一种通用的数据表示格式在多种数据表示格式之间进行转换，使采用不同表示方法的各开放系统之间能互相通信。该层还负责数据的加密、压缩与恢复等。

7）应用层（Application Layer）

该层是直接面向用户的，为用户的应用程序提供网络通信服务。在 OSI 的 7 个层次中，应用层是最复杂的，所包含的协议也最多，有的还正在研究和开发之中。相信随着计算机网络的进一步发展，网络所能提供的服务也将越来越多。

需要说明的是，OSI 参考模型只是提供概念性和功能性结构，同时确定研究和改进标准的范围，并为维持所有有关标准的一致性提供共同的参考。因此，OSI 参考模型及其各有关标准都只是技术规范，而不是工程规范。

2．OSI 参考模型中的数据传输

一台计算机要发送数据到另一台计算机，数据首先需要打包，打包的过程成为封装。封装就是在数据前面加上特定的协议头部。例如寄信，将信装入写有源地址和目的地址的信封中发送，还要写明用航空或挂号等。在 OSI 参考模型中，对等层协议之间交换的信息单元统称为协议数据单元（Protocol Data Unit，PDU）。应用层的协议数据单元称为 APDU（Application PDU），表示层的协议数据单元称为 PPDU（Presentation PDU），以此类推。除此之外，传输层及以下各层的 PDU 还有各自特定的名称：

- 传输层——数据段（Segment，报文，报文段）。
- 网络层——分组（Packet，数据报）。
- 数据链路层——数据帧（Frame）。
- 物理层——比特（bit）。

OSI 参考模型中每一层都要依靠下一层提供的服务。为了提供服务，下层把上层的 PDU 作为本层的数据封装，然后加入本层的头部（和尾部）。头部中含有完成数据传输所需的控制信息。这样，数据自上而下递交的过程实际上就是不断封装的过程。到达目的地后自下而上递交的过程就是不断拆封的过程。由此可知，在物理线路上传输的数据，其外面实际上被包封了多层"信封"。但是，某一层只能识别由对等层封装的"信封"，而对于被封装在"信封"内部的数据仅仅是拆封后将其提交给上层，本层不做任何处理。

OSI 参考模型中数据传输如图 2-1-2 所示。

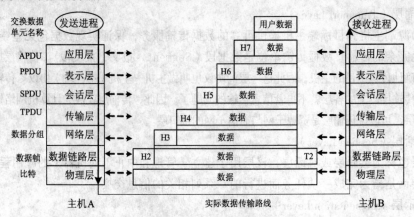

图 2-1-2　OSI 参考模型中的数据传输

2.1.3　TCP/IP 协议模型

OSI 体系结构虽然从理论上讲比较完整，是国际公认的标准，但它还远远没有商品化，现今市场上流行的网络几乎没有完全符合 OSI 各层协议的。在 Internet 中，人们普遍使用 TCP/IP（Transmission Control Protocol/Internet Protocol，传输控制协议/网际协议）协议模型。

TCP/IP 协议模型实际上是一个网络协议族，如图 2-1-3 所示，TCP 和 IP 是其中最重要的两个协议，它们虽然都不是 OSI 的标准协议，但事实证明它们工作得很好，已经被公认为事实上的标准，它也是当今使用的国际互联网的标准协议。

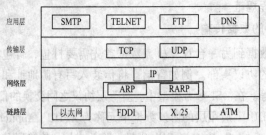

图 2-1-3　TCP/IP 协议模型

TCP/IP 协议模型共有 4 个层次：应用层、传输层、网络层和链路层。由于 TCP/IP 体系结构在设计时就考虑到要与具体的物理传输媒体无关，所以在 TCP/IP 的标准中并没有对数据链路层和物理层做出规定，而只是将底层取名为网络接口层。

1. 应用层

应用层是 TCP/IP 的最高层，应用程序通过该层使用网络。在这一层包含了很多为用户服务的协议，主要的协议有下面几种：

- 简单邮件传输协议（Simple Message Transfer Protocol，SMTP）：负责互联网中电子邮件的传递。
- 超文本传输协议（Hypertext Transfer Protocol，HTTP）：提供 WWW 服务。
- 网络终端协议（Telnet）：实现远程登录功能，人们常用的电子公告牌系统 BBS 使用的就是这个协议。
- 文件传输协议（File Transfer Protocol，FTP）：用于交互式文件传输，下载软件使用的就是这个协议。
- 网络新闻传输协议（Network News Transfer Protocol，NNTP）：为用户提供新闻订阅功能，它是网上一种功能强大的新闻工具，每个用户既是读者又是作者。
- 域名服务系统（Domain Name System，DNS）：负责机器域名到 IP 地址的转换。
- 简单网络管理协议（Simple Network Management Protocol，SNMP）：负责网络管理。所有的标准网络管理程序都使用 SNMP。

其中，网络用户经常直接接触的协议有 SMTP、HTTP、Telnet、FTP、NNTP；另外，还有许多协议是最终用户不需直接了解但又必不可少的，如 DNS、SNMP、RIP/OSPF 等。

随着计算机网络技术的发展，还不断会有新的协议加入。

2．传输层

传输层提供面向连接的传输控制协议 TCP 和无连接的用户数据报协议 UDP（User Datagram Protocol），对应于 OSI 的传输层。该层的实体是主机，即主机到主机的协议。

- TCP 是面向连接的、可靠的传输协议。它把报文流（Message Stream，是一段完整的信息，比如一段文本、一幅图像等）分解为多个报文（Segment）进行传输，在目的站再重新装配这些段，必要时重新发送没有收到的段。
- UDP 是无连接协议，由于对发送的报文不进行校验和确认，因此它是"不可靠"的，可靠性由应用层协议保证。但由于它的协议开销少，因此还是在很多场合得到应用，如 IP 电话等。

3．网络层

本层提供无连接的传输服务（不保证送达）。本层的主要功能是寻找一条能够把数据报送到目的地的路径。它对应于 OSI 的网络层，用于网络的互联。

网络层最主要的协议是无连接的互联网协议 IP。

IP（Internet Protocol）又称互联网际协议，是支持网间连接的数据报协议，与 TCP 协议（传输控制协议）一起构成了 TCP/IP 协议族的核心。它提供网间连接的完善功能，包括 IP 数据报规定互联网范围内的 IP 地址格式。

与 IP 协议配合使用的还有：

- ICMP（Internet Control Message Protocol），互联网控制报文协议，提供消息传递的功能。
- ARP（Address Resolution Protocol），地址解析协议，为已知的 IP 地址确定相应的 MAC 地址。
- RARP（Reverse Address Resolution Protocol），反向地址转换协议，根据 MAC 地址确定相应的 IP 地址。

4．链路层

该层处理数据的格式化以及将数据传输到网络电缆，还负责网络的连接并提供网络上的报文输入/输出，它包括 Ethernet、APPANET、TokenRing 等。

2.1.4　TCP/IP 与 OSI 的对应关系

虽然 OSI 参考模型和 TCP/IP 协议模型都采用了层次结构的概念,但是它们的差别却是很大的,不论在层次划分还是协议使用上都有明显的不同。

如图 2-1-4 所示,OSI 参考模型与 TCP/IP 协议模型都采用了层次结构,但 OSI 采用的是七层结构,而 TCP/IP 是四层结构。

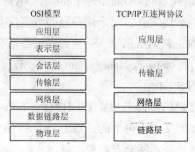

图 2-1-4　OSI 与 TCP/IP 的对应关系

OSI 参考模型虽然一直被人们所看好,但由于没有把握好实际应用,因而迟迟没有一个成熟的产品推出,大大影响了它的发展;相反,TCP/IP 协议模型虽然有许多不尽人意的地方,但近 30 年的实践证明它还是比较成功的,特别是近年来国际互联网的飞速发展,也使它获得了巨大的支持。

2.2　以太网技术

2.2.1　以太网的工作原理

以太网上的每台计算机都能独立运行,不存在中心控制器。连接到以太网的所有工作站都接入共享信令系统,又称为介质。要发送数据时,工作站首先监听信道,如果信道空闲,即可以帧格式传输数据。

每帧传输完毕之后,各工作站必须公平争取下一帧的传输机会。对于共享信道的访问取决于嵌入到每个工作站的以太网接口的介质访问控制机制。该机制建立在载波监听多路访问/冲突检测(CSMA/CD)基础上。

当以太帧发送到共享信道后,所有以太网接口查看它的目标地址。如果帧目标地址与接口地址相匹配,那么该帧就能被全部读取并且被发送到那台计算机的网络软件上。如果发现帧目标地址与以太网接口本身的地址不匹配时,则停止帧读取操作。

2.2.2　以太网地址和帧格式

1.以太网地址

以太网地址,通常又被称为硬件地址或物理地址,因其属于局域网技术的 MAC 子层的范畴,因此又被称为 MAC 地址。

MAC 地址长度为 6 字节,共 48 bit,其格式如图 2-2-1 所示。

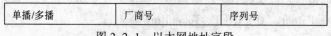

单播/多播	厂商号	序列号

图 2-2-1　以太网地址字段

- "单播/多播"字段占 1bit，0 表示单播地址，1 表示多播地址。
- "厂商号"字段占 23bit，生产以太网卡的厂商需要申请统一的厂商号，可以申请多个厂商号。
- "序列号"字段占 24bit，是厂商自行分配不重复的序号。

每一个以太网卡中都固化有一个全球唯一的 MAC 地址。例如有一个 MAC 地址为 00:00:B4:91:8C:6A，其中厂商号为 00:00:B4，查阅资料可知是 Realtek 公司的厂商号，该网卡的序列号为 91:8C:6A。

2．帧格式

帧是以太网传输的基本单位，图 2-2-2 所示为以太网的帧结构。

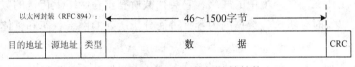

图 2-2-2　以太网数据的帖结构

- "目的地址"字段长 6 字节，指明目标主机网卡的 MAC 地址。
- "源地址"字段长 6 字节，指明源主机网卡的 MAC 地址。
- "类型"字段长 2 字节，指明携带的数据的类型，比如其值为 0x0800，表示所携带的数据是 IP 数据包。

2.2.3　嗅探器的相关知识

学习网络知识的最好方法是在实践中观察网络，对照理论知识观察实际的网络现象，这样对理解理论知识起到非常好的积极作用。而要观察网络现象，必须借助于一些网络观测工具，比如嗅探器，俗称抓包工具。

1．嗅探器的作用

Sniffer（嗅探器）几乎和 Internet 有一样久的历史了。Sniffer 是一种常用的收集有用数据的方法，这些数据可以是用户的账号和密码或一些商用机密数据等。随着 Internet 及电子商务的日益普及，Internet 的安全也越来越受到重视。在 Internet 安全隐患中扮演重要角色之一的 Sniffer 已受到越来越大的关注。

Sniffer 就是能够捕获网络数据包的设备，因此目前嗅探器的正当用处在于分析网络的流量，以便找出所关心的网络中潜在的问题。例如，假设网络的某一段运行得不是很好，数据包的发送比较慢，而我们又不知道问题出在什么地方，此时就可以用嗅探器来做出精确的问题判断。

Sniffer 的另一个重要作用，就是作为抓包工具可以观察各种实际的网络现象，可以分析各种网络协议的数据包的封装及格式，更好地理解网络层次结构及协议；可以分析各种网络服务的底层工作原理和过程等，更好地掌握各种服务的配置和性能的测量等。本教材很好地使用了嗅探器来学习分析网络协议。

2．嗅探器的工作原理

通常，同一个网段的所有网络接口都有访问在物理媒体上传输的所有数据的能力，而每个网络接口都还应该有一个硬件地址，该硬件地址不同于网络中存在的其他网络接口的硬件地址，同时，每个网络至少还要一个广播地址代表所有的接口地址，在正常情况下，一个合法的网络接口应该只响应以下的两种数据帧：

- 帧的目标区域具有和本地网络接口相匹配的硬件地址。
- 帧的目标区域具有"广播地址"。

在接收上面两种情况的数据包时，网络接口通过 CPU 产生一个硬件中断，该中断能引起操作系统注意，然后将帧中所包含的数据传送给系统进一步处理。

而 Sniffer 就是一种能将本地网络接口状态设成"混杂（Promiscuous）"状态的软件，当网络接口处于这种"混杂"方式时，就具备了"广播地址"，它对所有收到的每一个帧都产生一个硬件中断以便提醒操作系统处理流经该物理媒体上的每一个数据包。

可见，Sniffer 工作在网络环境中的底层，它会拦截所有正在网络上传送的数据，并且通过相应的软件处理，可以实时分析这些数据的内容，进而分析所处的网络状态和整体布局。

3．嗅探器的分类

嗅探器分软件和硬件两大类，硬件类的有 Fluke 公司生产的各种型号的网络探测设备，功能完备强大，当然价格也比较昂贵。软件有很多种，而且大多都是免费软件，所以应用广泛。常用的嗅探器软件有 Ethereal、Sniffer、NetXray、Snort 等，这些软件大多有对应的 Windows 版本和 Linux 版本。

2.2.4　Sniffer 的使用

下载 Sniffer 软件后，直接运行安装程序，系统会提示输入个人信息和软件注册码，安装结束后，重新启动，之后再安装 Sniffer 汉化补丁。运行 Sniffer 程序后，系统会自动搜索机器中的网络适配器，单击"确定"按钮进入 Sniffer 主界面。

1．捕获数据包前定义过滤规则

在默认情况下，Sniffer 将捕获其接入碰撞域中流经的所有数据包，但是有些数据包可能不是我们所需要的，因此有必要对捕获的数据包进行过滤。Sniffer 提供了捕获数据包前的过滤规则的定义，过滤规则包括 2、3 层地址的定义和几百种协议的定义。定义过滤规则的方法一般如下：

（1）在主界面选择 capture→define filter 命令，弹出 Define Filter 对话框，如图 2-2-3 所示。

（2）Address 选项卡可以进行 MAC 地址、IP 地址和 IPX 地址等的定义。以定义 IP 地址过滤为例，要捕获地址为 10.1.30.100 的主机与其他主机通信的信息，在 Mode 选项组中选择 Include 单选按钮（Exclude 单选按钮表示捕获除此地址外所有的数据包）；在 Station 列表框中，在任意一栏中输入 10.1.30.100，在另外一栏中输入 Any（Any 表示所有的 IP 地址），这样就完成了地址的过滤。

（3）Advanced 选项卡定义希望捕获的相关协议的数据包，如图 2-2-4 所示。比如，想捕获 FTP、NETBIOS、DNS、HTTP 的数据包，那么首先展开 TCP 选项，再进一步选择协议；还要明确的是，DNS、NETBIOS 的数据包有些是属于 UDP 协议，故需在 UDP 选项中做类似 TCP 选项的工作，否则捕获的数据包将不全。

如果不选择任何协议，则捕获所有协议的数据包。

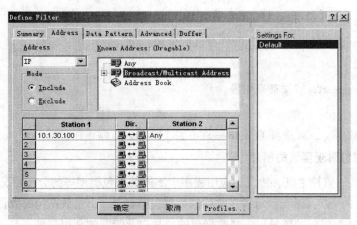

图 2-2-3 定义过滤规则对话框

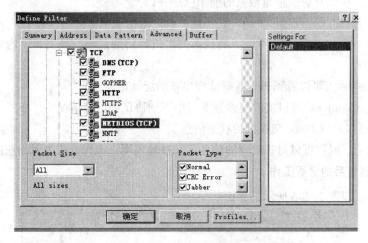

图 2-2-4 定义不同的捕获协议

Packet Size 选项可以定义捕获的数据包大小，例如，定义捕获包大小界于 64～128 B 的数据包。

（4）Buffer 选项卡定义捕获数据包的缓冲区，如图 2-2-5 所示。

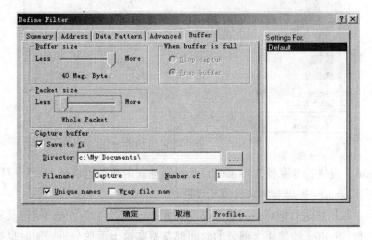

图 2-2-5 定义捕获数据包的缓冲区

在 Buffer size 区域中，将其设为最大（40MB）。

Capture buffer 选项将设置缓冲区文件存放的位置。

2．开始抓包

选择 Capture→Start，启动捕获引擎。

3．停止抓包

选择 Capture→Stop，或选择 Capture→Start and Display，停止抓包。

4．捕获数据包时观察到的信息

Sniffer 可以实时监控主机、协议、应用程序、不同数据包类型等的分布情况。

- Dashboard：可以实时统计每秒接收到的数据包的数量、出错数据包的数量、丢弃数据包的数量、广播数据包的数量、多播数据包的数量以及带宽的利用率等。
- HostTable：可以查看通信量最大的前 10 位主机。
- Matrix：通过连线，可以形象地看到不同主机之间的通信。
- ApplicationResponseTime：可以了解到不同主机通信的最小、最大、平均响应时间方面的信息。
- HistorySamples：可以看到历史数据抽样出来的统计值。
- Protocoldistribution：可以实时观察数据流中不同协议的分布情况。
- Switch：可以获取 Cisco 交换机的状态信息。

在捕获过程中，同样可以对想观察的信息定义过滤规则，操作方式类似捕获前的过滤规则。

5．捕获数据包后的分析工作

停止抓包后出现图 2-2-6 所示的界面。

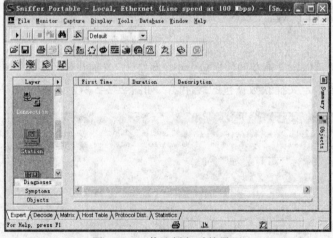

图 2-2-6　停止抓包后的界面

Expert 是 Sniffer 提供的专家模式，系统自身根据捕获的数据包从链路层到应用层进行分类并进行诊断。其中 Diagnoses 提出非常有价值的诊断信息。

Decode 对每个数据包进行解码，如图 2-2-7 所示，可以看到整个包的结构及从链路层到应用层的信息，事实上，Sniffer 的使用大部分的时间都花费在这上面的分析，同时也对使用者在网络的理论及实践经验上提出较高的要求，用户借此工具便可看穿网络问题的结症所在。

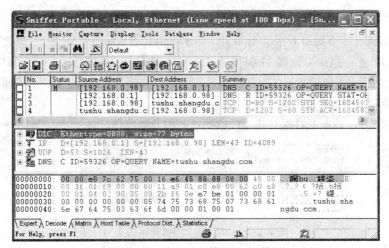

图 2-2-7 Ethereal 的 Decode 界面

Decode 界面由上、中、下 3 个子窗口组成，上面的子窗口显示截获的所有数据包，每一行是一个数据帧，显示有数据帧的概要信息以及截获的时间等；中间的子窗口是协议树窗口，显示选定数据帧的解码信息；下面的子窗口是帧数据内容显示窗口，显示选定数据帧的所有十六进制的字节内容。

Sniffer 对捕获的每个数据包进行解码分析，显示在中间的协议树子窗口中，如图 2-2-8 所示。链路层对应 DLC；网络层对应 IP；传输层对应 UDP；应用层对应的是 NETB 等高层协议。

Sniffer 会在捕获数据包的时候自动记录捕获的时间，在解码显示时显示出来，在分析问题时提供了很好的时间记录。

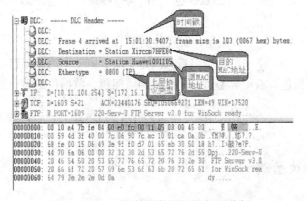

图 2-2-8 一个数据数据包的解码分析

源目的 MAC 地址在解码框中可以将前 3 字节代表厂商的字段翻译出来，方便定位问题，例如网络上两台设备 IP 地址设置冲突，可以通过解码翻译出厂商信息，方便地将故障设备找到，如 00e0fc 为华为，010042 为 Cisco 等。如果需要查看详细的 MAC 地址，则用鼠标在解码框中单击此 MAC 地址，在下面的数据内容子窗口中会突出显示该地址的十六进制编码。

类型字段承载的上层协议的类型主要包括：0x800 为 IP 协议，0x806 为 ARP 协议。

下面具体分析一个以太网数据帧，以太网帧结构为目的 MAC 地址（6Byte）+ 源 MAC 地址（6Byte）+ 上层协议类型（2Byte）+ 数据字段（46～1500Byte）。

图 2-2-9 所示是一个实际的以太网数据帧。

前 6 字节即第 1 字节到第 6 字节（00 10 a4 7b fe 84）是"目的 MAC 地址"；接着的 6 字节即第 7 字节到第 12 字节（00 e0 fc 00 11 05）是"源 MAC 地址"；第 13、14 字节（08 00）是"类型"字段，值为"0800"表示该帧数据的上层协议是 IP 协议，即链路层在剥去以太网首部的 14 字节后，会把携带的数据部分交经上层的 IP 协议处理；

从第 15 字节开始的余下数据就是该帧数据携带的数据部分。

```
00000000: 00 10 a4 7b fe 84 00 e0 fc 00 11 05 08 00 45 00   ...{............E.
00000010: 00 59 4d 3f 40 00 7c 06 90 7c ac 10 01 ca 0a 0b   .YM?@.|..|.......
00000020: 68 fe 00 15 06 49 3e 9f f0 d7 01 65 ab 30 50 18   h?...I>....e.0P.
00000030: 44 70 6a 06 00 00 32 32 30 2d 53 65 72 76 2d 55   Dpj...220-Serv-U
00000040: 20 46 54 50 20 53 65 72 76 65 72 20 76 33 2e 30    FTP Server v3.0
00000050: 20 66 6f 72 20 57 69 6e 53 6f 63 6b 20 72 65 61    for WinSock rea
00000060: 64 79 2e 2e 2e 0d 0a                               dy.....
```

图 2-2-9 一个以太网数据帧的实例

6．设置显示过滤器

选择 Display→Define Filter，可设置显示过滤器，方法和设置捕获过滤器似类。

7．Sniffer 提供的工具应用

Sniffer 除了提供数据包的捕获、解码及诊断外，还提供了一系列的工具，包括包发生器、Ping、Traceroute、DNSlookup、Finger、Whois 等工具。

其中，包发生器比较有特色，下面进行简单介绍。

包发生器提供 3 种生成数据包的方式：

- ▥：新构一个数据包，包头、包内容及包长由用户直接填写。
- ▤：发送在 Decode 中所定位的数据包，同时可以在此数据包的基础上对数据包进行如前述的修改。
- ▣：发送 buffer 中所有的数据包，实现数据流的重放。

可以定义连续发送 buffer 中的数据包或只发送一次 buffer 中的数据包。请特别注意，不要在运行的网络中重放数据包，否则容易引起严重的网络问题，数据包的重放经常用于实验环境中。

2.3 TCP/IP 协议

2.3.1 TCP/IP 协议基础

1．TCP/IP 的分层

TCP/IP 由 4 层组成，这与 OSI 由 7 层组成不相同。这 4 层包括应用层（Application）、传输层（Transport）、网络层（Network）和链路层（Link），如图 2-3-1 所示。

网络协议通常分不同层次进行开发，每一层分别负责不同的通信功能。

应用层	Telnet、FTP 和 E-mail 等
传输层	TCP 和 UDP
网络层	IP、ICMP 和 IGMP
链路层	设备驱动程序及接口卡

图 2-3-1 TCP/IP 的分层图

2．TCP/IP 协议族

在 TCP/IP 协议族中，有很多种协议。图 2-3-2 所示给出了不同层次的协议。

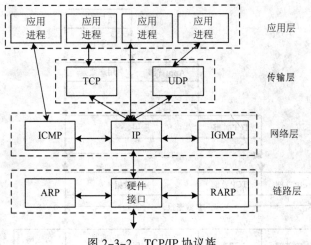

图 2-3-2　TCP/IP 协议族

　　TCP 和 UDP 是两种最为著名的运输层协议，二者都使用 IP 作为网络层协议。虽然 TCP 使用不可靠的 IP 服务，但它却提供一种可靠的运输层服务。UDP 为应用程序发送和接收数据报。一个数据报是指从发送方传输到接收方的一个信息单元，但是与 TCP 不同的是，UDP 是不可靠的，它不能保证数据报能安全无误地到达最终目的地。

　　IP 是网络层上的主要协议，同时被 TCP 和 UDP 使用。TCP 和 UDP 的每组数据都通过端系统和每个中间路由器中的 IP 层在互联网中进行传输。

　　ICMP 是 IP 协议的附属协议。IP 层用它来与其他主机或路由器交换错误报文和其他重要信息。尽管 ICMP 主要被 IP 使用，但应用程序也有可能访问它，如 Ping 和 Traceroute 都使用了 ICMP。

　　ARP（地址解析协议）和 RARP（逆地址解析协议）是某些网络接口（如以太网和树子环网）使用的特殊协议，用来转换 IP 层和网络接口层使用的地址。

　　3. 封装

　　当应用程序用 TCP 传送数据时，数据被送入协议栈中，然后逐个通过每一层直到被当做一串比特流送入网络。其中每一层对收到的数据都要增加一些首部信息（有时还要增加尾部信息），该过程如图 2-3-3 所示。TCP 传给 IP 的数据单元称为 TCP 报文或 TCP 段（TCP Segment）；IP 传给网络接口层的数据单元称为 IP 数据报（IP Datagram）；通过以太网传输的比特流称为帧（Frame）。

　　许多应用程序都使用 TCP 或 UDP 来传送数据，因此运输层协议在生成报文首部时要存入一个应用程序的标识符，以表明数据来源于哪种应用程序。为此，TCP 和 UDP 都用一个 16bit 的端口号来表示不同的应用程序。TCP 和 UDP 把源端口号和目的端口号分别存入报文首部中。

　　类似地，TCP、UDP、ICMP 和 IGMP 都要向 IP 传送数据，因此 IP 必须在生成的 IP 首部中加入某种标识，以表明数据属于哪一层。为此，IP 在首部中存入一个长度为 8bit 的数值，称为协议域。1 表示为 ICMP 协议，2 表示为 IGMP 协议，6 表示为 TCP 协议，17 表示为 UDP 协议。

　　网络接口分别要发送和接收 IP、ARP 和 RARP 数据，因此也必须在以太网的帧首部中加入某种形式的标识，以指明生成数据的网络层协议。为此，以太网的帧首部也有一个 16 bit 的帧类型域。

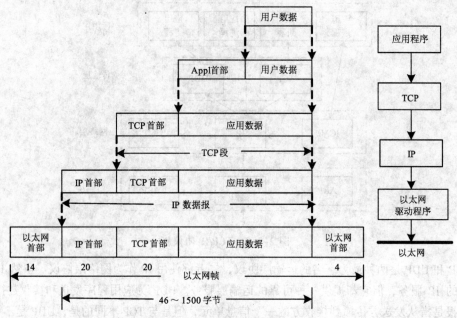

图 2-3-3 用户数据的封装过程

4. 分用

当目的主机收到一个以太网数据帧时，数据就开始从协议栈中由底向上升，同时去掉各层协议加上的报文首部。每层协议盒都要去检查报文首部中的协议标识，以确定接收数据的上层协议。这个过程称为分用，图 2-3-4 所示显示了该过程是如何发生的。

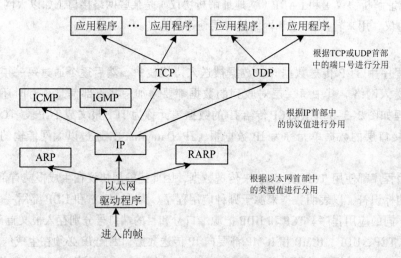

图 2-3-4 以太网数据帧的分用过程

2.3.2 ARP 协议

1. 什么是 ARP

ARP 是 Address Resolution Protocol（地址解析协议）的缩写。所谓"地址解析"就是主机在发送数据包之前将目标 IP 地址转换为目标 MAC 地址的过程,所以 ARP 的基本功能就是解析目标设备的 MAC 地址,以保证通信的顺利进行。

2. ARP 的工作原理

每台主机都有一个 ARP 缓存,其中有所在局域网上主机和路由器的 IP 地址和物理地址的映射表。当发送数据报时先到缓存中查出目标 IP 的 MAC 地址,若没有所需项,则按以下步骤查找:

(1)在局域网广播发送一个 ARP 请求数据包。

(2)局域网内所有主机的 ARP 进程都收到此数据包。

(3)目标主机收到后,发回一个 ARP 响应数据包,此包中写有目标主机的 IP 和 MAC 地址。其余主机丢弃 ARP 请求包。

(4)将找到的 IP 地址和 MAC 地址映射对写入 ARP 缓存。

3. ARP 协议的数据报格式和封装

ARP 数据报是直接封装在链路层数据帧的。以太网的链路层数据帧封装格式如图 2-3-5 所示。

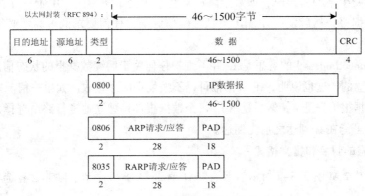

图 2-3-5 ARP 数据报的封装格式

封装 ARP 数据报时,生成的以太网数据帧首部除了加上目的地址和源地址外,还要加上"类型"字段,"类型"字段的值设为"0806"。

分用以太网数据帧时,读出前 12 字节的目的地址和源地址,再取出 2 字节的"类型"字段,分析其值,如果是"2",则表明封装的数据是 IP 数据报;如果是"0806",则表明封装的数据是 ARP 数据报。

ARP 协议的数据报格式如图 2-3-6 所示。

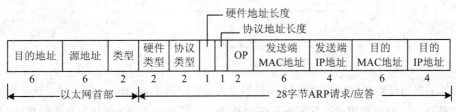

图 2-3-6 ARP 协议的数据报格式

● 硬件类型:表示硬件地址的类型。它的值为 1 即表示以太网地址。

● 协议类型:值为 0x0800 即表示 IP 地址。它的值与包含 IP 数据报的以太网数据帧中的类型字段的值相同。

- 硬件地址长度和协议地址长度：分别指出硬件地址和协议地址的长度，以字节为单位。对于以太网上 IP 地址的 ARP 请求或应答来说，它们的值分别为 6 和 4。
- OP（操作）字段：指出 4 种操作类型，它们是 ARP 请求（值为 1）、ARP 应答（值为 2）、RARP 请求（值为 3）和 RARP 应答（值为 4）。这个字段是必需的，因为 ARP 请求和 ARP 应答的帧类型字段值是相同的。
- 接下来的 4 个字段是发送端的 MAC（硬件）地址、发送端的协议地址（IP 地址）、目的端的硬件地址和目的端的协议地址。

2.3.3　IP 协议

IP 是 TCP/IP 协议族中最为核心的协议，所有的 TCP、UDP、ICMP 及 IGMP 数据都以 IP 数据报格式传输。IP 提供不可靠、无连接的数据报传送服务。

不可靠（Unreliable）的意思是它不能保证 IP 数据报能成功地到达目的地。IP 仅提供最好的传输服务。如果发生某种错误时，如某个路由器暂时用完了缓冲区，IP 有一个简单的错误处理算法：丢弃该数据报，然后发送 ICMP 消息报给信源端，任何要求的可靠性必须由上层来提供（如 TCP）。

无连接（Connectionless）的意思是 IP 并不维护任何关于后续数据报的状态信息。每个数据报的处理是相互独立的。这也说明，IP 数据报可以不按发送顺序接收。如果一信源向相同的信宿发送两个连续的数据报（先是 A，然后是 B），每个数据报都是独立地进行路由选择，可能选择不同的路线，因此 B 可能在 A 到达之前先到达。

1. IP 数据报的封装和报文格式

IP 数据报的格式如图 2-3-7 所示。普通的 IP 首部长为 20 字节，除非含有选项字段。

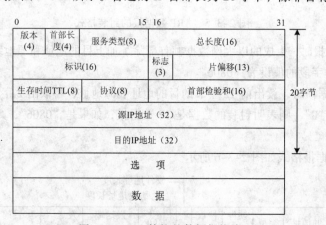

图 2-3-7　IP 协议的数据报格式

- 版本：指出此数据报所使用的 IP 协议的版本号，IP 版本 4（IPv4）是当前广泛使用的版本。
- 首部长度：此域指出整个数据报首部的长度，是首部占 32 bit 字的数目，包括任何选项。由于它是一个 4bit 字段，因此首部最长为 60 字节。普通 IP 数据报（没有任何选择项）字段的值是 5。接收端通过此域可以知道在数据报首部何处结束及读数据的开始处。

- 服务类型：大多数情况下不使用此域，这个域用数值表示出报文的重要程度，此数大的报文优先处理。
- 总长度：这个域指出报文的以字节为单位的总长度。数据报的总长度不能超过 65 535 字节，否则接收方认为数据报遭到破坏。利用首部长度字段和总长度字段，就可以知道 IP 数据报中数据内容的起始位置和长度。
- 标识：该字段唯一地标识主机发送的每一份数据报。通常每发送一份数据报它的值就会加 1。假如多于一个报文（几乎不可避免），这个域用于标识数据报位置，分段的数据报保持最初的 ID 号。
- 标志：该字段点 3 bit，从左往右看，第一个标志位暂时不用，第二个标志位为 DF（Don't Fragment），第三个标识位为 MF（More Fragment）。

DF=1，不允许分片	MF=1，后面还有分片的数据报
DF=0，允许分片	MF=0，分片数据报的最后一个

- 片偏移：指本片数据在初始数据报中的偏移量，以 8 字节为单位。
- 生存时间：表明数据报允许继续传输的时间。假如一个数据报在传输过程中被丢弃或丢失，则指示数据报会发回发送方，指示其数据报丢失，发送方于是重传数据报。
- 协议：这个域指出处理此数据报的上层协议号。
- 首部校验和：这个域作为首部数据有效性的校验。
- 源 IP 地址：这个域指出发送机器的地址。
- 目的 IP 地址：这个域指出目的机器的地址。
- 选项：选项域是可选的。

IP 数据报和 ARP 数据报一样，都是直接封装在链路层数据帧中的，当以太网数据帧的"类型"字段值是"0800"时，表明封装的数据是 IP 数据报。

2．IP 数据报实例分析

图 2-3-8 所示是启动 Sniffer 抓包的截图。

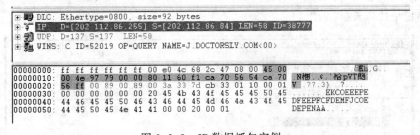

图 2-3-8　IP 数据抓包实例

分析一下 IP 数据报的封装，实例中"类型"字段值为 0800，表明封装的是 IP 数据报。

图中灰色背景的 20 字节即 IP 数据报的首部，下面详细分析 IP 数据报的首部含义：

第 1、2 字节数值为"45 00"，表明版本号为"4"，即 IPv4 版本；首部长度为 5 个 32 位，即 20 字节。

第 3、4 字节数据值为"00 4e"，其十进制值为 78，表明该 IP 数据报总长度为 78 字节，减去 20 字节的首部，即该 IP 数据报的数据内容长度为 58 字节。

第 5、6 字节数据值为 "97 79"，其十进制值为 38777，表明该 IP 数据报的 ID 号为 38777。

第 7、8 字节数据值为 "00 00"，可见其前 3 个 bit 为 "000"，表明该 IP 数据报允许分片，这是最后一片；后 13 个 bit 全为 0，表明没有偏移量。

第 9 字节数据值为 "80"，其十进制值为 128，表明该 IP 数据报的生存期为 128s。

第 10 字节数据值为 "11"，其十进制值为 17，表明该 IP 数据报内封装的是 UDP 数据包。

第 11、12 字节数据值为 "60 f1"，计算校验和，为正确的。

第 13、14、15、16 字节数据值为 "ca 70 56 54"，分别对应的十进制数为 "202 112 86 84"，表明该 IP 数据报的源地址为 202.112.86.84。

第 17、18、19、20 字节数据值为 "ca 70 56 ff"，分别对应的十进制数为 "202 112 86 255"，表明该 IP 数据报的目的地址为 202.112.86.255。

3．有关 IP 分片

以太网和 802.3 对数据帧的长度都有一个限制，其最大值分别是 1500 和 1492 字节。链路层的这个特性称为 MTU，最大传输单元，不同类型的网络大多数都有一个上限。如果 IP 层有一个数据报要传，而且数据的长度比链路层的 MTU 还大，那么 IP 层就需要进行分片（Fragmentation），把数据报分成若干片，这样每一片都小于 MTU。

对于发送端发送的每份 IP 数据报来说，其标识字段都包含一个唯一值。该值在数据报分片时被复制到每个片中，标志字段用其中一个比特来表示"更多的片"。除了最后一片外，其他每个组成数据报的片都要把该比特置 1。片偏移字段指的是该片偏移原始数据报开始处的位置，以 8 个字节为单位。另外，当数据报被分片后，每个片的总长度值要改为该片的长度值。

当 IP 数据报被分片后，每一片都成为一个分组，具有自己的 IP 首部，并在选择路由时与其他分组独立。这样，当数据报的这些片到达目的端时有可能会失序，但是在 IP 首部中有足够的信息让接收端能正确组装这些数据报片。

4．IP 分片数据报实例分析

图 2-3-9 和图 2-3-10 所示是启动 Sniffer 截获的 IP 分片的两个截图，下面分析其 IP 首部和这两片数据包是什么关系。

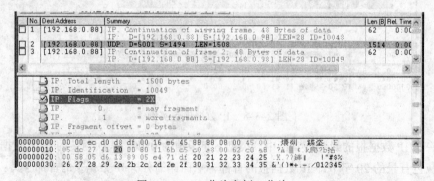

图 2-3-9　IP 分片实例：分片一

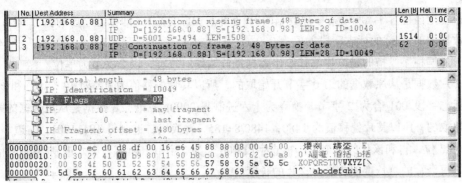

图 2-3-10　IP 分片实例：分片二

第 2 帧数据和第 3 帧数据 IP 首部的 ID 号都是 10049，说明是应用程序发送的同一个数据包，被 IP 分片为若干帧数据。

第 2 帧数据的 IP 首部的"偏移量"字段值为"00"，表明该片数据是初始数据报文的第一片数据包。"标志"字段的 DF 位为 0，表明允许分片，MF 位为 1，表明该片数据包不是最后一片，后面还有后续分片。"总长度"字段值为 1500 字节，除去 20 字节的 IP 首部，剩下的 1480 字节数据就是 IP 包携带的内容，表明紧接着的第二片数据包在初始数据报文中的偏移量应该是 1480 字节处。

第 3 帧数据的 IP 首部的"偏移量"字段值为"b9"，其十进制值为 185，因为该偏移量以 8 个字节为单位，所以用 185 乘以 8 得到 1480 字节，表明该片数据在初始数据报文的第 1480 字节处，因此，该片数据是紧接第 2 帧数据的第二片数据包。"标志"字段的 DF 位为 0，表明允许分片，MF 位为 0，表明该片数据包是最后一片。

结论：原始数据包被分成两片，分别封装成第 2 片数据和第 3 片数据，且第 2 片在前，第 3 片在后。

例：有一个 1508 字节的数据到达 IP 层，要求传送。为什么需要分处？该如何分片？在 IP 首部如何设置相应的信息？

解：若将 1508 个字节封装成一个 IP 数据报，即需要加上至少 20 个字节的 IP 首部，则总的 IP 数据报长度为 1528 字节，将大于以太网 MTU 的上限 1500 字节，所以必须分片。

针对以太网的 MTU 为 1500 字，可计算出一个 IP 数据报能传送的最大数据为 1480 字节，所以做如下分片：

注意理解：第一片数据长度为 1480 字节，取自原始数据的第 0 字节到第 1479 字节，即相对于原始数据来说其偏移量为 0；第二片数据长度为 28 字节，取自原始数据的第 1480 字节到第 1507 字节，即相对于原始数据来说其偏移量为 1480。

对每片数据的 IP 首部做相应设置：

（1）发送的每份 IP 数据报的多个分片，其标识字段都为唯一的 ID 值。即每片数据的 IP 首部中的标识字段相同。

（2）标志字段用最低位（MF 位）来表示"更多的片"。除了最后一片外，其他每个组成数据报的片都要把该位置 1。所以第一片数据的 IP 首部的 MF 位置 1，即标志字段的值为 001；同理，第二片数据的 IP 首部的标志字段的值为 000。

（3）片偏移字段指的是该片偏移原始数据报开始处的位置，以 8 字节为单位。

第一片数据是从原数据的第 0 字节开始取的，所以其片偏移值为 0，即 13 个 0，和该片的 3 个位的标志字段 001 合为 2 字节，换算为十六进制得$(2000)_{16}$；第二片数据是从原数据的第 1480 字节开始取的，所以其片偏移值为 1480，1480/8=185，转换成二进制得 10111001，左边添加若干 0 扩充为 13 位，再和该片的 3 个位的标志字段 000 合为 2 字节，换算为十六进制得$(00B9)_{16}$。

（4）每个片的总长度值要设为该片的长度值。

第一片数据长度为 1480，加上 20 字节的 IP 首部，所以其总长度为 1500，转换成十六进制得$(05DC)_{16}$；第二片数据长度为 28，加上 20 字节的 IP 首部，所以其总长度为 48，转换成十六进制得 30，占 2 字节为$(0030)_{16}$。

2.3.4　ICMP 协议

ICMP 经常被认为是 IP 层的一个组成部分，它传递差错报文以及其他需要注意的信息。ICMP 报文通常被 IP 层或更高层协议（TCP 或 UDP）使用。一些 ICMP 报文把差错报文返回给用户进程。

1．ICMP 数据报的封装

ICMP 数据报是封装在 IP 数据报中的，当 IP 首部的"协议"字段值是"01"时，表明封装的数据是 ICMP 数据。封装格式如图 2-3-11 所示。

图 2-3-11　ICMP 协议的数据封装

2．ICMP 数据报的格式

ICMP 报文的格式如图 2-3-12 所示。

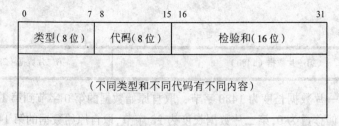

图 2-3-12　ICMP 协议的数据报格式

所有 ICMP 报文的前 4 字节都是一样的，但是剩下的其他字节则互不相同。

类型字段可以有 15 个不同的值，以描述特定类型的 ICMP 报文。某些 ICMP 报文还使用代码字段的值来进一步描述不同的条件。表 2-3-1 所示是不同类型值的 ICMP 数据报的描述。

表 2-3-1　ICMP 数据报的不同类型值和描述

类 型	描 述	类 型	描 述
0	回显应答（Ping 应答）	10	路由器请求
3	目的不可达	11	超时
4	源端被关闭	13	时间戳请求
5	重定向	14	时间戳应答
8	请求回显（Ping 请求）	17	地址掩码请求
9	路由器通告	18	地址掩码应答

3．ICMP 回显请求和回显应答报文的格式及实例

图 2-3-13 所示是回显请求和回显应答报文的格式。

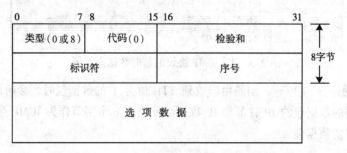

图 2-3-13　ICMP 协议的回显请求/应答报文格式

图 2-3-14 和图 2-3-15 所示是 Sniffer 抓包的截图，分别是回显请求报文和回显应答报文，可以看到两个报文只有类型不同，标识符和序号及选项数据都是一样的，因为这两个报文是一问一答的响应报文对。

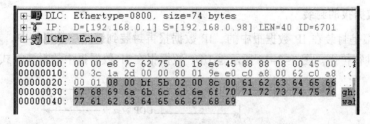

图 2-3-14　ICMP 协议的回显请求数据实例

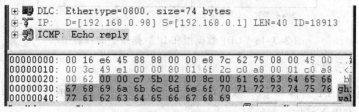

图 2-3-15　ICMP 协议的回显应答数据实例

4．ICMP 超时报文的格式及实例

图 2-3-16 所示是 ICMP 超时报文的格式。

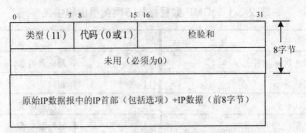

图 2-3-16　ICMP 协议的超时数据报格式

图 2-3-17 所示是 Sniffer 抓包的 ICMP 超时报文，观察其类型值为 "0b"，即十进制的 11。

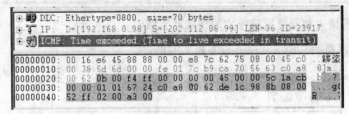

图 2-3-17　ICMP 协议的超时数据报实例

ICMP 超时数据的产生原理：当路由器收到 TTL 值为 1 的数据包时，会向源主机发送 ICMP 超时报文，将收到的数据包的 IP 首部和 IP 数据部分的前 8 个字节作为 ICMP 超时报文的数据部分，并且丢弃收到的数据包。

2.3.5　UDP 协议

UDP 是一个简单的面向数据报的运输层协议：进程的每个输出操作都正好产生一个 UDP 数据报，并组装成一份待发送的 IP 数据报。UDP 不提供可靠性：它把应用程序传给 IP 层的数据发送出去，但是并不保证它们能到达目的地。

1. UDP 数据报的封装

UDP 数据报是封装在 IP 数据报中的，IP 数据报再封装到链路层数据帧中，才可以通过物理线路在网络中进行传送。图 2-3-18 所示是 UDP 数据报在 IP 数据报中的封装格式。

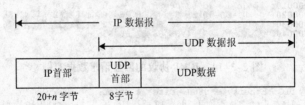

图 2-3-18　UDP 数据报在 IP 数据报中的封装格式

2. UDP 数据报格式

UDP 数据报由 UDP 首部和 UDP 数据两部分组成，图 2-3-19 所示是 UDP 首部格式。
UDP 协议头有以下结构：

- 源端口号：16 位的源端口是源计算机上的连接号。
- 目的端口号：16 位的目的端口号是目的主机上的连接号。

图 2-3-19　UDP 的数据报首部格式

- UDP 长度：UDP 长度域 16 位长，指的是 UDP 首部和 UDP 数据的字节长度。该字段的最小值为 8 字节（发送一份 0 字节的 UDP 数据报是 OK）。
- UDP 检验和：校验和是一个 16 位的错误检查域，基于报文的内容计算得到。目的计算机执行和源主机上相同的数学计算，两个计算值的不同表明报文在传输过程中出现了错误。

3．端口号

UDP 和 TCP 采用 16 bit 的端口号来识别应用程序。那么这些端口号是如何选择的呢？

服务器一般都是通过知名端口号来识别的。例如，对于每个 TCP/IP 实现来说，FTP 服务器的 TCP 端口号都是 21，每个 Telnet 服务器的 TCP 端口号都是 23，每个 TFTP（简单文件传送协议）服务器的 UDP 端口号都是 69，每个 DNS 服务器的 UDP 端口号都是 53。任何 TCP/IP 实现所提供的服务都用知名的 1 ~ 1023 之间的端口号。这些知名端口号由 Internet 号分配机构（Internet Assigned Numbers Authority，IANA）来管理。

客户端通常对它所使用的端口号并不关心，只需保证该端口号在本机上是唯一的就可以了。客户端口号又称为临时端口号（即存在时间很短暂）。这是因为它通常只是在用户运行该客户程序时才存在。大多数 TCP/IP 实现给临时端口分配 1024 ~ 5000 之间的端口号。

4．实例分析

图 2-3-20 所示是 Sniffer 截获的一条 UDP 数据报文，分析一下具体的 UDP 数据报的封装和数据格式。

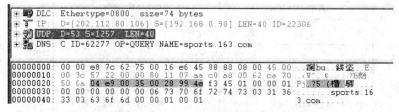

图 2-3-20　UDP 协议的数据报实例

该数据帧共 74 字节，前 14 字节是以太网数据帧的首部，接着的 20 字节是 IP 数据报首部。观察 IP 数据报首部的第 10 字节，即协议字段，其数据值为 "11"，对应的十进制数为 17，表明 IP 数据报里封装的是 UDP 数据报。

在 IP 数据报首部后面紧接的就是 8 个字节的 UDP 首部：

第 1、2 字节是源端口号，其数据值为 "04 e9"，转换成十进制数为 1257，表明源端口号为 1257。

第 3、4 字节是目的端口号，其数据值为 "00 35"，转换成十进制数为 53，表明目的端口号为 53。UDP 的 53 号端口是 DNS 服务，因此，表明该 UDP 数据报中封装的是 DNS 数据报，是向 DNS

服务器请求 DNS 服务的。

第 5、6 字节是数据长度字段，值为"00 28"，转换成十进制数为 40，表明该 UDP 数据报总的长度为 40 字节，其中封装的 DNS 数据长度为 32 字节。

第 7、8 字节是校验和字段，值为"99 4e"，经计算为"正确"。

2.3.6 TCP 协议

传输控制协议（TCP）提供了可靠的报文流传输和对上层应用的连接服务，TCP 使用顺序的应答，能够按需重传报文。

TCP 将用户数据打包构成报文段；它发送数据后启动一个定时器；另一端对收到的数据进行确认，对失序的数据重新排序，丢弃重复数据；TCP 提供端到端的流量控制，并计算和验证一个强制性的端到端检验和。

1. TCP 数据报的封装

TCP 报文和 UDP 报文一样是封装在 IP 数据报中的，IP 数据报再封装到链路层数据帧中，才可以通过物理线路在网络中进行传送。当 IP 首部中的"协议"字段的值为"06"时，表明该 IP 数据包所携带的是 TCP 数据报。图 2-3-21 所示是 TCP 数据报在 IP 数据报中的封装格式。

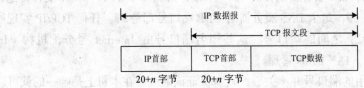

图 2-3-21　TCP 数据报在 IP 数据报中的封装格式

2. TCP 报文格式

图 2-3-22 所示是 TCP 报文格式，由 TCP 报文首部和数据两部分组成。如果不算选项部分，TCP 头一般是 20 字节。

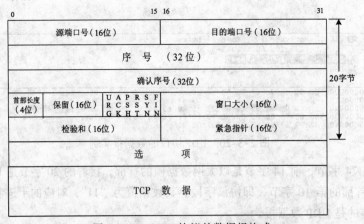

图 2-3-22　TCP 协议的数据报格式

下面分别给出 TCP 头的各个字段含义：

- 源端口号：用于指示源端口的数值。
- 目的端口号：用于指示目的端口的数值。

- 序号：发送的数据流中第一个字节的序号。TCP 为数据流中每个字节编连续的序号。如果本条数据报携带的数据流长度为 m 字节，则下一条 TCP 数据报的序号应该编为本序号加 m，记为 n，那么下一条发送的数据流中第一个数据的序号应该为 n（特例：握手数据包占 1 字节序号）。

- 确认序号：是期望收到对方下次发送的数据的第一个字节的序号。假设确认序号为 n，则表明确认收到数据流字节中最后字节编号为 $n-1$ 的报文。

- 首部长度：该字段给出首部中 32 bit 字的数目，即用该字段值乘以 4 就是 TCP 首部的长度。需要这个字段是因为任选字段的长度是可变的，这个字段占 4bit，因此 TCP 最多有 60 字节的首部。如果没有任选字段，TCP 首部正常的长度是 20 字节。

- 保留：保留域不被使用，但是它必须置 0。

- 控制位：共有 6 位，分别置 1，表示有效；置 0，表示无效。
  - U（URG）：紧急指针是否有效。
  - A（ACK）：确认序号是否有效。
  - P（PSH）：接收方是否需要尽快将该报文交给应用层。
  - R（RST）：连接复位是否有效。
  - S（SYN）：同步序号是否有效。
  - F（FIN）：完成任务是否有效。

- 窗口大小：这个域指示发送方想要接收的数据字节数。TCP 的流量控制由连接的每一端通过声明的窗口大小来提供。

- 检验和：校验和是报文头和内容按 1 的补码和计算得到的 16 位数。假如报文头和内容的字节数为奇数，则最后应补足一个全 0 字节，形成校验和，注意补足的字节不被送上网络发送。

- 紧急指针：只有当 URG 标志置 1 时紧急指针才有效。紧急指针是一个正的偏移量，和序号字段中的值相加表示紧急数据最后一个字节的序号。TCP 的紧急方式是发送端向另一端发送紧急数据的一种方式。

- 选项：选项可能在头的后面被发送，但是必须被完全实现并且是 8 位长度的倍数。

3. TCP 数据报的实例分析

图 2-3-23 所示是 Sniffer 截获的一条 TCP 数据报文，对照图 2-3-22 和图 2-3-23 来分析一个具体的 TCP 数据报的封装和数据格式。

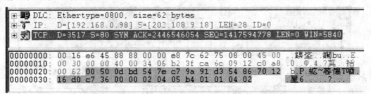

图 2-3-23　TCP 协议的数据报实例

该数据帧共 62 字节，前 14 字节是以太网数据帧的首部，接着的 20 字节是 IP 数据报首部。观察 IP 数据报首部的第 10 字节，即协议字段，其数据值为 "06"，对应的十进制数为 6，表明 IP 数据报中包的是 TCP 数据报。

在 IP 数据报首部后面紧接的就是 20 字节的 TCP 首部：

第 1、2 字节是源端口号，其数据值为"00 50"，转换成十进制数为 80，表明源端口号为 80。TCP 的 80 号端口是 HTTP 服务，因此，表明该 TCP 数据报中包的是 HTTP 数据报，是 HTTP 服务器发出的应答数据包。

第 3、4 字节是目的端口号，其数据值为"0d bd"，转换成十进制数为 3517，表明目的端口号为 3517。

第 5、6、7、8 字节是序号字段，值为"54 7e c7 9a"，转换成十进制数为 1417594778，表明该 TCP 数据报的序号为 1417594778。

第 9、10、11、12 字节是确认序号字段，值为"91 d3 54 86"，转换成十进制数为 2446546054，表明该 TCP 数据报携带有确认信息，确认收到数据流字节中最后字节编号为 2446546053 的数据包。

第 13 字节数据值为"70"，可知前 4bit 值为 7，表明该 TCP 数据报的首部长度为 28 字节，即有 8 字节的选项内容。

第 14 字节数据值为"12"，转换成二进制数为"00010010"，后 6 位为"010010"，分别对应六个控制位，表明 ACK 位和 SYN 位有效，其余各位无效，即表明该 TCP 数据包携带了有效的确认信息，同时该数据包是一个同步数据包，是三次握手中的一个数据包。

第 15、16 字节是窗口字段，其数据值为"16 d0"，转换成十进制数为 5840，表明接收方期望收到最多 5840 个字节。

第 17、18 字节是校验和字段，其数据值为"c7 36"，经计算后确认为"正确"。

第 19、20 字节是紧急指针字段，其数据值为"00 00"，因为该 TCP 数据包的控制位 URG 置 0，无效，所以紧急指针字段也无效。

剩下的 8 个字节是 TCP 首部的选项，表明希望使用 TCP SACK。在 TCP SACK 中，如果连接的一端接收了失序数据，它将使用选项字段来发送关于失序数据起始和结束的信息。这样允许发送端仅重传丢失的数据。

思考：源主机下一条发送的 TCP 数据报的序号应该为多少？

4．TCP 序号和确认序号的实例分析

为了加深对 TCP 首部中的"序号"和"确认序号"的理解，对登录 www.sohu.com 网站的过程进行抓包，图 2-3-24 中第 6 帧数据是客户端发给服务器的一个 HTTP 请求数据包，第 7 帧数据是服务器发回的确认数据包，第 10 帧是客户端继第 6 帧后发给服务器的下一条数据包。详细分析第 6、7、10 帧数据 TCP 首部中的"序号"和"确认序号"的值，可以深刻理解 TCP 协议的"确认机制"、"可靠服务"等概念。

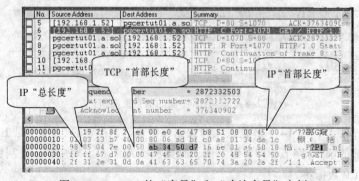

图 2-3-24 TCP 的"序号"和"确认序号"实例 1

图 2-3-24 中第 6 帧数据的数据内容显示其"序号"为"ab 34 50 d7",即 2872332503,怎样计算客户端下一条发送的数据包的序号呢?根据"序号"概念的定义可知,必须先求出本条 TCP 数据包所携带的数据字节数 m,由 TCP 首部和 IP 首部字段的定义,可以写出如下计算 m 的公式:

$$m=\text{IP 总长度}-\text{IP 首部长度}-\text{TCP 首部长度}$$

本例中,IP 总长度为"0103",即 259 字节,IP 首部长度为"5",即 5 个单位 20 字节,TCP 首部长度为"5",同理也表示 20 字节,所以 m 等于 219 字节。

因此,客户端发给服服务器的下一条 TCP 数据包的序号应该是 2872332503+219,即 2872332722。

分析第 7 帧数据,这是服务器发给客户端的数据,数据内容如图 2-3-25 中"数据内容显示"子窗口所示,其"确认序号"字段的值为"ab 34 51 b2",即 2872332722,表明收到了序号为 2872332722-1 的字节的数据,即 sohu 服务器收到了主机 192.168.1.52 发送的第 6 帧数据。

图 2-3-25 TCP 的"序号"和"确认序号"实例 2

分析第 10 帧数据,这是主机 192.168.1.52 发送完第 6 帧数据后,发送给服务器的下一条数据帧。数据内容如图 2-3-26 中"数据内容显示"子窗口所示,其"序号"字段的值为"ab 34 51 b2",即 2872332722。验证了分析第 6 帧数据时计算出的下一条数据的"序号"值是正确的。

图 2-3-26 TCP 的"序号"和"确认序号"实例 3

5. TCP 的连接管理

TCP 运输连接分 3 个阶段:建立连接、传送数据和释放连接。

TCP 协议是一种面向连接的、可靠的传输层协议。面向连接是指一次正常的 TCP 传输需要通过在 TCP 客户端和 TCP 服务端建立特定的虚电路连接来完成，该过程通常被称为“三次握手”。可靠性可以通过很多种方法来提供保证，在这里人们关心的是数据序列和确认。TCP 通过数据分段（Segment）中的序列号保证所有传输的数据可以在远端按照正常的次序进行重组，而且通过确认保证数据传输的完整性。

一个连接由四维参数（源 IP 地址、目的 IP 地址、源端口号、目的端口号）唯一确定，因此一台主机可以同时和目标主机的同一端口建立不同的连接。TCP 数据在某连接上传送。释放连接是针对某确定的连接进行释放。

1）建立连接

要通过 TCP 传输数据，必须在两端主机之间建立连接。举例说明，TCP 客户端主动和 TCP 服务端建立连接，过程如图 2-3-27 所示。

TCP State
TCP Packet
TCP State
CLOSED
LISTEN
SEQ=1000, CTL=SYN
SYN-SENT
SYN-RECEIVED
SEQ=750, ACK=1001, CTL=SYN|ACK
ESTABLISHED
SYN-RECEIVED
SEQ=1001, ACK=751, CTL=ACK
ESTABLISHED
ESTABLISHED

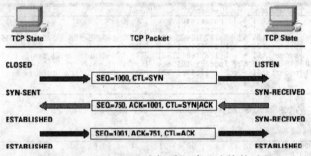

图 2-3-27　TCP“三次握手”建立连接的过程

在第一步中，客户端向服务端提出连接请求，这时 TCP SYN 标志置位，客户端告诉服务端序列号区域合法。客户端在 TCP 报头的序列号区中插入自己的 ISN。服务端收到该 TCP 分段后，在第二步以自己的 ISN 回应（SYN 标志置位），同时确认收到客户端的第一个 TCP 分段（ACK 标志置位）。在第三步中，客户端确认收到服务端的 ISN（ACK 标志置位）。到此为止建立完整的 TCP 连接，开始全双工模式的数据传输过程。图 2-3-28 所示是 Sniffer 抓包的截图，可以看到实例的三次握手的交互过程。

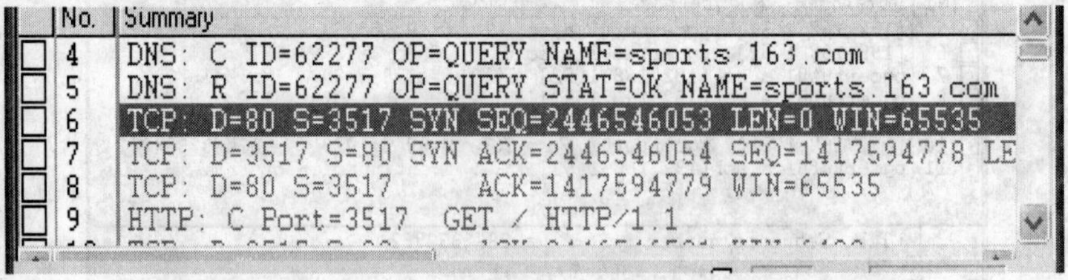

No. Summary
4 DNS: C ID=62277 OP=QUERY NAME=sports.163.com
5 DNS: R ID=62277 OP=QUERY STAT=OK NAME=sports.163.com
6 TCP: D=80 S=3517 SYN SEQ=2446546053 LEN=0 WIN=65535
7 TCP: D=3517 S=80 SYN ACK=2446546054 SEQ=1417594778 LE
8 TCP: D=80 S=3517 ACK=1417594779 WIN=65535
9 HTTP: C Port=3517 GET / HTTP/1.1

图 2-3-28　TCP“三次握手”建立连接的抓包数据实例

第 6 帧数据是客户端的 3517 端口向服务器的 80 端口提出连接请求，控制位 SYN 置 1，这是第一次握手包。SEQ=2446546053，表明客户端往服务器端方向发送的数据流起始序号为 2446546054（握手包占 1 字节）。

第 7 帧数据是服务器端回应连接请求的数据包，控制位 SYN 置 1，这是第二次握手包。SEQ=1417594778，表明服务器端往客户端方向发送的数据流起始序号 1417594779（握手包占 1 个字节）。ACK=2446546054 表明收到了客户端发来的序号为 2446546054-1 的数据包，即收到了客户端发来的第一次握手包，同时期望收到下一条序号为 2446546054 的数据包。

第 8 帧数据是客户端发给服务器的确认数据包，ACK=1417594779 表明收到了服务器发来的序号为 1417594779-1 的数据包，即确认收到了服务器发来的第二次握手包，这是第三次握手包。

4）释放连接

四次握手释放已建立的连接，即两端分别发送一个控制位 FIN 置 1 的数据包，再分别发送一个确认收到对方发送的 FIN 数据包。

图 2-3-29 所示是释放连接的抓包数据实例，共 4 个数据包，从第 11 帧到第 14 帧。分析第 11 帧数据的 TCP 首部"控制位"字段，值为"11"，即"ACK"位和"FIN"位有效，表明这是一个确认包，也是一个 FIN 数据包，是源端 192.168.1.67 向目标主机 192.168.1.68 发送的释放连接的数据包；第 12 帧数据是目标主机 192.168.1.68 回应源主机 192.168.1.67 的确认包，表明收到了 FIN 数据包；第 13 帧数据是目标主机 192.168.1.68 向源主机 192.168.1.67 发送的释放连接数据包；第 14 帧数据是源主机 192.168.1.67 回应目标主机 192.168.1.68 的确认包，表明收到了 FIN 数据包；经过以上 4 个数据包的交流后，源主机和目标主机正式断开连接。

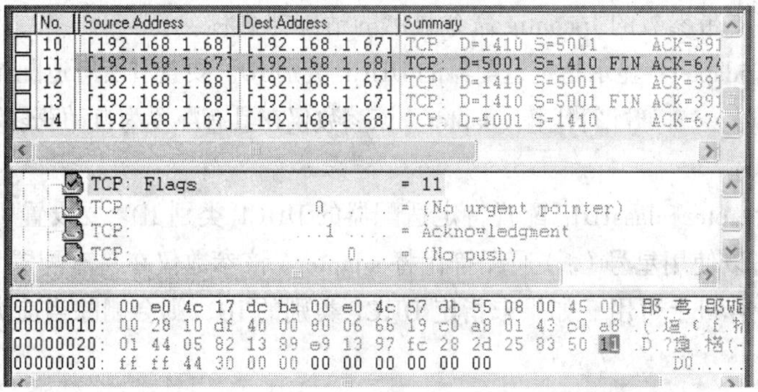

图 2-3-29　TCP 释放连接的抓包数据实例

2.4　常用网络测试工具的使用

2.4.1　设置和查看网络接口工具：Ipconfig

Ipconfig 是调试计算机网络的常用命令，通常被用来显示计算机中网络适配器的 IP 地址、子网掩码及默认网关等。

1. 具体功能

该命令用于显示所有当前的 TCP/IP 网络配置值、刷新动态主机配置协议（DHCP）和域名系统（DNS）设置。使用不带参数的 Ipconfig 可以显示所有适配器的 IP 地址、子网掩码、默认网关。

2. 语法格式

```
Ipconfig [/all] [/renew [adapter] [/release [adapter]] [/flushdns]
[/displaydns] [/registerdns] [/showclassid adapter] [/setclassid adapter
[classID]]
```

3. 主要参数说明

● /all：显示所有适配器的完整 TCP/IP 配置信息。在没有该参数的情况下 Ipconfig 只显示 IP 地址、子网掩码和各个适配器的默认网关值。适配器可以代表物理接口（例如安装的网络适配器）或逻辑接口（例如拨号连接）。

- /flushdns：清理并重设 DNS 客户解析器缓存的内容。如有必要，在 DNS 疑难解答期间，可以使用本过程从缓存中丢弃否定性缓存记录和任何其他动态添加的记录。
- /displaydns：显示 DNS 客户解析器缓存的内容，包括从本地主机文件预装载的记录以及由计算机解析的名称查询而最近获得的任何资源记录。DNS 客户服务在查询配置的 DNS 服务器之前使用这些信息快速解析被频繁查询的名称。
- /registerdns：初始化计算机上配置的 DNS 名称和 IP 地址的手工动态注册。可以使用该参数对失败的 DNS 名称注册进行疑难解答或解决客户和 DNS 服务器之间的动态更新问题，而不必重新启动客户计算机。TCP/IP 协议高级属性中的 DNS 设置可以确定 DNS 中注册了哪些名称。
- /release[adapter]：发送 DHCPRELEASE 消息到 DHCP 服务器，以释放所有适配器（如果未指定适配器）或特定适配器（如果包含了 adapter 参数）的当前 DHCP 配置并丢弃 IP 地址配置。该参数可以禁用配置为自动获取 IP 地址的适配器的 TCP/IP。要指定适配器名称，请键入使用不带参数的 Ipconfig 命令显示的适配器名称。
- /showclassid adapter：显示指定适配器的 DHCP 类别 ID。要查看所有适配器的 DHCP 类别 ID，可以使用星号（*）通配符代替 adapter。该参数仅在具有配置为自动获取 IP 地址的网卡的计算机上可用。
- /setclassid adapter [classID]：配置特定适配器的 DHCP 类别 ID。要设置所有适配器的 DHCP 类别 ID，可以使用星号（*）通配符代替 adapter。该参数仅在具有配置为自动获取 IP 地址的网卡的计算机上可用。如果未指定 DHCP 类别的 ID，则会删除当前类别的 ID。

4. 举例说明

【例 1】查看 ipconfig 所有参数（命令及运行结果如图 2-4-1 所示）。

图 2-4-1 "Ipconfig？"命令的运行结果

【例 2】查看所有适配器的完整 TCP/IP 配置信息（如图 2-4-2 所示）。

```
C:\WINDOWS\system32\cmd.exe
C:\Documents and Settings\new>ipconfig /all

Windows IP Configuration

        Host Name . . . . . . . . . . . . : BAF938FB5744489
        Primary Dns Suffix  . . . . . . . :
        Node Type . . . . . . . . . . . . : Mixed
        IP Routing Enabled. . . . . . . . : No
        WINS Proxy Enabled. . . . . . . . : No

Ethernet adapter 本地连接:

        Connection-specific DNS Suffix  . :
        Description . . . . . . . . . . . : Realtek RTL8139/810x Fam
ernet NIC
        Physical Address. . . . . . . . . : 00-16-E6-45-88-88
        Dhcp Enabled. . . . . . . . . . . : No
        IP Address. . . . . . . . . . . . : 192.168.0.98
        Subnet Mask . . . . . . . . . . . : 255.255.255.0
        Default Gateway . . . . . . . . . : 192.168.0.1
        DNS Servers . . . . . . . . . . . : 192.168.0.1
```

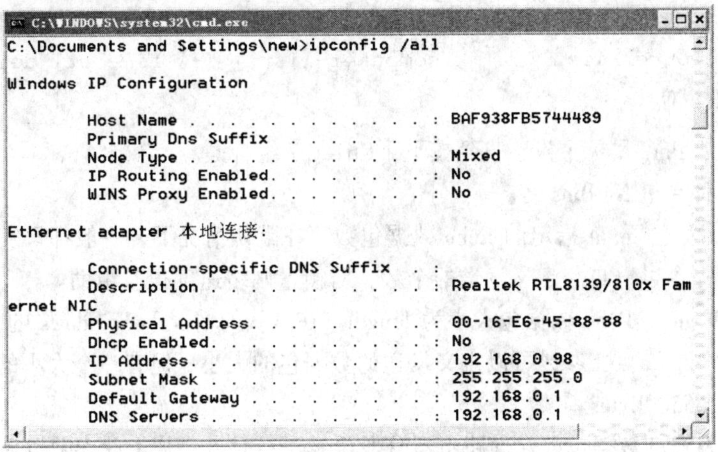

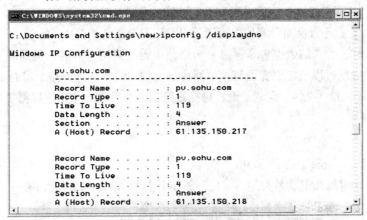

图 2-4-2 “Ipconfig/all”命令的运行结果

【例 3】显示 DNS 客户解析器缓存的内容（如图 2-4-3 所示）。

```
C:\WINDOWS\system32\cmd.exe

C:\Documents and Settings\new>ipconfig /displaydns

Windows IP Configuration

         pv.sohu.com
         ----------------------------------------
         Record Name . . . . . : pv.sohu.com
         Record Type . . . . . : 1
         Time To Live  . . . . : 119
         Data Length . . . . . : 4
         Section . . . . . . . : Answer
         A (Host) Record . . . : 61.135.150.217


         Record Name . . . . . : pv.sohu.com
         Record Type . . . . . : 1
         Time To Live  . . . . : 119
         Data Length . . . . . : 4
         Section . . . . . . . : Answer
         A (Host) Record . . . : 61.135.150.218
```

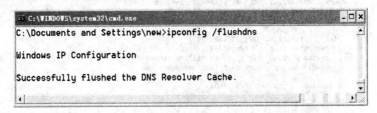

图 2-4-3 “Ipconfig /displaydns”命令的运行结果

【例 4】清理并重设 DNS 客户解析器缓存的内容（如图 2-4-4 所示）。

```
C:\WINDOWS\system32\cmd.exe
C:\Documents and Settings\new>ipconfig /flushdns

Windows IP Configuration

Successfully flushed the DNS Resolver Cache.
```

图 2-4-4 “Ipconfig /flushdn s ” 命令的运行结果

2.4.2 测试网络连通状态工具：Ping

1. 主要功能

通过向被测试的目的主机地址发送 ICMP 报文并接收应答报文，来测试当前主机到目的主机的网络连接状态。Ping 只有在安装了 TCP/IP 协议后才可以使用。

2. 语法格式

Ping [-t] [-a] [-n count] [-l length] [-f] [-i ttl] [-v tos] [-r count] [-s count] [[-j computer-list] | [-k computer-list]] [-w timeout] destination-list

3. 主要参数说明

- **-t**: 不停地 Ping 目标主机，直到按下【Ctrl+C】组合键。
- **-a**: 解析计算机 NetBios 名。
- **-n**: count 发送 count 指定的 Echo 数据包数。在默认情况下，一般都只发送 4 个数据包，通过这个命令可以自己定义发送的个数，对衡量网络速度很有帮助。
- **-l**: length 定义 Echo 数据包大小为 length。在默认的情况下 Windows 的 Ping 发送的数据包大小为 32byte，-l 参数可以定义发送的数据包的大小，但有一个大小的限制，就是最大只能发送 65500Bytes。
- **-f**: 默认发送的数据包都允许路由器分段再发送给对方，加上此参数以后路由器就不能分段处理了。
- **-i**: ttl 指定发送的数据包的"生存时间"字段的值为 ttl。
- **-v**: tos 将"服务类型"字段设置为 tos 指定的值。
- **-r**: count 在"记录路由"字段中记录传出和返回数据包的路由。

在一般情况下，发送的数据包是通过一个个路由器才到达对方的，但到底是经过了哪些路由呢？通过此参数就可以设定想探测经过的路由的个数，记录经过的路由器的 IP 地址。不过该参数限制了 count 值最大为 9，也就是说，只能跟踪到 9 个路由，如果想探测更多，可以通过其他命令实现。

4. 实例分析

【例 1】解析 www.sohu.com 的 NetBios 名称。

从图 2-4-5 中可以知道域名为 www.sohu.com 的计算机 NetBios 名称为 pgcertut01.a.sohu.com。

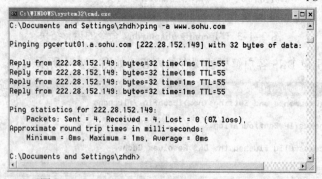

图 2-4-5　"ping -a www.sohu.com"的运行界面

【例 2】发送 1 个数据包，最多记录两个路由。

由图 2-4-6 可知发送到目的 IP 的数据包仅经过一个路由器 192.168.0.1。

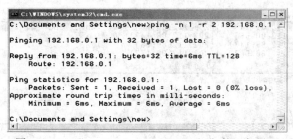

图 2-4-6 　"ping –n 1 –r 2 192.168.0.1"的运行界面

5．Ping 命令的工作原理及实例

Ping 命令的实质工作内容就是往目标主机发送类型值为"8"的 ICMP 数据报，即"请求回显" ICMP 数据报，目标主机收到此类型的数据报后会往源主机发送类型值为"0"的 ICMP 数据报，即"回显应答"ICMP 数据报，若 Ping 命令正常收到了此应答数据报，则认为 Ping 通目标主机了，反之，认为没有 Ping 通。

图 2-4-7 所示是运行"ping www.bnu.edu.cn"时的抓包数据实例，可以看到运行 Ping 命令时给的参数不是 IP 地址而是域名，同时本机的 DNS 缓存中没有该域名的解析信息，那么本机在发送"请求"ICMP 数据包之前，会先给本地域名服务器发送 DNS 请求包，查询域名 www.bnu.edu.cn 的 IP 地址，收到回应的 DNS 数据包，提取出 IP 地址后，再发送 4 个"请求"ICMP 数据报，随即收到目标主机返回的 4 个"应答"ICMP 数据报。

本例中，源主机的 IP 地址是"202.112.88.147"，本地域名服务器的 IP 地址是"202.112.80.106"，查询到域名 www.bnu.edu.cn 的 IP 地址是"202.112.80.56"，因此"请求"ICMP 数据报和"应答"数据报在 202.112.88.147 和 202.112.80.56 之间来回传送。

	Source Address	Dest Address	Summary
3	[202.112.88.147]	[202.112.80.106]	DNS: C ID=54504 OP=QUERY NAME=www.bnu.edu.cn
4	[202.112.80.106]	[202.112.88.147]	DNS: R ID=54504 OP=QUERY STAT=OK NAME=www.bnu
5	[202.112.88.147]	[202.112.80.56]	ICMP: Echo
6	[202.112.80.56]	[202.112.88.147]	ICMP: Echo reply
7	[202.112.88.147]	[202.112.80.56]	ICMP: Echo
8	[202.112.80.56]	[202.112.88.147]	ICMP: Echo reply
9	[202.112.88.147]	[202.112.80.56]	ICMP: Echo
10	[202.112.80.56]	[202.112.88.147]	ICMP: Echo reply
11	[202.112.88.147]	[202.112.80.56]	ICMP: Echo
12	[202.112.80.56]	[202.112.88.147]	ICMP: Echo reply

图 2-4-7 　"ping www.bnu.edu.cn"的抓包数据

6．Ping 命令和 IP 数据包的关系

当 Ping 命令使用不同的参数时，会发送不同的数据包，有的影响到 IP 数据报的大小，有的影响到 IP 数据报首部的相关字段的设置。下面分析–f 参数和–r 参数对 IP 首部的影响。

- 当 Ping 命令使用–f 参数时，抓包分析会看到 IP 首部的"标识"字段的中间位被置 1 了，这表明发送的该 IP 数据包不允许经过的路由器对它进行分段。

图 2-4-8 所示是运行"ping –f www.bnu.edu.cn"时的抓包数据实例，分析第 1 帧数据，可以看到 IP 首部的"标识"字段值为"4"，即二进制数"0100"，可见"标识"字段的中间位被置 1。

- 当 Ping 命令使用–r 参数时，会在发送的 IP 数据包首部增加 RR 选项，即要求经过的路由器记录路由，这样当收到回显应答数据报时，就可以查阅经过的路由器 IP 地址了。

```
   Source Address        Dest Address          Summary            Len (Byte
1  [202.112.88.147]      [202.112.80.56]       ICMP: Echo         74
2  [202.112.80.56]       [202.112.88.147]      ICMP: Echo reply   74
3  [202.112.88.147]      [202.112.80.56]       ICMP: Echo         74
4  [202.112.80.56]       [202.112.88.147]      ICMP: Echo reply   74

☑ IP: Flags          = 4X
  IP:      1 . . . .  = don't fragment
  IP:      ..0.....   = last fragment

00000000: 00 0d 66 ba 18 00 00 16 e6 45 88 88 08 00 45 00   ..f?....嫌壁...E.
00000010: 00 3c 6a 85 40 00 80 01 52 8f ca 70 58 93 ca 70   .<j圈@.R徳pX摈p
00000020: 50 38 08 00 c5 5b 02 00 80 01 62 63 64 65 66 P8.   .?abcdef
00000030: 67 68 69 6a 6b 6c 6d 6e 6f 70 71 72 73 74 75 76   ghijklmnopqrstuv
00000040: 77 61 62 63 64 65 66 67 68 69                     wabcdefghi
```

图 2-4-8　"ping –f www.bnu.edu.cn" 的抓包数据

图 2-4-9 所示是 IP 数据包首部的 RR 选项的格式。

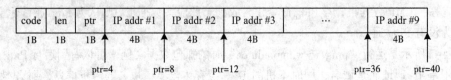

| code | len | ptr | IP addr #1 | IP addr #2 | IP addr #3 | … | IP addr #9 |
| 1B | 1B | 1B | 4B | 4B | 4B | | 4B |

ptr=4　ptr=8　ptr=12　　　　ptr=36　ptr=40

图 2-4-9　IP 首部的 RR 选项的格式

- code：占 1 字节，指明 IP 选项的类型。当它的值为 7 时，就是 RR 选项。
- len：是 RR 选项总字节长度，由 Ping 命令–r 参数后面接的数值决定。例如命令是 ping –r 2，即要求记录最多两个路由记录，那么，选项总长度=2*4+3，即 11 字节。
- ptr：称为指针字段。它是一个基于 1 的指针，指向存放下一个 IP 地址的位置。它的最小值为 4，指向存放第一个 IP 地址的位置。随着每个 IP 地址存入清单，ptr 的值分别为 8、12、16、…、36。当记录下 9 个 IP 地址后，ptr 的值为 40，表示清单已满。

图 2-4-10 所示是运行 "ping –r 2 www.sohu.com" 时的抓包数据，分析第 1 帧数据，这是源主机发给目标主机的 ICMP 请求数据报。

```
   Source Address      Dest Address        Summary
1  [10.3.101.7]        [222.28.152.138]    ICMP: Echo
2  [222.28.152.138]    [10.3.101.7]        ICMP: Echo reply
3  [10.3.101.7]        [222.28.152.138]    ICMP: Echo
4  [222.28.152.138]    [10.3.101.7]        ICMP: Echo reply
5  [10.3.101.7]        [222.28.152.138]    ICMP: Echo
6  [222.28.152.138]    [10.3.101.7]        ICMP: Echo reply
7  [10.3.101.7]        [222.28.152.138]    ICMP: Echo
8  [222.28.152.138]    [10.3.101.7]        ICMP: Echo reply

  IP: Options follow
☑ IP: Record route
  IP:    Length = 11  pointer = 4

00000000: 00 e0 fc 72 1a 6b 00 09 73 4a ef 04 08 00 48 00   .啭r.k..sJ....H.
00000010: 00 48 83 98 00 00 80 01 c3 60 0a 03 65 07 de 1c   .H爆.....`..e..
00000020: 98 8a 07 0b 04 00 00 00 00 00 00 00 00 00 00 00   祯....
00000030: 32 5c 02 10 04 00 00 61 62 63 64 65 66 67 68 69   2\.....abcdefghi
00000040: 6b 6c 6d 6e 6f 70 71 72 73 74 75 76 77 61 62 63   klmnopqrstuvwabc
00000050: 64 65 66 67 68 69                                 defghi
```

图 2-4-10　IP 首部中带 RR 选项的 ICMP 请求数据实例

由图 2-4-10 的 "数据内容" 子窗口可以看到，IP 首部的 "首部长度" 字段值为 "8"，表明该帧数据的 IP 首部长度是 32 字节，除去基本的 20 字节外，还携带了 12 个字节的选项部分。

实例中 IP 首部的选项部分数据内容为 "07 0b 04 00 00 00 00 00 00 00 00 00"，由第 1 个字节数据 "07" 可知这是一个 RR 选项数据，第 2 字节 "0b" 表明该选项部分的长度是 11 字节，第 3

字节"04"表明 ptr 指针指向选项的第 4 字节，等待将路由器的 IP 地址存入第 4 字节开始的位置，其后的两组 4 字节的"00"表明留好了空位等存入新的 IP 地址，最后一个字节的"00"是系统自动添加的，使得选项长度为 4 的倍数，没有实际意义。

图 2-4-11 所示的"数据内容"子窗口中显示的是目标主机返回的 ICMP 回应数据报的数据内容，比较图 2-4-11 中的 ICMP 请求数据报，不同之处有两点：一是 IP 首部选项部分的第 3 字节值为"oc"，表明 ptr 指针指向选项的第 12 字节，等待将路由器的 IP 地址存入第 12 字节开始的位置，同时表明前面的位置已经存入了 IP 地址，被占用了；二是 RR 选项的数据部分不再是两组 4 字节的"00"，而是两个 IP 地址，分别是"192.168.80.14"和"202.112.42.162"，表明这两个 IP 地址是源主机发往目标主机的数据包要经过的第一、第二跳路由器的 IP 地址。

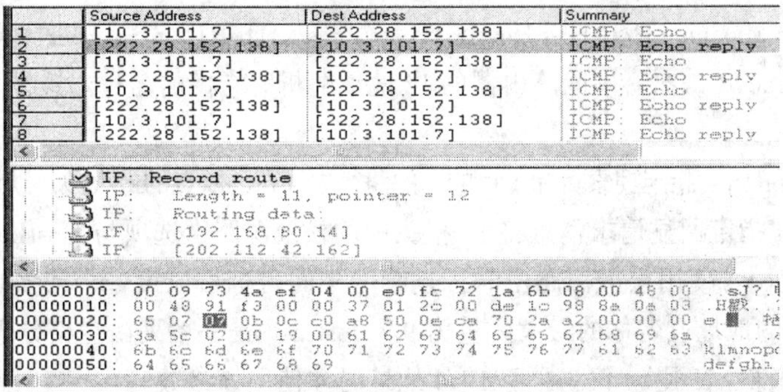

图 2-4-11 IP 首部中带 RR 选项的 ICMP 应答数据实例

2.4.3 显示网络状态工具：Netstat

1. 主要功能

显示活动的 TCP 连接、计算机侦听的端口、以太网统计信息、IP 路由表、IPv4 统计信息（对于 IP、ICMP、TCP 和 UDP 协议）以及 IPv6 统计信息（对于 IPv6、ICMPv6、通过 IPv6 的 TCP 以及通过 IPv6 的 UDP 协议）。使用时如果不带参数，Netstat 显示活动的 TCP 连接。

2. 主要参数说明

Netstat [–a] [–e] [–n] [–o] [–p Protocol] [–r] [–s] [Interval]

- –a：显示所有活动的 TCP 连接以及计算机侦听的 TCP 和 UDP 端口。
- –e：显示以太网统计信息，如发送和接收的字节数、数据包数。该参数可以与–s 结合使用。
- –n：显示活动的 TCP 连接，不过，只以数字形式表现地址和端口号，却不尝试确定名称。
- –o：显示活动的 TCP 连接并包括每个连接的进程 ID（PID）。可以在 Windows 任务管理器中的"进程"选项卡下找到基于 PID 的应用程序。该参数可以与 –a、–n 和 –p 结合使用。
- –p: Protocol 显示 Protocol 所指定的协议的连接。在这种情况下，Protocol 可以是 TCP、UDP、TCPv6 或 UDPv6。如果该参数与–s 一起使用按协议显示统计信息，则 Protocol 可以是 TCP、UDP、ICMP、IP、TCPv6、UDPv6、ICMPv6 或 IPv6。
- –s：按协议显示统计信息。在默认情况下，显示 TCP、UDP、ICMP 和 IP 协议的统计信息。如果安装了 IPv6 协议，就会显示 IPv6 上的 TCP、IPv6 上的 UDP、ICMPv6 和 IPv6 协议的统计信息。可以使用–p 参数指定协议集。
- –r：显示 IP 路由表的内容，该参数与 route print 命令等价。

- Interval：每隔 Interval 秒重新显示一次选定的信息。按【Ctrl+C】组合键停止重新显示统计信息。如果省略该参数，则 Netstat 将只打印一次选定的信息。
- /?：在命令提示符下显示帮助。

2.4.4 显示经过的网关工具：Tracert

1．主要功能

Tracert 命令显示用于将数据包从计算机传递到目标位置的一组 IP 路由器，以及每个跃点所需的时间。

2．参数说明

Tracert [–d] [–h MaximumHops] [–j HostList] [–w Timeout] [–R] [–S SrcAddr] [–4][–6] TargetName

- –d：防止 Tracert 试图将中间路由器的 IP 地址解析为它们的名称。这样可加速显示 Tracert 的结果。
- –h：MaximumHops 指定搜索目标（目的）的路径中存在的跃点的最大数，默认值为 30 个跃点。
- –j：HostList 指定回显请求消息将 IP 报头中的松散源路由选项与 HostList 中指定的中间目标集一起使用。使用松散源路由时，连续的中间目标可以由一个或多个路由器分隔开。HostList 中的地址或名称的最大数量为 9。HostList 是一系列由空格分隔的 IP 地址（用带点的十进制符号表示）。仅当跟踪 IPv4 地址时才使用该参数。
- –w：Timeout 指定等待"ICMP 已超时"或"回显答复"消息（对应于要接收的给定"回现请求"消息）的时间（以毫秒为单位）。如果超时时间内未收到消息，则显示一个星号（*），默认的超时时间为 4000（4 秒）。
- –R：指定 IPv6 路由扩展标头应用来将"回显请求"消息发送到本地主机，使用目标作为中间目标并测试反向路由。
- –S：指定在"回显请求"消息中使用的源地址。仅当跟踪 IPv6 地址时才使用该参数。
- –4：指定 Tracert.exe 只能将 IPv4 用于本跟踪。
- –6：指定 Tracert.exe 只能将 IPv6 用于本跟踪。
- TargetName：指定目标，可以是 IP 地址或主机名。
- –?：在命令提示符下显示帮助。

3．Tracert 工作原理

Tracert 通过向目标发送具有变化的"生存时间（TTL）"值的"ICMP 回响请求"消息来确定到达目标的路径。

Tracert 要求路径上的每个路由器在转发数据包之前至少将 IP 数据报中的 TTL 递减 1。这样，TTL 就成为最大链路计数器。数据报上的 TTL 到达 0 时，路由器应该将"ICMP 已超时"的消息发送回源计算机。Tracert 发送 TTL 为 1 的第一条"回响请求"消息，并在随后的每次发送过程将 TTL 递增 1，直到目标响应或跃点达到最大值，从而确定路径。在默认情况下，跃点的最大数量是 30，可使用–h 参数指定。检查中间路由器返回的"ICMP 超时"消息与目标返回的"回显答复"消息可确定路径。但是，某些路由器不会为其 TTL 值已过期的数据包返回"已超时"消息，而且这些路由器对于 Tracert 命令不可见。在这种情况下，将为该跃点显示一行星号（*）。

4．实例分析

图 2-4-12 所示是 Tracert 命令的运行界面,从图中可知从源主机发送数据包到 www.bnu.edu.cn 需要经过 5 个路由器。

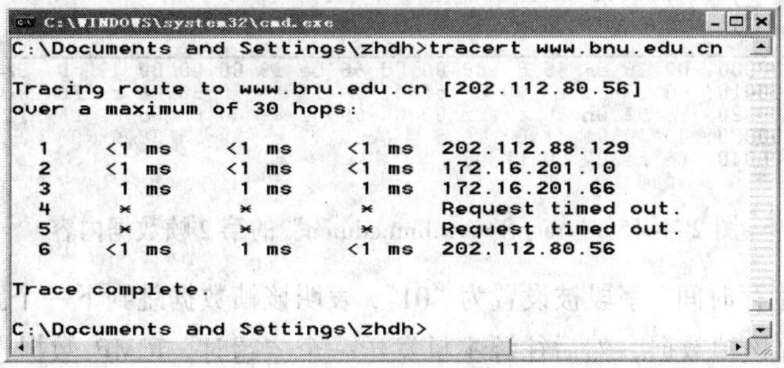

```
C:\WINDOWS\system32\cmd.exe

C:\Documents and Settings\zhdh>tracert www.bnu.edu.cn

Tracing route to www.bnu.edu.cn [202.112.80.56]
over a maximum of 30 hops:

  1    <1 ms    <1 ms    <1 ms   202.112.88.129
  2    <1 ms    <1 ms    <1 ms   172.16.201.10
  3     1 ms     1 ms     1 ms   172.16.201.66
  4      *        *        *     Request timed out.
  5      *        *        *     Request timed out.
  6    <1 ms     1 ms    <1 ms   202.112.80.56

Trace complete.

C:\Documents and Settings\zhdh>
```

图 2-4-12　"tracert www.bnu.edu.cn"的运行界面

图 2-4-13 所示中的数据是运行"tracert www.bnu.edu.cn"命令时抓包得到的数据,"数据列表"子窗口中显示了前 18 个数据包, 图 2-4-14 和图 2-4-15 所示分别显示了第 1 帧和第 2 帧数据的解析信息和数据内容。

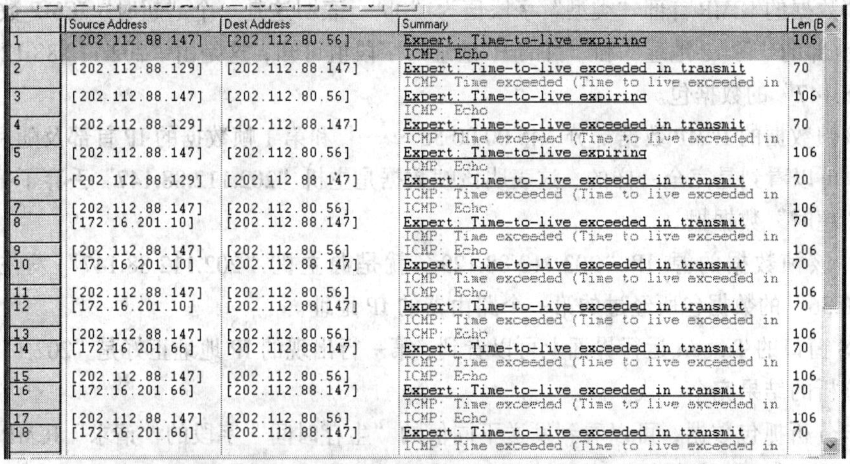

	Source Address	Dest Address	Summary	Len [B]
1	[202.112.88.147]	[202.112.80.56]	Expert: Time-to-live expiring ICMP: Echo	106
2	[202.112.88.129]	[202.112.88.147]	Expert: Time-to-live exceeded in transmit ICMP: Time exceeded (Time to live exceeded in	70
3	[202.112.88.147]	[202.112.80.56]	Expert: Time-to-live expiring ICMP: Echo	106
4	[202.112.88.129]	[202.112.88.147]	Expert: Time-to-live exceeded in transmit ICMP: Time exceeded (Time to live exceeded in	70
5	[202.112.88.147]	[202.112.80.56]	Expert: Time-to-live expiring ICMP: Echo	106
6	[202.112.88.129]	[202.112.88.147]	Expert: Time-to-live exceeded in transmit ICMP: Time exceeded (Time to live exceeded in	70
7	[202.112.88.147]	[202.112.80.56]	Expert: Time-to-live expiring ICMP: Echo	106
8	[172.16.201.10]	[202.112.88.147]	Expert: Time-to-live exceeded in transmit ICMP: Time exceeded (Time to live exceeded in	70
9	[202.112.88.147]	[202.112.80.56]	Expert: Time-to-live expiring ICMP: Echo	106
10	[172.16.201.10]	[202.112.88.147]	Expert: Time-to-live exceeded in transmit ICMP: Time exceeded (Time to live exceeded in	70
11	[202.112.88.147]	[202.112.80.56]	Expert: Time-to-live expiring ICMP: Echo	106
12	[172.16.201.10]	[202.112.88.147]	Expert: Time-to-live exceeded in transmit ICMP: Time exceeded (Time to live exceeded in	70
13	[202.112.88.147]	[202.112.80.56]	Expert: Time-to-live expiring ICMP: Echo	106
14	[172.16.201.66]	[202.112.88.147]	Expert: Time-to-live exceeded in transmit ICMP: Time exceeded (Time to live exceeded in	70
15	[202.112.88.147]	[202.112.80.56]	Expert: Time-to-live expiring ICMP: Echo	106
16	[172.16.201.66]	[202.112.88.147]	Expert: Time-to-live exceeded in transmit ICMP: Time exceeded (Time to live exceeded in	70
17	[202.112.88.147]	[202.112.80.56]	Expert: Time-to-live expiring ICMP: Echo	106
18	[172.16.201.66]	[202.112.88.147]	Expert: Time-to-live exceeded in transmit ICMP: Time exceeded (Time to live exceeded in	70

图 2-4-13　"tracert www.bnu.edu.cn"的抓包数据

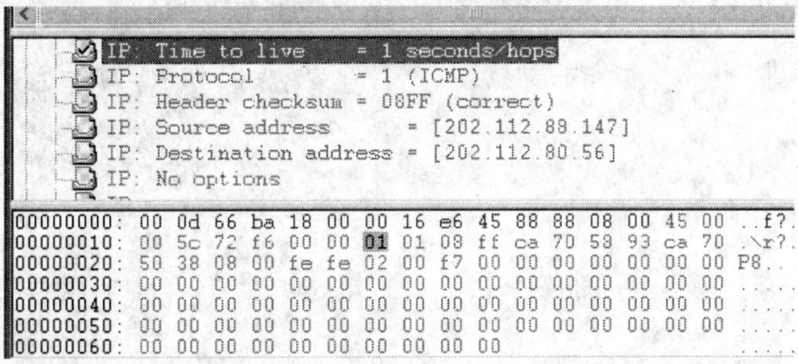

```
IP: Time to live      = 1 seconds/hops
IP: Protocol          = 1 (ICMP)
IP: Header checksum   = 08FF (correct)
IP: Source address    = [202.112.88.147]
IP: Destination address = [202.112.80.56]
IP: No options
```

```
00000000: 00 0d 66 ba 18 00 00 16 e6 45 88 88 08 00 45 00   ..f?.
00000010: 00 5c 72 f6 00 00 01 01 08 ff ca 70 58 93 ca 70   .\r?.
00000020: 50 38 08 00 fe fe 02 00 f7 00 00 00 00 00 00 00   P8.
00000030: 00 00 00 00 00 00 00 00 00 00 00 00 00 00 00 00   ....
00000040: 00 00 00 00 00 00 00 00 00 00 00 00 00 00 00 00   ....
00000050: 00 00 00 00 00 00 00 00 00 00 00 00 00 00 00 00   ....
00000060: 00 00 00 00 00 00 00 00 00 00 00 00 00 00 00 00   ....
```

图 2-4-14　"tracert www.bnu.edu.cn"的第 1 帧数据内容

第 1 帧数据是源主机"202.112.88.147"发送给目标主机"202.112.80.56"的"请求"ICMP 数据报文。

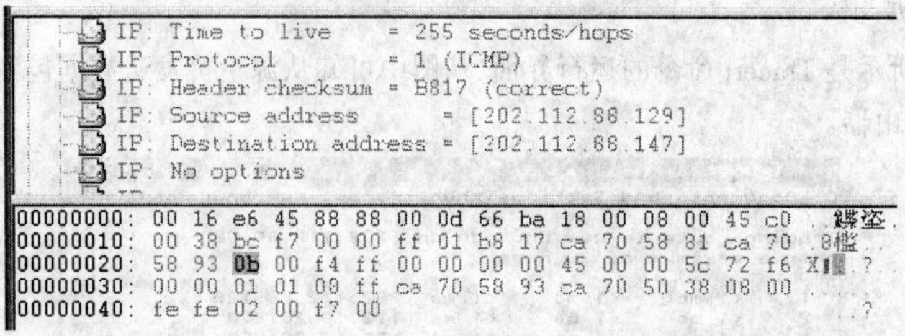

图 2-4-15 "tracert www.bnu.edu.cn" 的第 2 帧数据内容

其 IP 首部的"生存时间"字段被设置为"01"，表明该帧数据跳到下一个路由器时会"死亡"，下一个路由器会丢弃该帧数据，然后往源主机发送一个"超时"ICMP 数据报，且将该帧数据的 IP 首部及 IP 数据部分的前 8 字节数据一起作为"超时"ICMP 数据报的 ICMP 数据部分，用以验证是针对丢弃数据帧而发送的超时数据报。

因此，源主机如果收到针对第 1 帧数据的"超时"ICMP 数据报，查询该数据报的源 IP 地址，即可知丢弃第 1 帧数据报的路由器的 IP 地址。

第 2 帧数据的 ICMP 首部"类型"字段值为"0b"，表明这是一个"超时"ICMP 数据报。

由 IP 首部的"源 IP 地址"和"目的 IP 地址"字段值可知，这是由"202.112.88.129"发送给"202.112.88.147"的数据包。

对比该帧数据的 ICMP 数据部分"45 00 00 5c ……"和第 1 帧数据的 IP 首部及随后的 8 个字节的数据，可以看到是完全一样的，这表明该帧数据是主机"202.112.88.147"丢弃了第 1 帧数据后发回的"超时"数据报。

因此，该帧数据的源 IP "202.112.88.129"就是源主机"202.112.88.147"发往目标主机"202.112.80.56"的数据包所经过的第一个路由器的 IP 地址。

在 DOS 窗口的 Tracert 运行界面上可以看到，第一行出现的 IP 地址正好是"202.112.88.129"，这和抓包分析的结果完全一致。

进一步分析抓包数据，可以看到发送不同值的"生存时间"字段的"请求"ICMP 数据报，再收获相应的"超时"数据报，可以得到途经的不同跳数的路由器的 IP 地址。

第3章 Windows 操作系统和常用服务器配置

引 言

随着网络技术的发展，应用层的各项服务已深入到社会各行各业，可以说，人们的社会活动与网络的各种服务的使用已紧密联系在一起了，并不断地促进着网络各层技术的进一步发展。

本章首先介绍了 Windows Server 2003 操作系统的基本特性，然后选择配置 4 个经典服务。编写本教材的基本指导思想与第 2 章类似，即学习计算机网络的最好方法是在实践中进行观察，因此本章的编写重在对各种服务的理论基础和协议知识的介绍及关联讲解，配置服务器后，可以实现相关的网络行为，对服务器和客户端进行系统、多角度地分析。

内容结构图

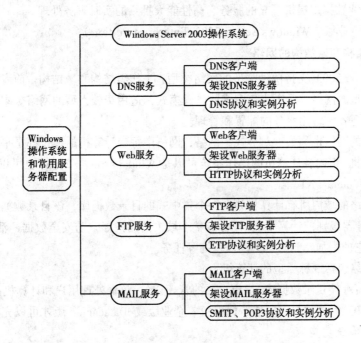

学习目标

- 掌握 DNS、Web、FTP、MAIL 服务器的工作原理和过程。
- 熟练配置 DNS、Web、FTP、MAIL 服务的服务器端和客户端。

3.1 Windows Server 2003 操作系统

Windows Server 2003 是一个与 Internet 充分集成的多功能网络操作系统，可以提供高性能、高效率、高稳定性、高安全性、高扩展性、低成本、易于管理的企业网络解决方案。

3.1.1 Windows Server 2003 系统简介

1．版本介绍

Windows Server 2003 由 4 个不同的版本组成，每个版本的都具有不同的作用，可以根据各版本的不同功能和兼容性选择适合的产品。

- Web 版（Web Edition）适合部署 Web 服务与应用程序，不能配置为域控制器。.
- 标准版（Standard Edition）适合小的组织或部门使用，可用于域控制器或成员服务器。
- 企业版（Enterprise Edition）主要用做中、大规模的组织作为域控制器、应用服务器、集群服务器使用。这一版本包含了 Web 版和标准版的所有功能，支持企业及应用的高性能的服务。
- 数据中心版（Datacenter Edition）主要用做最高性能的可伸缩性、可靠性的系统服务。例如，为企业数据库提供可靠的服务、高性能大批量的实时事务处理。

本教材使用企业版（Windows Server 2003, Enterprise Edition）。

2．工作组结构和域结构的网络

Windows Server 2003 支持两种类型的网络类型：工作组结构和域结构。前者为分布式的管理模式，适用于小型的网络，后者为集中式的管理模式，适用于较大型的网络。本教材基于工作组结构的网络，学习各种常用服务的配置和管理。

工作组结构的网络也称为"对等式"网络，网络中每台计算机的地位都是平等的，不一定有服务器级的计算机。组内各计算机的操作系统可以是 Windows Server 2003，也可以是 Windows XP、Windows 2000、Windows NT 等。

域结构的网络的域内所有计算机共享一个集中式的目录数据库，该目录数据库存储在"域控制器"（域内服务器级别的计算机），包含着整个域内的用户账户与安全数据，活动目录（Active Directory）负责它的添加、删除、更改与查询等任务。

域结构的网络包括 3 种类型的计算机：

- 域控制器：存储目录数据库、承担主要的管理任务、负责处理用户和计算机的登录。Windows Server 2003 家族中只有安装了标准版、企业版或 Datacenter 版才可以充当域控制器，而 Web 版没有该功能。
- 成员服务器：域中非域控制器的服务器级的计算机。不存储目录数据库，不处理用户的登录。如果域内服务器级的计算机没有加入域，则被称为"独立服务器"。
- 工作站：加入域的 Windows 2000/XP 计算机，可以访问域中的资源。

3．添加网络服务组件的方法

Windows Server 2003 内置有许多网络服务，本教材将围绕这些内置服务的安装、配置和管理展开学习。这些内置的网络服务都是通过添加 Windows 组件的方式来实现的，具体操作方法如下：

（1）依次选择"开始"→"控制面板"→"添加或删除程序"，出现如图 3-1-1 所示的窗口。

图 3-1-1　"添加或删除程序"主界面

（2）选择"添加/删除 Windows 组件"，出现如图 3-1-2 所示的对话框，在"组件"列表框中可以选择各种服务，如"传真服务"、"电子邮件服务"、"其他的网络文件和打印服务"、"网络服务"和"应用程序服务器"等。

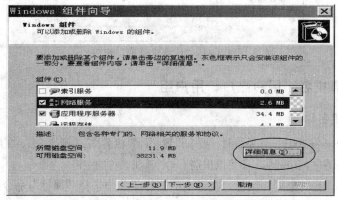

图 3-1-2　"Windows 组件向导"对话框

（3）选择某组件后，单击"详细信息"按钮，弹出服务的详细信息，可以进一步选择具体的服务。例如选择图 3-1-2 中的"网络服务"组件后，再单击"详细信息"按钮，将弹出如图 3-1-3 所示的对话框，显示出"网络服务"的多个子组件。

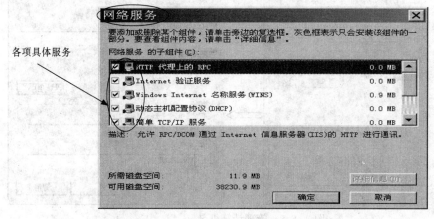

图 3-1-3　"网络服务"对话框

（4）单击"确定"按钮逐一回到上级界面，系统开始安装相应的服务组件（需要提供 Windows Server 2003 系统安装盘）。

4. 微软管理控制台介绍

Windows Server 2003 系统提供很多管理工具，通过"开始"→"管理工具"来调用，这些管理工具都以"微软管理控制台（Microsoft Management Console，MMC）"统一的界面提供服务，方便管理工作。

MMC 管理界面如图 3-1-4 所示，分为左右两个窗格，左侧窗格称为"控制台树"，右侧窗格称为"详细信息窗格"。MMC 控制台内包含管理单元和扩展管理单元，即许多具有管理功能的应用程序。

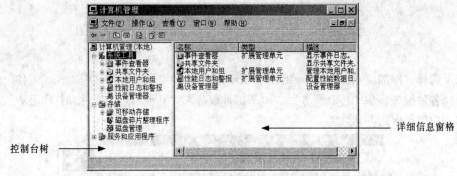

图 3-1-4　"计算机管理"窗口

3.1.2　管理计算机名、用户账户、用户组

1. 管理计算机名称

安装 Windows Server 2003 操作系统时，要求设置"计算机名称"，例如 bnu。在局域网内可以用计算机名称作为标识，即在"网络邻居"中可以识别不同计算机名称的主机。

右击桌面的上"我的电脑"图标，在弹出的快捷菜单中选择"属性"命令，在弹出的"系统属性"对话框中选择"计算机名"选项卡，再单击"更改"按钮，弹出"计算机名称更改"对话框，可修改本台计算机的名称和成员身份，如图 3-1-5 所示。

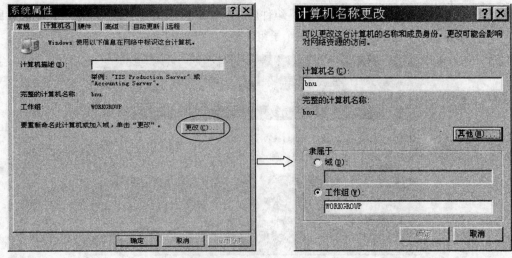

图 3-1-5　管理计算机名

2. 管理用户账户

用户通过登录某个账户来实现登录计算机，进而可以访问该计算机的资源，或者登录到域访问网络资源，或者连接到 Internet 可以访问互联网资源。因此，计算机安装好操作系统后，需要创建和管理用户账户。

1）账户的分类

Windows Server 2003 支持的用户账户按照作用范围来划分，包括本地用户账户和域用户账户两种类型：

- 本地用户账户：只属于创建该用户的计算机，存放在该机的"本地安全账户数据库"中。用本地用户账户登录时，由本地安全账户数据库检查该账户的名称和密码，登录成功后，只能访问本台计算机内的资源。
- 域用户账户：属于某个域，存放在域控制器的活动目录（Active Directory）数据库中。当域用户账户登录网络时，由域控制器检查该账户的名称和密码，登录成功后，可以访问网络中的资源，包括其他计算机内的资源。

本教材没有涉及域控制器和活动目录（Active Directory）的配置，所以下面只介绍本地用户账户的创建和管理。

2）内置账户的功能

Windows Server 2003 系统安装完后，会自动创建一些账户，这些账户称为内置账户。常用的内置账户有：

- 系统管理员（Administrator）：具有对本机最高的权限，可以管理所有设置，包括创建、删除、更改用户和组及设置用户权限等。该账户可以重命名或禁用，但不能被删除。
- 客户（Guest）：是临时账户，用于偶尔需要登录的用户，拥有少部分权限。该账户默认是禁用的，需要启用，不能被删除。

3）创建本地用户账户

Windows Server 2003 系统中创建本地用户的方法如下：

（1）右击桌面上的"我的电脑"图标，在弹出的快捷菜单中选择"管理"命令，或者依次选择"开始"→"管理工具"→"计算机管理"，弹出图 3-1-6 所示的"计算机管理"窗口。

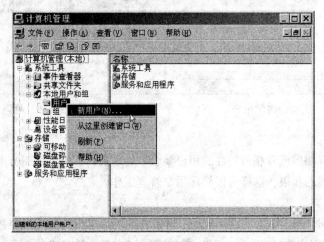

图 3-1-6　"计算机管理"窗口

（2）右击"用户"，在弹出的快捷菜单中选择"新用户"命令，弹出图 3-1-7 所示的"新用户"对话框，输入相关信息后，依次单击"创建"→"关闭"按钮。图 3-1-8 所示是创建完成新用户后的情况。

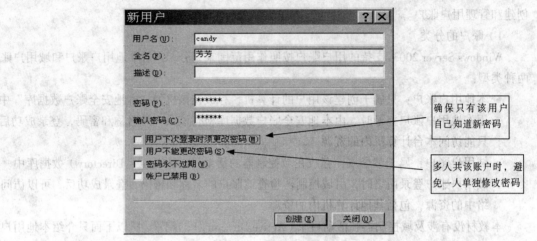

图 3-1-7　"新用户"窗口

4）管理本地用户账户

在"计算机管理"控制台的"本地用户和组"→"用户"项中列有本机中的所有可见账户，右击某个账户可以管理该账户。例如，右击图 3-1-8 右侧的 candy 账户，出现图 3-1-9 所示的快捷菜单，可以对该账户进行"设置密码"、"重命名"、"删除"等操作，选择"属性"命令还可以对该账户的属性进行高级设置。

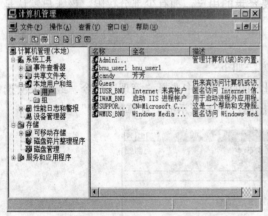

图 3-1-8　成功创建新用户

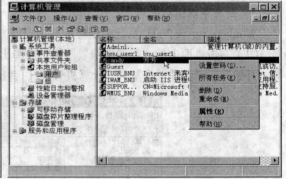

图 3-1-9　管理本地用户

3. 管理用户组

用户组是指具有相同或者相似特性的用户集合。管理员可以对用户组分配权限，即对组内每个成员用户分配相同的权限，这样可以简化用户管理工作。

1）用户组的分类

从创建的位置不同，用户组可分为本地用户组和域用户组，前者是在非域控制器上创建本地组的，被存储在"本地安全账户数据库"内；后者在域控制器中创建，被存储在"活动目录"数据库内。

域用户组根据组的使用范围不同，可分为通用组、全局组和本地域组。

本教材没有涉及域的设置和管理，因此下面仅介绍本地用户组的创建和管理。

2）内置组的功能

Windows Server 2003 系统自动创建了内置组，主要有如下几个内置组账户：

- 管理员组（Administrators）：组内成员具有系统管理员的权限，拥有最大控制权，可以执行整台计算机的管理任务。内置的管理员账户（Administrator）是该组的默认成员，而且不能将它从该组内删除。
- 备份操作员组（Backup Operators）：组内成员可以备份和还原本机的文件夹与文件。
- 用户组（Users）：组内成员只拥有一些基本的权利，例如运行应用程序，但是不能修改操作系统的设置、不能更改其他用户的数据、不能关闭服务器级的计算机。所有添加的本地用户账户都自动属于该组。
- 超级用户组（Power Users）：组内成员具备比 Users 组成员更多、比管理员组更少的权利，例如可以创建/删除/更改本地用户账户、创建/删除/更改本地计算机内的共享文件夹与共享打印机等。
- 远程桌面用户组（Remote Desktop Users）：组内成员可以通过远程计算机登录。

3）本地用户组的创建与管理

一般仅在未加入域的计算机中创建本地组账户，创建方法如下：

（1）右击"我的电脑"在弹出的快捷菜单中选择"管理"命令，在弹出的窗口中选择"本地用户和组"选项，如图 3-1-10 所示。

（2）右击"组"在弹出的快捷菜单中选择"新建组"命令，弹出"新建组"对话框，如图 3-1-11 所示，输入组名，例如 class1，依次单击"创建"→"关闭"按钮。返回"计算机管理"窗口，双击"组"，可以看到新建的组 class1，如图 3-1-12 所示。

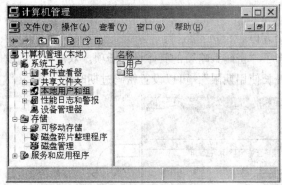
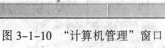
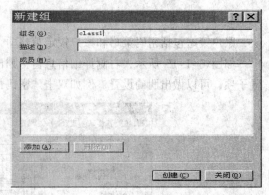

图 3-1-10　"计算机管理"窗口　　　　　　图 3-1-11　"新建组"对话框

对新建的组可以进行"重命名"、"删除"和"添加到组"等管理操作，例如要往 class1 组内添加成员，操作方法如下：

（1）在图 3-1-12 中右击 class1，在弹出的快捷菜单中选择"添加到组"命令，出现图 3-1-13 所示的对话框。

（2）单击"添加"按钮，输入"candy"，单击"确定"按钮，完成将用户 candy 添加到 class1 组内。

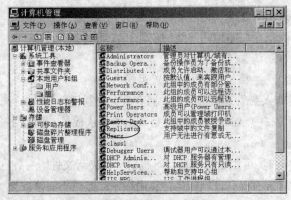

图 3-1-12　成功创建组

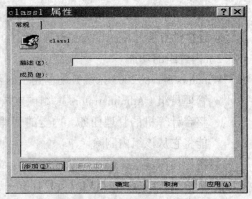

图 3-1-13　"class1 属性"对话框

3.1.3　本地安全设置

系统管理员可以通过"开始"→"管理工具"→"本地安全策略"对本机进行相关的安全设置，如图 3-1-14 所示，包括账户策略、本地策略、公钥策略、软件限制策略和 IP 安全策略 5 项内容，本教材只介绍前两项。

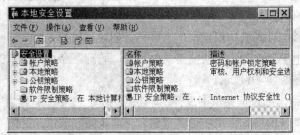

图 3-1-14　"本地安全设置"窗口

1. 账户策略的设置

账户策略包括密码策略和账户锁定策略两个方面。

如图 3-1-15 所示，右侧详细信息窗格列出了"密码策略"的具体设置子项。双击其中的设置子项，可以做出明确设置，例如双击"密码最长使用期限"，可以设置密码过期时间。

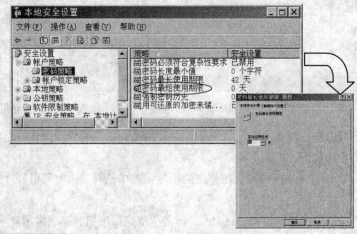

图 3-1-15　"密码策略"设置

如图 3-1-16 所示，单击控制台中"账户锁定策略"，在右侧窗格中列出了具体的设置子项，双击子项可以进一步做明确设置。例如双击"账户锁定阈值"，默认阈值为 0，表示该账户不锁定，若设置为大于零的值，如设置为 3，则表示若发生 3 次无效登录则锁定该账户。

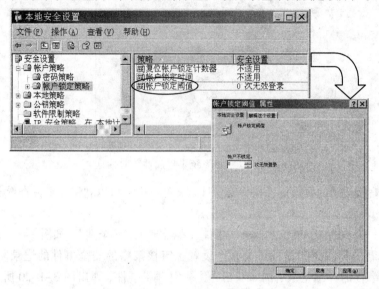

图 3-1-16　"账户锁定策略"设置

2．本地策略的设置

本地策略的设置包括"审核策略"、"用户权限分配"、"安全选项"3 项。在"本地安全设置"控制台中双击"本地策略"，可以展开这 3 项设置。

1）审核策略

设置对不同事件的审核制度可以让管理员跟踪用户访问计算机的情况、跟踪计算机的运行情况。在图 3-1-17 所示右侧窗格中的各项审核事件，默认"审核账户登录事件"安全设置为"成功"，其余事件为"无审核"。

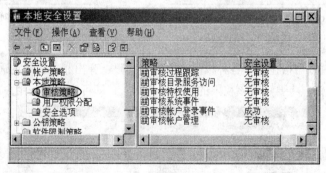

图 3-1-17　"审核策略"窗口

双击某一审核策略事件，例如"审核系统事件"，弹出图 3-1-18 所示的对话框，可勾选"成功"或"失败"复选框，即完成对该事件的审核设置。

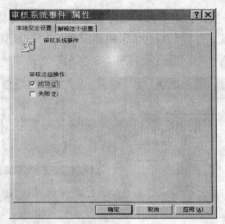

图 3-1-18　"审核系统事件属性"对话框

　　按照审核策略所记录的数据记录在"安全日志文件"内，可以利用"事件查看器"来查看这些日志，具体操作如下：

　　依次选择"开始"→"管理工具"→"事件查看器"→"安全性"，如图 3-1-19 所示。

　　在"事件查看器"右侧窗格中可见多个设置了审核策略的安全事件的记录。双击某个事件，可以查看该事件的详细记录，例如双击"登录/注销"事件，弹出图 3-1-20 所示的对话框。

图 3-1-19　"事件查看器"窗口

图 3-1-20　"事件属性"对话框

2）用户权限分配

　　图 3-1-21 中右侧窗格显示了各种权限，双击某权限，弹出相应权限的属性对话框，再单击"添加用户或组"按钮，将要赋予该权限的用户或组加入，即可完成对该用户或组的权限分配。

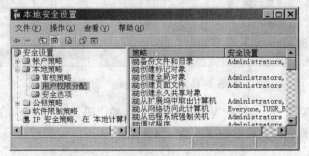

图 3-1-21　"用户权限分配"设置

例如将"从远程系统强制关机"的权限分配给 class1 组，操作步骤如下：

在图 3-1-21 中双击"从远程系统强制关机"在弹出的对话框中单击"添加用户或组"按钮，在弹出的对话框中输入 class1，单击"对象类型"按钮，在弹出的对话框中勾选"组"复选框，依次单击"确定"→"确定"按钮，如图 3-1-22 所示。

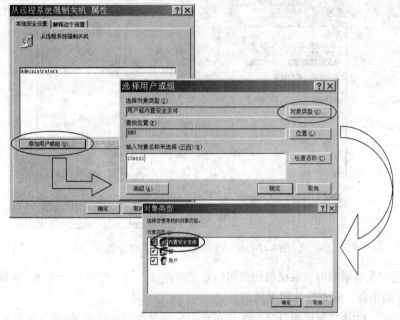

图 3-1-22　将"从远程系统强制关机"的权限分配给 class1 组

3）安全选项

管理员可以通过图 3-1-23 所示的"安全选项"启动计算机的一些安全设置。

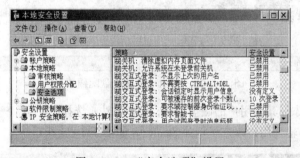

图 3-1-23　"安全选项"设置

3.1.4　管理文件和文件夹

Windows Server 2003 中系统管理员可以给用户分配有限的磁盘空间，也可以对系统中的文件和文件夹的权限和所有权进行设置，还可以对文件进行压缩和加密处理，实现对文件系统的全方位管理。

1. NTFS 磁盘配额设置

只有通过 Windows Server 2003 格式化的 NTFS 磁盘才能支持磁盘配额的功能，FAT 和 FAT32 磁盘不支持。在"我的电脑"窗口中右击盘符，在弹出的快捷菜单中选择"属性"命令，在弹出的对话框中选择"配额"选项卡，勾选相应的设置，并为新用户设置磁盘空间限制为 1GB，如图 3-1-24 所示。

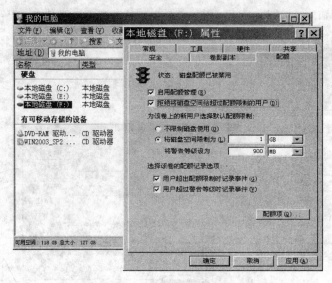

图 3-1-24　NTFS 磁盘配置管理设置

当用户超出配额限制时，系统的记录可以在"事件查看器"控制台中选择"系统"，然后双击来源为 NTFS 的事件，来查看其详细的信息。

单击图 3-1-24 中的"配额项"按钮，显示每个用户的磁盘配额情况，初始情况只有 Administrator 账户一项，如图 3-1-25 所示。

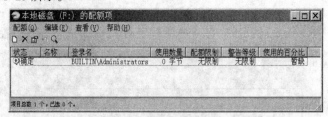

图 3-1-25　显示用户的磁盘配额情况

通过该窗口可以添加其他用户的磁盘配额，操作方法：选择"配额"→"新建配额项"，弹出"选择用户"对话框，输入用户账户（例如 candy），如图 3-1-26 所示。

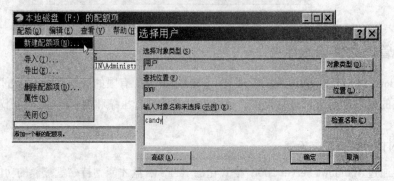

图 3-1-26　添加其他用户的磁盘配额

单击"确定"按钮后，出现"添加新配额项"对话框，可以设置用户 candy 的磁盘限制，如图 3-1-27 所示。

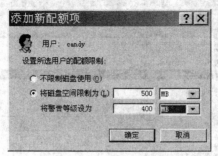

图 3-1-27　设置磁盘限制大小

2．文件和文件夹的权限和所有者设置

文件和文件夹的基本权限包括 6 种，分别为"完全控制"、"修改"、"读取和运行"、"特别的权限"、"读取"及"写入"。

文件和文件夹权限的主要特点有：

- 子文件夹与文件可继承来自父文件夹的权限。
- 文件夹和文件被复制到目的文件夹后，会继承的文件夹的权限。
- 文件夹和文件被移动到同一磁盘目的文件夹后，会保留原权限，被移动到另一磁盘目的文件夹后，会继承的文件夹的权限。

文件和文件夹权限的基本设置方法：先选定某文件或文件夹，再选择账户，最后勾选权限。下面以设置 F 盘中的文件 text.sys 的权限为例，介绍其操作方法，具体步骤如下：

（1）右击 F 盘中的文件 text.sys 在弹出的快捷菜单中选择"属性"命令，在弹出的对话框中选择"安全"选项卡，如图 3-1-28 所示，Administrator 对 test.sys 文件拥有"完全控制"权限。

（2）单击"添加"按钮，在弹出的对话框中输入账户"candy"单击"确定"按钮，如图 3-1-29 所示。

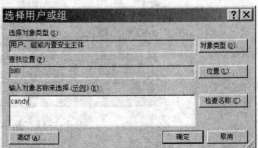

图 3-1-28　Administrator 对文件 test.sys 的"安全控制"权限　　图 3-1-29　选择账户 candy

（3）回到"text.sys 属性"对话框，勾选"完全控制"权限，如图 3-1-30 所示。

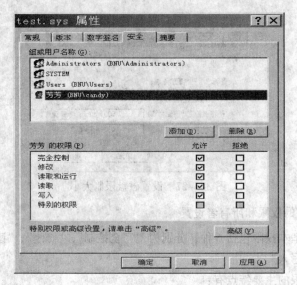

图 3-1-30　candy 对文件 test.sys 的"安全控制"权限

在默认情况下，创建文件或文件夹的用户就是该文件或文件夹的所有者。管理员可以查看任何文件或文件夹的所有者，也可以更改其所有者，操作方法如下：

（1）在图 3-1-30 中单击"高级"按钮，在弹出的对话框中选择"所有者"选项卡，如图 3-1-31 所示。

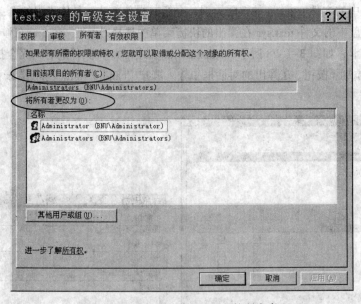

图 3-1-31　显示文件 test.sys 的所有者

（2）单击"其他用户或组"按钮，弹出"选择用户和组"对话框，输入用户或组（例如 candy），单击"确定"按钮后回到上级界面，如图 3-1-32 所示。可见文件 test.sys 的所有者添加了账户 candy，即 candy 也成为了 test.sys 的所有者。

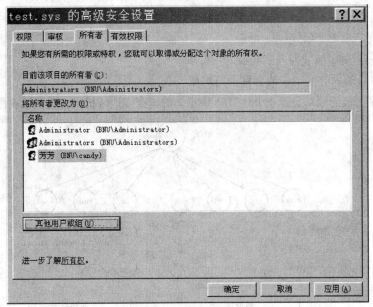

图 3-1-32　文件 test.sys 的所有者添加了账户 candy

3.2　DNS 服务

3.2.1　DNS 概述

1.DNS 系统简介

DNS 是 Domain Name System（域名管理系统）的缩写，其中的域名是由圆点分开一串字符组成的，每一个域名都对应一个 IP 地址，这一命名的方法或这样管理域名的系统叫做域名管理系统。

在 Internet 上域名与 IP 地址之间是一一对应的，域名虽然便于人们记忆，但机器之间只能互相认识 IP 地址，它们之间的转换工作称为域名解析，域名解析需要由专门的域名解析服务器来完成，安装有 DNS 系统的服务器就是 DNS 服务器，或称为域名服务器。

域名服务器管理着一种用于 TCP/IP 应用程序的分布式数据库，它提供主机名字和 IP 地址之间的转换及有关电子邮件的选路信息。分布式是指在 Internet 上的单个站点不能拥有所有的信息，每个站点（如大学中的系、校园、公司或公司中的部门）保留它自己的信息数据库，并运行一个服务器程序供 Internet 上的其他系统（客户程序）查询。

DNS 提供了允许服务器和客户程序相互通信的协议，网络用户通过 UDP 协议和 DNS 服务器进行通信，而服务器在特定的 53 端口监听，并返回用户所需的相关信息。

1）DNS 功能

DNS 的主要功能就是将域名转换成 IP 地址或将 IP 地址转换成域名。对于用户来说，实现了可以通过使用便于记忆的域名来间接地使用 IP 地址访问网络资源。

2）DNS 的域名结构

DNS 采用层次化的分布式的名字系统，是一个树状结构。从上到下有根域 root、顶级域、二级域、子域，最下一层是主机。InterNIC（国际互联网络信息中心）负责管理世界范围的 IP 地址分配，也管理着 Internet 整个域结构。图 3-2-1 所示是域名的层次组织结构图。

顶级域名被分为 3 个部分：

- arpa 是一个用做地址到名字转换的特殊域。
- 7 个 3 字符长的普通域，或者称为组织域。
- 所有 2 字符长的域均是基于 ISO 3166 中定义的国家或地区代码，这些域被称为地理域。

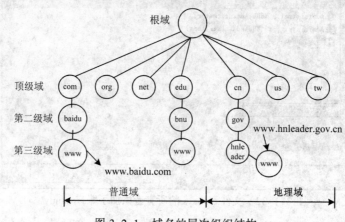

图 3-2-1　域名的层次组织结构

图 3-2-2 所示列出了 7 个普通域的正式划分。

3）域名服务器

域名服务器负责管理和保存域名空间的部分区域的主机域名和 IP 地址映射关系数据，同时响应来自 DNS 客户端的请求，将查询的结果返回给客户端。通常分为本地域名服务器和根域名服务器，目前在 Internet 上有十几个根域名服务器，多数在北美。

4）DNS 系统的工作过程

DNS 的工作原理及过程分下面几个步骤：

第一步：客户机提出域名解析请求，并将该请求发送给本地的域名服务器。

第二步：当本地的域名服务器收到请求后，先查询本地的缓存，如果有该记录项，则本地的域名服务器就直接把查询的结果返回。

域	描　　述
com	商业组织
edu	教育机构
gov	政府部门
int	国际组织
mil	军事网点
net	网络
org	其他组织

图 3-2-2　普通域的划分

第三步：如果本地的缓存中没有该记录，则本地域名服务器就直接把请求发给根域名服务器，然后根域名服务器再返回给本地域名服务器一个所查询域（根的子域）的主域名服务器的地址。

第四步：本地服务器再向上一步返回的域名服务器发送请求，然后接收请求的服务器查询自己的缓存，如果没有该记录，则返回相关的下级的域名服务器的地址。

第五步：重复第四步，直到找到正确的记录。

第六步：本地域名服务器把返回的结果保存到缓存，以备下一次使用，同时还将结果返回给客户机。

假设客户端 PC1 要访问主机 www.sohu.com，首先向本地域名服务器 S1 查询 www.sohu.com 的 IP 地址，若 S1 没有所需的数据，则 S1 以客户端身份向根域名服务器 S2 提出查询请求，S2 将负责管辖 sohu.com 的域名服务器 S3 的 IP 地址传送给 S1，S1 向 S3 提出查询请求，S3 将查询结果即 www.sohu.com 的 IP 地址返回给 S1，最后 S1 将结果送回客户端 PC1。

5）DNS 服务器的数据缓存和转发功能

DNS 服务器会将查到的数据保存一份在自己的缓存中，下次可以直接调用。当 DNS 服务器没有客户端所需数据时，可以不向根域名服务器查询，而将请求转发给其他 DNS 服务器。

3.2.2　DNS 客户端

当用户使用域名而不是 IP 地址访问网络资源时，系统要对需要访问的域名进行解析，即找到域名对应的 IP 地址。首先查询本地的域名信息缓存，如果查询成功，则返回相应的 IP 地址，否则向本地域名服务器发出 DNS 请求。

1. 使用 hosts 文件和 DNS 缓存

hosts 文件存放在 C:\WINDOWS\system32\drivers\etc 文件夹中，用"记事本"编辑该文件，增加一些 IP 地址和域名的映射项，如图 3-2-3 所示，保存该文件后，DNS 缓存里有了相关的域名解析记录，如图 3-2-4 所示。

图 3-2-3　hosts 文件中增加一些 IP 地址和域名的映射项

图 3-2-4　DNS 缓存里的域名解析记录

验证一下本地解析的效果，可以在 DOS 窗口中执行 ping www.abc.com 命令，结果如图 3-2-5 所示，表明正确解析了 www.abc.com 域名的 IP 地址是 192.168.0.101。

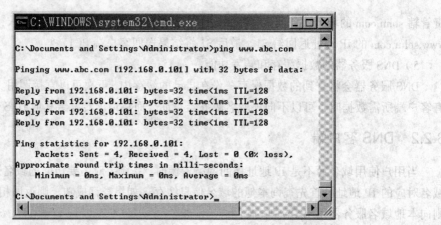

图 3-2-5 用 ping 命令验证域名 www.abc.com 得到正确解析

2. 设置本地域名服务器

当系统利用 DNS 缓存中的域名信息不能完成解析任务时，需要向本地域名服务器发出 DNS 请求，而在 Windows 系统中要使用 DNS 服务器，就要对 DNS 客户机进行设置。设置方法：将"本地连接属性"中的"Internet 协议（TCP/IP）属性"的首选 DNS 服务器设置为本地可用的 DNS 服务器 IP 地址。

例如 DNS 设置界面如图 3-2-6 所示，则表明设置本机的本地域名服务器 IP 地址为 192.168.10.157，本机成为了 IP 地址为 192.168.10.157 的 DNS 服务器的客户端。

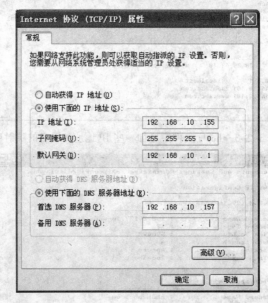

图 3-2-6 "Internet 协议（TCP/IP）属性"对话框

3.2.3 架设 DNS 服务器

在 Windows Server 2003 上安装 DNS 服务器很简单，只需要先安装相关组件，再启动服务，即可架设 DNS 服务器。

1. 安装 DNS 服务组件

安装 DNS 服务器的计算机的 IP 地址必须是固定的，不能是动态分配的。按照如下步骤安装 DNS 服务组件：

（1）依次选择"开始"→"控制面板"→"添加或删除程序"→"添加/删除 Windows 组件"，弹出"Windows 组件向导"对话框，如图 3-2-7 所示。

（2）勾选"组件"列表框中的"网络服务"复选框，再单击"详细信息"按钮，弹出"网络服务"对话框，如图 3-2-8 所示。

（3）勾选"域名系统（DNS）"复选框，单击"确定"按钮，然后依照提示插入 Windows Server 2003 系统盘，复制相关的系统文件，最后完成 DNS 服务组件的安装。

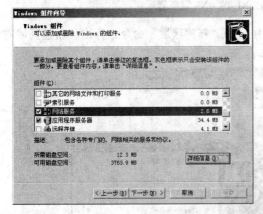　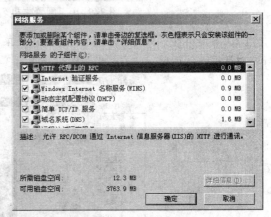

图 3-2-7　"Windows 组件向导"对话框　　　　图 3-2-8　"网络服务"对话框

2. 启动 DNS 服务

右击"我的电脑"图标，在弹出的快捷菜单中选择"管理"命令，弹出"计算机管理"窗口，在左侧控制树中选择"服务和应用程序"中的"服务"，右边窗格会列出很多服务，右击"DNS Server"，在弹出的快捷菜单中选择"启动"命令，如图 3-2-9 所示。

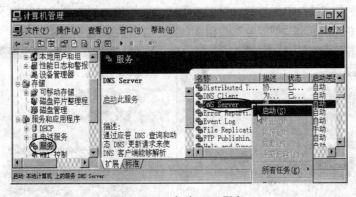

图 3-2-9　启动 DNS 服务

3. 配置 DNS 服务

进行如下几步操作，完成对 DNS 服务的基本配置：

（1）在"计算机管理"窗口的控制台树中展开相应的 DNS 服务器项，如图 3-2-10 所示。

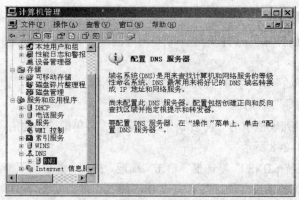

图 3-2-10　配置主机名为 BNU 的 DNS 服务器

（2）右击本计算机的名称，在弹出的快捷菜单中选择"新建区域"命令，弹出"新建区域向导"对话框，然后单击"下一步"按钮，如图 3-2-11 所示。

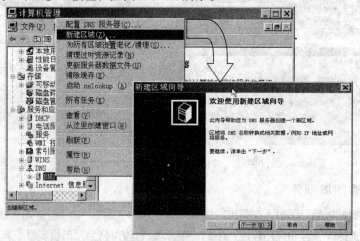

图 3-2-11　"新建区域向导"对话框

（3）选择"主要区域"单选按钮，单击"下一步"按钮，如图 3-2-12 所示。再选择"正向查找区域"单选按钮，单击"下一步"按钮，如图 3-2-13 所示。

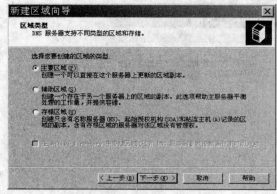

图 3-2-12　"区域类型"窗口

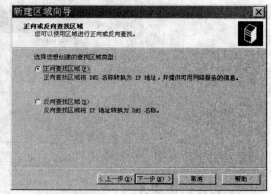

图 3-2-13　"正在或反向查找区域"窗口

（4）输入要创建的区域名称，例如 water.com，如图 3-2-14 所示。

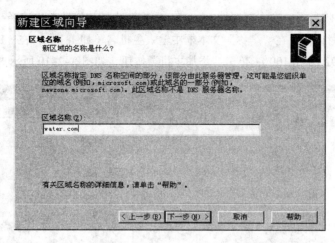

图 3-2-14　"区域名称"对话框

（5）单击"下一步"按钮，在"区域文件"和"动态更新"对话框中，都选择默认项，如图 3-2-15
和图 3-2-16 所示，单击"下一步"按钮。

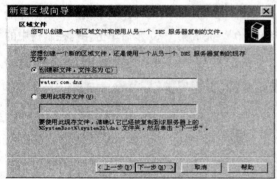

图 3-2-15　"区域文件"窗口

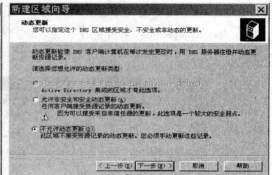

图 3-2-16　"动态更新"窗口

（6）单击"完成"按钮。区域 water.com 出现在控制台树中的"正向查找区域"下，如图 3-2-17
所示。

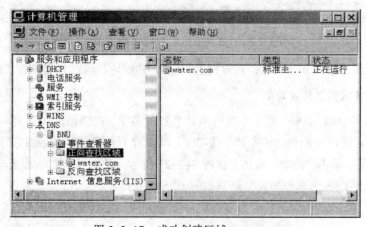

图 3-2-17　成功创建区域 water.com

（7）如图 3-2-18 所示，右击新区域 water.com，在弹出的快捷菜单中选择"新建主机"命令，弹出"新建主机"对话框，在"名称"文本框中输入主机名（如 test1），在"IP 地址"文本框中输入 IP 地址（如 192.168.0.100），单击"添加主机"按钮，如图 3-2-19 所示。

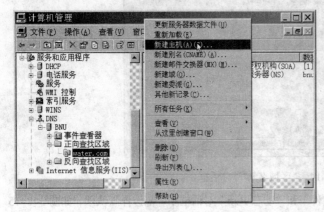
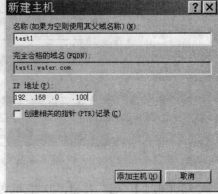

图 3-2-18　在区域 water.com 下新建主机　　　　图 3-2-19　"新建主机"对话框

本 DNS 服务器为域名"test1.water.com"和 IP 地址"192.168.0.100"建立了映射关系，即能将域名"test1.water.com"解析为 IP 地址"192.168.0.100"。完成第（7）步后单击左侧控制树中的域名 water.com，右侧窗格将显示出新建的主机和 IP 地址映射关系，如图 3-2-20 所示。

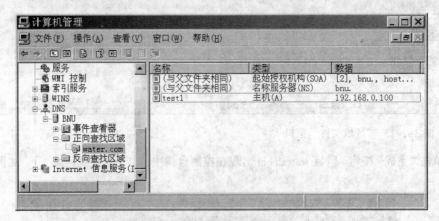

图 3-2-20　新建主机和 IP 地址映射关系

可以重复多次，建立多个主机，同时设置相应的 IP 地址，可以为更多的域名提供解析。

4．配置 DNS 服务的转发功能

在左侧控制树中的"DNS"服务中右击本计算机的名字，在弹出的快捷菜单中选择"属性"命令，在弹出的对话框中选择"转发器"选项卡，输入充当转发器的域名服务器 IP 地址（例如"202.112.80.106"），单击"添加"按钮，如图 3-2-21 所示。表明当本 DNS 服务器遇到无法解析的域名时，可以将 DNS 请求包转发给新添加的 DNS 服务器。

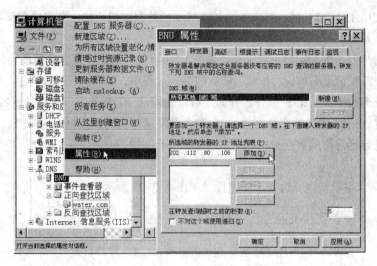

图 3-2-21　配置 DNS 服务的转发功能

5. 验证 DNS 服务器的功能

新启动一台 PC，配置为刚架设的 DNS 服务器的客户端，即将"本地连接|属性"中的"Internet 协议（TCP/IP）属性"的首选 DNS 服务器设置为新的 DNS 服务器的 IP 地址，然后 Ping 新建的域名。例如 ping test1.water.com，若成功 Ping 通，则说明 DNS 服务器的基本功能配置成功了；再 Ping 外网某网站，比如 ping www.sohu.com，若成功 Ping 通，则说明 DNS 服务器的转发功能设置成功了。

3.2.4　DNS 协议和实例分析

DNS 协议是应用层协议，DNS 查询使用的是 UDP 协议和端口 53。响应也通过 UDP 返回，如果大于 512KB，则使用 TCP。服务器之间的"区传送"都使用 TCP 协议。

RFC 1034 说明了 DNS 的概念和功能，RFC 1035 详细说明了 DNS 的规范和实现。

1. DNS 报文的总体格式

DNS 定义了一个用于查询和响应的报文格式，图 3-2-22 显示这个报文的总体格式。

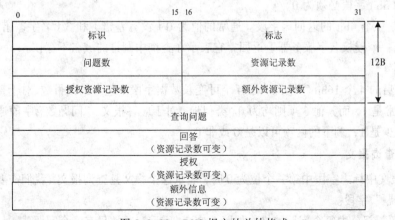

图 3-2-22　DNS 报文的总体格式

DNS 报文由 12 字节长的首部和 4 个长度可变的数据字段组成，各字段含义如下：

1）标识

首部中的标识（ID）字段是用来鉴证每个 DNS 报文的印记，由客户端设置，由服务器返回，它可以让客户匹配请求与响应。在域名解析的整个过程中，客户端首先以特定的标识向 DNS 服务器发送域名查询数据报，DNS 服务器查询之后以相同的 ID 号给客户端发送域名响应数据报。这时客户端会将收到的 DNS 响应数据报的 ID 和自己发送的查询数据报 ID 相比较，如果匹配则表明接收到的正是自己等待的数据报，如果不匹配则丢弃。

2）标志

16bit 的标志字段被划分为若干子字段，如图 3-2-23 所示。

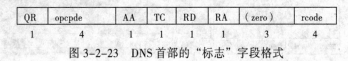

图 3-2-23　DNS 首部的"标志"字段格式

从左往右各子字段的定义和属性如下：

- QR 是一个 1bit 字段，0 表示查询报文，1 表示响应报文。
- opcode 是一个 4 bit 字段：通常值为 0（标准查询），其他值为 1（反向查询）和 2（服务器状态请求）。
- AA 是一个 1bit 字段，表示"授权回答（authoritative answer）"。该名字服务器是授权于该域的。
- TC 是一个 1bit 字段，表示"可截断的（truncated）"。使用 UDP 时，它表示当应答的总长度超过 512 字节时，只返回前 512 字节。
- RD 是一个 1bit 字段，表示"期望递归（recursion desired）"。该比特能在一个查询中设置，并在响应中返回。这个标志告诉名字服务器必须处理这个查询，也称为一个递归查询。如果该位为 0，且被请求的名字服务器没有一个授权回答，它就返回一个能解答该查询的其他名字服务器列表，这称为迭代查询。
- RA 是一个 1bit 字段，表示"可用递归"。如果名字服务器支持递归查询，则在响应中将该比特设置为 1。大多数名字服务器都提供递归查询，除了某些根服务器。
- 随后的 3bit 字段必须为 0。
- rcode 是一个 4bit 的返回码字段。通常的值为 0（没有差错）和 3（名字差错）。名字差错只有从一个授权名字服务器上返回，它表示在查询中制订的域名不存在。

3）其他字段

首部中随后的 4 个 16bit 字段说明了 4 个可变长数据字段中包含的条目数。对于查询报文，"问题数"字段通常是 1，而其他 3 项则均为 0。类似地，对于应答报文，"问题数"字段通常是 1，"回答数"字段至少是 1，剩下的两项可以是 0 或非 0。

2. DNS 查询报文

当 DNS 报文中标志字段中第一个位为 0 时，表示这个报文是查询报文，我们需要关注该报文中的"查询问题"字段。

"查询问题"部分中每个问题的格式如图 3-2-24 所示，通常只有一个问题。

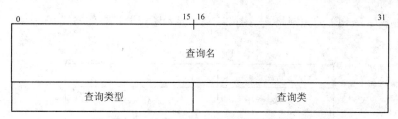

图 3-2-24　DNS 查询报文的查询问题格式

1）查询名

指要查找的名字，它是一个或多个标识符的序列。每个标识符以首字节的计数值来说明随后标识符的字节长度，每个名字以最后字节为 0 结束，长度为 0 的标识符是根标识符。

图 3-2-25 显示了如何存储域名 www.baidu.com。

2）查询类型

指期望获得查询名的不同类型信息，大约有 20 个不同的类型值，图 3-2-26 显示了其中的一些值及相应的信息。

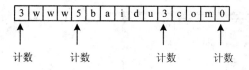

图 3-2-25　DNS 首部的"查询名"
字段存储域名的实例

名　字	数　值	描　　述	类型	查询类型
A	1	IP地址	*	*
NS	2	名字服务器	*	*
CNANE	5	规范名称	*	*
PTR	12	指针记录	*	*
HINPO	13	主机信息	*	*
MX	15	邮件交换记录	*	*
AXFR	252	对区域转换的请求		*
*或ANY	255	对所有记录的请求		*

图 3-2-26　DNS 首部的"查询类型"
字段值及描述

最常用的"查询类型"是 A 类型，表示期望获得查询名的 IP 地址。一个 PTR 查询则请求获得一个 IP 地址对应的域名，这是一个指针查询。

3）查询类

该字段通常是 1，指互联网地址（某些站点也支持其他非 IP 地址）。

图 3-2-27 所示是 DNS 查询报文的实例，了解一下"查询问题"部分的各个字段的值，加深对各字段定义的理解。

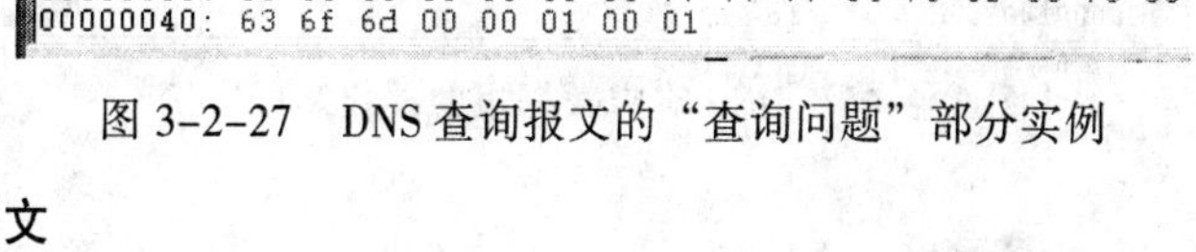

```
00000000: 00 0d 66 ba 18 00 00 16 e6 45 88 88 08 00 45
00000010: 00 3a 56 ae 00 00 80 11 a6 26 ca 70 58 93 ca 70
00000020: 50 6a fd 39 00 35 00 26 ed 97 a1 7c 01 00 00 01
00000030: 00 00 00 00 00 00 03 77 77 77 04 73 6f 68 75 03
00000040: 63 6f 6d 00 00 01 00 01
```

图 3-2-27　DNS 查询报文的"查询问题"部分实例

3. DNS 响应报文

当 DNS 报文中标志字段中第一个位为 1 时，表示这个报文是响应报文，需要关注该报文中的最后 3 个字段，即资源记录部分。

DNS 报文中最后的 3 个字段（回答字段、授权字段和附加信息字段）均采用一种称为资源记录 RR（Resource Record）的相同格式，图 3-2-28 显示了资源记录的格式。

0	15 16	31
域名	类型	
类	生存时间	
生存时间	资源数据长度	
资源数据		

图 3-2-28　DNS 首部的资源记录 RR 的统一格式

各字段含义如下：

- 域名：记录资源数据对应的名字，该名称与资源记录所在的控制台树结点的名称相同。
- 类型：说明 RR 的类型码。取值及含义和查询报文中的"查询类型"是一样的。
- 类：通常为 1，指 Internet 数据。
- 生存时间：是客户程序保留该资源记录的秒数。
- 资源数据长度：说明资源数据的数量。
- 资源数据：该数据的格式依赖于类型字段的值，对于类型 1（A 记录），"资源数据"是 4 字节的 IP 地址；对于类型 5（CNAME 规范名称），"资源数据"是若干字节的域名记录。

图 3-2-29 所示是 DNS 响应数据报的授权字段实例，图 3-2-30 所示是 DNS 响应数据报的附加信息字段实例。

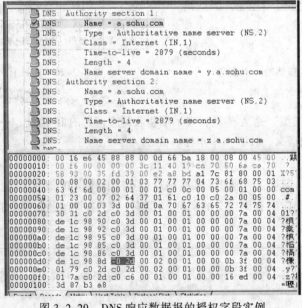

图 3-2-29　DNS 响应数据报的授权字段实例

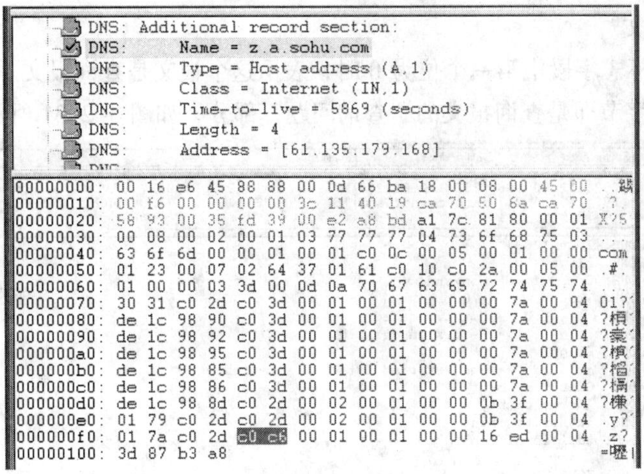

图 3-2-30　DNS 响应数据报的附加信息字段实例

4．协议实例分析

实例：Windows 2003 系统下开启 IE 浏览器，将"临时文件清空"，再启动 Sinffer，设置为截获所有 IP 数据包，然后用 IE 浏览器访问某一网站，比如 www.sohu.com。网站显示完毕后，停止 Sniffer 抓包，共抓到 758 帧数据。本机 IP 地址是 202.112.86.217，设置的本地域名服务器 IP 地址是 202.112.80.106。我们关心最初的 DNS 数据包，保存数据文件，截住以下几幅图，做协议分析示范：

1）DNS 工作过程

从图 3-2-31 可知，当我们访问某一域名网站时，如果本地 DNS 缓存中没有其域名解析的 IP 地址，则会向本地 DNS 服务器发出 DNS 查询报文，然后，我们收到了服务器发来的 DNS 应答报文，本机分析报文后可以得知目的网站的 IP 地址。接下来，本机与该 IP 地址三次握手建立连接，通过 HTTP 协议获取网站内容。

第 1 帧是本机发往 DNS 域名服务器的 DNS 查询报文，共 72 个字节。

第 2 帧是域名服务器发回的 DNS 应答报文，共 264 字节。注意，两帧数据包的 ID 号相同，都是 18834。

从第 3 帧开始，本地完成和目地 IP 的连接、数据交互、关闭连接等过程。

2）DNS 报文的总体格式

DNS 协议定义的查询报文和应答报文有同样的总体格式，都是由 12 字节长的首部和 n 个可变长度的字段组成。我们拿第 1 帧查询报文为例，如图 3-2-31 所示，认识一下具体的总体格式及分析一下实例数据含义：

第 1 帧 72 个字节数据，第 0 字节到第 13 字节是以太网数据包头，第 14 字节到第 33 字节是 IP 数据包头，第 34 字节到第 41 字节是 UDP 数据包头，从第 42 字节开始是 DNS 数据报文。

DNS 数据报文中前 12 字节是 DNS 首部，其中第 1、2 字节是标识字段，如实例中数据值为"4992"，这是十六进制数据，转换为十进数据即是 18834。

第 3、4 字节是标志字段，实例数据为"0100"，写成二进制形式为"0000000100000000"，再对照图 3-2-23 可知，该报文是一个查询报文、是标准报文、是不可截断的等。

第 5、6 字节是查询的问题数量字段，实例数据为"0001"，表明查询的问题个数为 1 个。

DNS 首部余下的几个字节实例数据都为 0，表明没有回答、没有授权、没有附加数据。

3）DNS 查询报文

当 DNS 报文中标志字段中第一个位为 0 时，表示这个报文是查询报文。实例中除去 DNS 首部后，剩下的 18 个字节即是查询报文的"查询问题"部分，如图 3-2-31 所示。

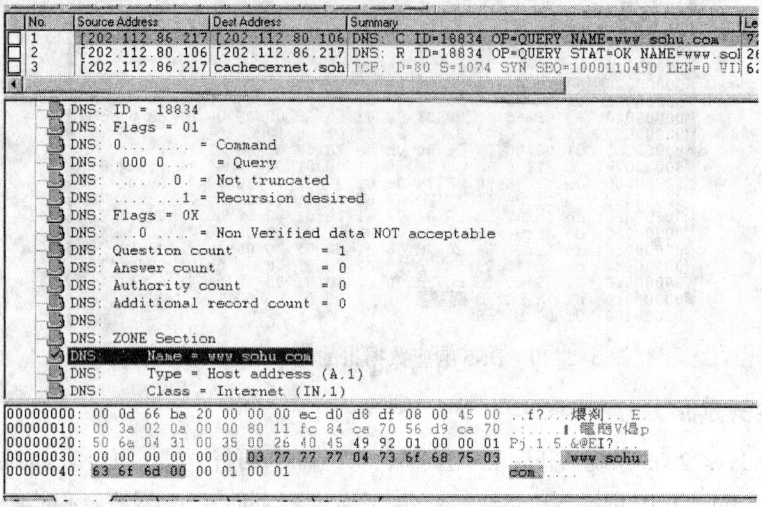

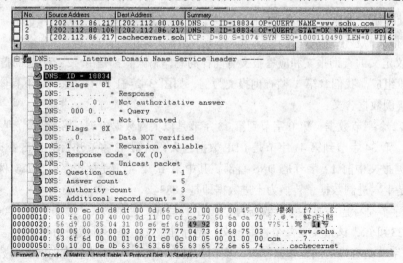

图 3-2-31　DNS 查询数据报实例

其中最后 4 个字节是查询类型和查询类字段，实例数据都是"0001"，表明查询类型是 A，即表明期望获得查询名的 IP 地址；查询类是 1，指互联网地址（某些站点也支持其他非 IP 地址）。

"查询问题"部分的剩下字节是查询名字段，实例数据为"03 77 77 77 04 73 6f 6875 03 63 6f 6d 00"，其中"03"、"04"、"00"等为计数字节，"77"、"73"、"6f"等是字符"w"、"s"、"o"等的 ASCII 码值，因此，实例数据很容易译为"www.sohu.com"。

总结起来，该实例 DNS 查询报文是向 DNS 域名服务器查询"www.sohu.com"的 IP 地址。

4）DNS 应答报文

图 3-2-32 所示为相应的 DNS 应答报文，首部的信息与查询报文有所不同。标志字段实例数据为"8180"，表明该报文是应答报文，不是授权域名服务器，不截断回答，使用递归查询等。

图 3-2-32　DNS 应答数据报实例

首部的其余字段表明该应答报文有 1 个问题，5 个问题回答，3 个授权回答，3 个附加记录。

DNS 应答报文除去首部后的 3 个字段（回答字段、授权字段和附加信息字段）均采用一种称为资源记录 RR（Resource Record）的相同格式。因此我们仅分析一下回答字段的格式及具体数据含义。

图 3-2-33 所示是应答报文的回答字段的一个截图。

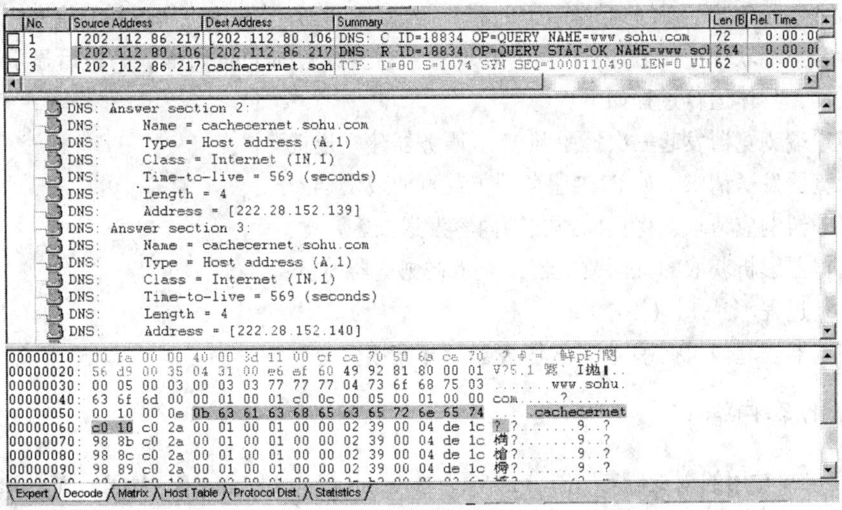

图 3-2-33　DNS 应答数据报的"回答"字段

对照图 3-2-28 所示的资源记录 RR 格式，可知第二个问题回答的含义，实例中域名字段为 "cachecernet.sohu.com"；类型字段为 A，表明返回的是 IP 地址；类字段为 1，表明是 Internet 地址；生存周期为 569 秒；数据长度值为 4，表明用 4 字节来返回 IP 地址；资源数据字段即是应答的 www.sohu.com 网站的 IP 地址 222.28.152.139

DNS 应答报文的余下的授权字段和附加信息字段，在此不再论述，请自学分析。

3.3　Web 服务

3.3.1　Web 概述

WWW 是 World Wide Web 的缩写，原意是"遍布世界的蜘蛛网"。WWW 的标准译法是万维网，曾译为"环球网"、"全球信息网"，简称 Web 或 WWW。

- WWW 采用超文本（Hypertext）方式。
- WWW 服务器采用的是 Client/Server（客户机/服务器）工作模式，由 Web 服务器和 Web 浏览器实现服务器端和客户端的功能。
- WWW 通过 URL 连接各个资源。
- HTTP（超文本传输协议）从 1990 年开始应用于 WWW，它可以简单地被看成是浏览器和 Web 服务器之间的会话。

万维网（WWW）是 Internet 重要应用之一。WWW 是一个具有分布式服务器的系统，这些服务器可以处理超媒体文档。超媒体文档使用超文本标记语言（HTML）来创建。HTML 是一种表示信息的方法，通过该方法，文本中选择的单词或短语成为到其他相关信息的超链接。链接的信息可以具有其他文档、图形、声音文件或视频文件的格式。

Web 服务器使用超文本传送协议（HTTP）将 HTML 文档发送到客户机 Web 浏览器进行显示。Web 浏览器访问和显示 WWW 上的 HTML 文档。Web 浏览器是专门为访问和显示 HTML 文档而设计的应用程序。

Web 服务基于客户机/服务器模型，即服务器端运行服务器软件，侦听并响应客户端的请求，客户机运行客户端软件（如 IE 浏览器），获取服务器发送来的 Web 页面，解析后显示页面内容，方便用户阅读，具体运行过程如下：

（1）客户端浏览器发起三次握手与 Web 服务器建立连接。

（2）浏览器发送请求，如 GET 服务器上某页面或文档。

（3）服务器响应请求，将页面或文档内容发送回客户端。

（4）浏览器解析获取的页面或文档，显示在浏览器内。

（5）重复过程（2）～（4）。

（6）浏览器发起四次握手与 Web 服务器断开连接。

3.3.2　Web 客户端

Web 商户端常用的浏览器有 IE、Firefox、Maxthon、Mozill、MSIE、MyIE、Mozilla、Safari、Opera、MSN、NetCaptor、Opera ，还有电驴的 eMule 和腾迅的 TT 等。Linux 下常用的浏览器有 Netscape、Lynx 等。

各种浏览器的配置和使用大同小异，这里不详细介绍浏览器的使用。下面简单介绍除了最常用的 IE 以外的几种流行的浏览器的特点。

1．NetScape Navigator　网景浏览器

网景浏览器是 Netscape 通信公司开发的网络浏览器（现已停止开发）。它虽是一个商业软件，但它也提供了可在 UNIX、VMS、Macs 和 Microsoft Windows 等操作系统上运行的免费版本。作为成熟浏览器最早的创始者和先驱者（远远早于微软），其软件质量值得信赖，特别是在 UNIX 用户群中普及率极高。

2．火狐（Firefox）浏览器

Mozilla Firefox 非正式的中文名称为火狐浏览器，由 Mozilla 基金会（http://www.mozilla.com/）与众多志愿者所开发，是目前最为热门的浏览器之一。

Firefox 采取了小而精的核心，并允许用户根据个人需要去添加各种扩展插件来完成更多的、更个性化的功能。特别值得一提的是，许多在 IE 浏览器中让人头疼的安全问题（例如木马、病毒、恶意网页、隐私泄露等）在火狐浏览器中都得到了很好的解决。

3．Opera 浏览器

Opera Web Browser 是由 Opera Software ASA 出品的一款轻量级网络浏览器，总部在挪威的奥斯陆，利用标签方式实现单窗口下的多页面浏览。它不但提供 Windows、Linux、Mac OS、移动电话等多平台的支持，还提供了中文、英语、法语、德语等多语言的支持。

4．其他 IE 核心浏览器

市面上还有许多以 IE 为核心的浏览器，它们提供了更多的功能和方便性，例如，卡片式浏览、

天气预报、弹出窗口拦截等，流行的有 Maxthon（傲游）浏览器、SpeedBrowser 等。从根本上来说，它们都是 IE 的变形，并且只能用于 Windows 平台。

客户端访问 Web 服务器时，在地址栏中输入 URL，如 http://www.123.com:5678。冒号后的 5678 是端口号。

3.3.3 架设 Web 服务器

在 Windows 操作系统中，常用的 Web 服务器有 IIS 和 Apache 等。下面介绍 Windows 系统用 IIS 配置 Web 服务器。

1. 安装 IIS 6.0 "应用程序服务器" 组件

Windows Server 2003 的 "应用程序服务器" 组件中包含了万维网服务，因此要安装该组件，操作步骤如下：

（1）依次选择 "开始" → "控制面板" → "添加或删除程序" → "添加/删除 Windows 组件" 命令，弹出 "Windows 组件向导" 对话框，如图 3-3-1 所示。

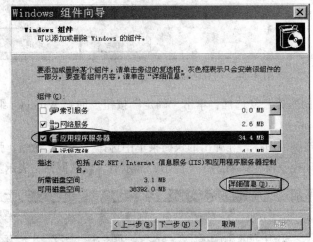

图 3-3-1 "Windows 组件向导" 对话框

（2）选择 "应用程序服务器" 复选框，单击 "详细信息" 按钮，展开子组件，如图 3-3-2 所示。

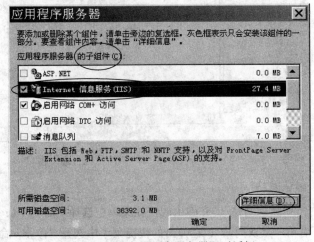

图 3-3-2 "应用程序服务器" 对话框

（3）选择"Internet 信息服务（IIS）"复选框，单击"详细信息"按钮，展开信息服务（IIS）的子组件，如图 3-3-3 所示。

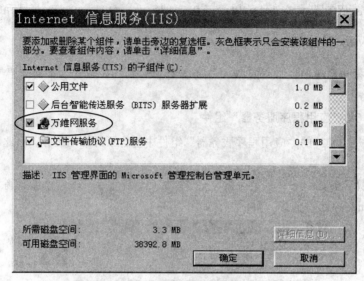

图 3-3-3　"Internet 信息服务（IIS）"对话框

（4）选择"万维网服务"复选框，单击"确定"按钮。回到 Windows 组件向导，逐步完成安装。

（5）右击"我的电脑"图标，在弹出的快捷菜单中选择"管理"命令，弹出"计算机管理"窗口，展开左侧的管理控制树，如图 3-3-4 所示，显示有"默认网站"表示 Web 服务安装成功。

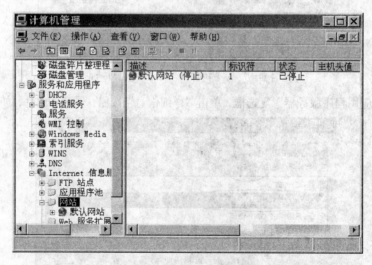

图 3-3-4　Web 服务安装成功的"计算机管理"窗口

2. 启动和停止"默认网站"

在图 3-3-4 中右击"默认网站"，在弹出的快捷菜单中选择"启动"命令，可以启动网站，即可开启 Web 服务；右击"默认网站"，在弹出的快捷菜单中选择"停止"命令，即可停止网站，即关闭 Web 服务。

3．测试网站

用另外一台计算机的 IE 浏览器来登录新安装的 Web 服务器，方法是：在 IE 浏览器地址栏中输入"http://Web 服务器的 IP 地址"或者"http://Web 服务器的计算机名称"（客户机与客户器在同一局域网内）。若出现图 3-3-5 所示的网页，则说明连接成功。

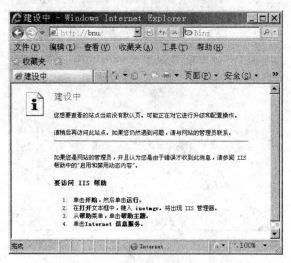

图 3-3-5　成功连接新架设的 Web 服务器

4．配置网站

在图 3-3-5 中右击"默认网站"，在弹出的快捷菜单中选择"属性"命令，弹出"默认网站属性"对话框，各个选项卡可以对网站进行配置，如图 3-3-6 所示。

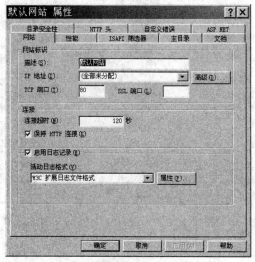

图 3-3-6　"默认网站属性"对话框

1）设置主目录

网站的主目录用来存放网站文档，可以选择不同的文件夹作为主目录。选择"主目录"选项卡，可以设置网站资源的来源，有 3 种："此计算机上的目录"、"另一台计算机上的共享"和"重定向到 URL"。

"此计算机上的目录"系统默认的网站的主目录是 c:\inetpub\wwwroot，如图 3-3-7 所示。可以修改"本地路径"中的设置（如改为 e:\myWeb\Web1）。

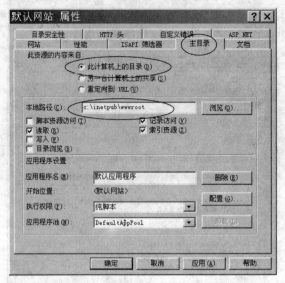

图 3-3-7　主目录设置为本机某文件夹

"另一台计算机上的共享"将主目录指定到其他计算机中的共享文件夹，如图 3-3-8 所示。

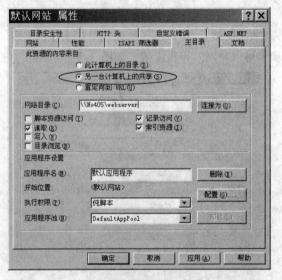

图 3-3-8　主目录设置为局域网内其他计算机中的某文件夹

"重定向到 URL"设置新的 URL，用户登录本 Web 服务器时看到的是重定向的 URL 网页。例如重定向的 URL 设置为 www.bnu.edu.cn，那么用户登录本 Web 服务器时将自动转向 www.bnu.edu.cn 网站。

2）文档的设置

在"默认网站属性"对话框中选择"文档"选项卡，如图 3-3-9 所示。系统默认能识别 4 种网站文件，优先级别按从上到下的顺序，也就是说，系统会在"主目录"所设的文件夹中按优先级别找这 4 个文档，若找到就将此文件作为主页传送给用户的浏览器，若一个文档也找不到，则用户的浏览器会出现标题栏为"HTTP 403 禁止访问"的出错页面。

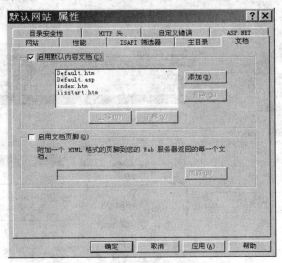

图 3-3-9　"文档"选项卡

在主目录文件夹中用记事本创建名为 default.htm 的网页文档，文档内容如图 3-3-10 所示。

在客户端的浏览器地址栏中输入"http://Web 服务器的 IP 地址"（例如 http://192.168.0.100），若登录本 Web 服务器时看到如图 3-3-11 所示的页面，则表明 Web 服务器工作正常、主目录和文档设置正确。

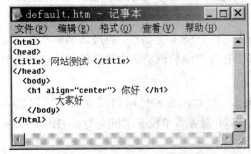

图 3-3-10　网页文档 default.htm 的内容

图 3-3-11　主目录和文档设置正确的 Web 服务器页面

3）主机头、IP 地址和端口号设置

在一台 Web 服务器上可以建立多个网站，为了让客户端能识别这些网站，必须设置不同的属性。一个网站由主机头、IP 地址和端口号三维标识唯一确定，至少设置一个标识不同，就能识别不同的网站。

在"默认网站属性"对话框中选择"网站"选项卡，可以对当前的"默认网站"的 3 个标识属性进行添加、删除和编辑操作，下面以"添加"标识为例介绍设置网站标识的操作方法：

单击"高级"按钮，在弹出的对话框中单击"添加"按钮，弹出"添加/编辑网站标识"对话框，输入相应的信息，如图 3-3-12 所示。逐级单击"确定"按钮后，完成添加网站标识。

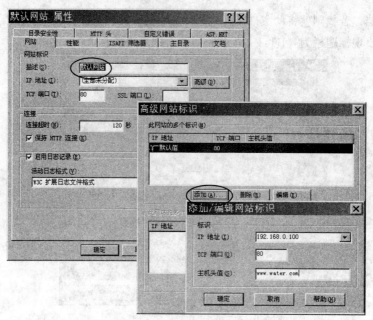

图 3-3-12　添加、编辑网站标识

　　一台 Web 服务器可以设置多个 IP 地址（具体设置方法参见本教材 3.4.3 节），将服务器上的多个网站的标识设置成不同的 IP 地址，用户就可以根据不同的 IP 地址登录这些不同的网站了。

　　如果将一台 Web 服务器中的多个网站的标识设置成不同的端口号，那么用户就可以根据不同的端口号来登录这些不同的网站，方法是在浏览器中输入"http://Web 服务器的 IP 地址或域名:端口号"。

　　若对网站的主机头进行了设置，则必须将主机头注册到 DNS 服务器中，再确认浏览器客户端的首选 DNS 服务器是注册 DNS 服务器的 IP 地址，那么在客户端的浏览器中可以使用域名来登录该网站。

　　例如在 DNS 服务器中设置主机信息如图 3-3-13 所示，在客户端的浏览器中可以输入"test1.water.com"或者"www.water.com"（说明：本例中 Web 服务器中没有主机头为 test1.water.com 的网站，则默认指向无主机头的"默认网站"）。

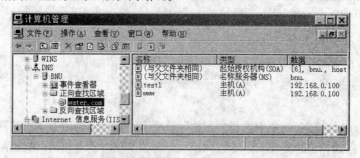

图 3-3-13　将主机头注册到 DNS 服务器

5．创建新网站

用户可以创建自己的网站，具体操作如下：

在"计算机管理"窗口中的控制台树中展开"Internet 信息服务（IIS）管理器"，右击"网站"

在弹出的快捷菜单中选择"新建"→"网站"命令，弹出"网站创建向导"对话框，根据提示可以轻松地创建新的网站。

创建过程中的关键步骤是：给新创建的网站起名（即网站描述）、设置 IP 地址和端口号、设置网站的主机头、设置主目录和文档、设置页面访问权限。创建完成后可以通过修改"属性"设置，统一管理多个网站。

同一个 Web 服务器可以创建和同时启动多个网站，关键是设置好多个网站的不同标识，管理好各自的主目录和文档。

3.3.4　HTTP 协议和实例分析

HTTP 协议用于在 Internet 上发送和接收消息。

- HTTP 协议是一种请求–应答式的协议，客户端发送一个请求，服务器返回该请求的应答，所有的请求与应答都是 HTTP 包。
- HTTP 协议使用可靠的 TCP 连接，默认端口号为 80。
- HTTP 的第一个版本是 HTTP/0.9，后来发展到了 HTTP/1.0，现在最新的版本是 HTTP/1.1。
- HTTP/1.1 由 RFC 2616 定义。

1．HTTP 协议工作方式

HTTP 协议的内部操作过程：基于 HTTP 协议的客户机/服务器模式的信息交换过程，它分 4 个过程：建立连接、发送请求信息、发送响应信息、关闭连接。

（1）客户机与服务器建立连接。

（2）客户机向服务器递交请求，在请求中指明所要求的特定文件。

（3）服务器发回一个应答，如果确认请求，则在应答中包括状态编号和该文件内容。

（4）客户机与服务器断开连接。

简单地说，就是任何服务器除了包括 HTML 文件以外，还有一个 HTTP 驻留程序，用于响应用户请求。用户的浏览器是 HTTP 客户，向服务器发送请求，当浏览器中输入了一个开始文件或单击了一个超级链接时，浏览器就向服务器发送了 HTTP 请求，此请求被送往由 IP 地址指定的 URL。驻留程序接收到请求，在进行必要的操作后回送所要求的文件。在这一过程中，在网络上发送和接收的数据已经被分成一个或多个数据包（Packet），每个数据包包括要传送的数据、控制信息（即告诉网络怎样处理数据包）。

在 HTTP 中，Client/Server 之间的会话总是由客户端通过建立连接和发送 HTTP 请求包初始化，服务器不会主动联系客户端或要求与客户端建立连接。浏览器和服务器都可以随时中断连接，例如，在浏览网页时可以随时单击"停止"按钮中断当前的文件下载过程，关闭与 Web 服务器的 HTTP 连接。

2．HTTP 数据包的格式

客户机与服务器三次次握手建立连接后，会发送一个请求数据包给服务器，请求方式的格式为统一资源标识符（URL）、协议版本号，后边是 MIME 信息，包括请求修饰符、客户机信息和可能的内容；服务器接到请求后，会给予相应的响应信息，其格式为一个状态行，包括信息的协议版本号、一个成功或错误的代码，后边是 MIME 信息，包括服务器信息、实体信息和可能的内容。因此，HTTP 数据包分为请求数据包和应答数据包，各有不同的格式。

| 请求行（方法–URI–协议/版本） |
| 请求头（以 Host 等关键字开头的连续若干行） |
| 空行 |
| 请求正文 |

图 3-3-14　HTTP 请求包格式

1）HTTP 请求包

HTTP 请求包由 3 部分构成，分别是方法–URI–协议/版本、请求头、请求正文。其中第一部分为单独一行，第二部分为连续的若干行，第二部分和第三部分中间以空行相间隔。因此 HTTP 的请求包格式可由图 3-3-14 表示。

HTTP 协议定义的第一部分请求行的"方法"有多种，如 GET、POST、OPTIONS、HEAD 等，表示"下载网页"、"上传网页"等命令。

第二部分请求头的关键字也有很多种，如 Host、Accept、Connection、Accept-Language 等，表示"用户在地址栏中输入的地址"、"浏览器支持的资源类型"、"本次连接的属性"、"浏览器支持的语言类型"等。

下面是一个 HTTP 请求包（GET）的例子：

```
GET /index.jsp HTTP/1.1
Accept-Language: zh-cn
Connection: Keep-Alive
Host: 192.168.0.106
Content-Length: 37
userName=new_andy&password=new_andy
```

| 状态行（协议–状态代码–描述） |
| 应答头（以 Server 等关键字开头的连续若干行） |
| 空行 |
| 应答正文 |

图 3-3-15　HTTP 应答包格式

2）HTTP 应答包

HTTP 应答包和请求包相似，也由 3 部分构成，分别是协议–状态代码–描述、应答头、应答正文。应答包的格式可用图 3-3-15 表示。

HTTP 协议定义的第一部分状态行的"状态代码"有多种，代表不同的含义，如 200、304、404、503 等，分别表示"一切正常"、"资源未改变"、"文件未找到"、"服务不可用"等。

第二部分应答头的关键字也有很多种，如 Server、Date、Content-Type、Last-Modified 等，分别表示"应答服务器的名称和版本信息"、"应答服务器端当前时间"、"应答正文的类型"、"应答服务器端资源最后被修改的时间"等。

下面是一个 HTTP 应答的例子：

```
HTTP/1.1 200 OK
Server: Microsoft-IIS/4.0
Date: Mon, 3 Jan 2005 13:13:33 GMT
Content-Type: text/html
Last-Modified: Mon, 11 Jan 2004 13:23:42 GMT
Content-Length: 90
<html>
<head>
<title>解读 HTTP 包示例</title></head><body>
Hello WORLD!
</body>
</html>
```

3．协议实例分析

实例操作：在 Windows 2003 操作系统中，先启动 Sniffer，过滤条件设置为截获本机的所有 IP 数据包，然后启动 IE 浏览器，访问某网站，例如，http://news.sohu.com。当首页显示完毕后，停止 Sniffer 抓包，保存抓包数据，观察 HTTP 协议的实际工作过程以及 HTTP 请求包和应答包的内容。本机 IP 地址是 202.112.86.117。

HTTP 协议的内部操作分 4 个过程：建立连接、发送请求信息、接收响应信息、关闭连接。下面对照图 3-3-16 所示的界面来分析抓取的数据包。

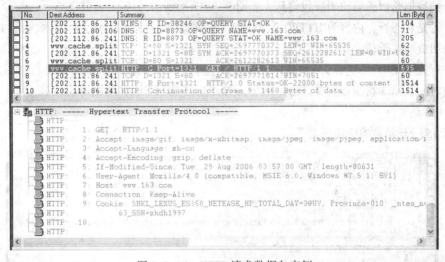

图 3-3-16 HTTP 请求数据包实例

1）建立连接

截图中前 3 个数据帧是 DNS 报文和 WINS 报文，HTTP 协议工作是从第 4 帧数据开始的。

第 4、5、6 帧数据包是 HTTP 协议使用下层 TCP 协议通过三次握手原则建立连接的过程，客户端向 Web 服务器发送一个 SYN 同步连接请求，Web 服务器收到请求后向客户端发送一个 SYN/ACK 数据包，同意客户端的连接请并向客端发起同步，客户端收到该数据包后再次确认，从而成功建立 TCP 连接。

这样我们可以知道，HTTP 通信是发生在 TCP 协议之上，Web 服务器默认端口是 TCP 的 80 端口，客户端是一个在特定范围内的随机端口号（本实例客户端口号是 1218），所以 HTTP 是一个可靠的协议。

2）发送请求信息

第 7 帧数据是主机发给服务器的 HTTP 请求包，从端口号信息上可以看到 HTTP 协议发送请求信息的一些特征，建立一个连接后，客户机就把请求消息通过该连接送到服务器的保留端口上，完成提出请求动作。

再来分析第 7 帧的具体数据：

第 1 行是请求行，内容为 GET/HTTP/1.1，表明请求方法是 GET，请求的网页是该网站的根目录下的默认网页，使用 HTTP 协议，版本是 1.1。

第 2 行到第 9 行是请求头，包括以各种关键字开头的若干连续行。例如第 2 行表明客户端接受 image/gif 等格式的文件；第 3 行表明请求回应中首选的语言为简体中文，否则使用默认值；第 4 行表明客户端接受 gzip 等编码方式；第 5 行给出了网页的更新日期和时间及网页数据的长度；第 6 行表明客户端用户代理为 Mozilla/4.0；第 7 行表明申请的网页所用的主机是 news.sohu.com；第 8 表明客户端使用持久连接；第 9 行表明客户端支持 Cookie 技术。

第 10 行为空行。

第 11 行开始是请求的正文。

3）接收响应信息

第 9 帧数据是服务器的响应包信息（如图 3-3-17 所示），分析具体数据如下：

第 1 行是状态行，内容为 HTTP/1.0 200 OK，表明服务器使用 HTTP 协议，版本是 1.0，状态码 200 表明成功接受请求。

第 2 行到第 13 行是应答头，包括以各种关键字开头的若干连续行。例如第 2 行指明发送该响应报文的时间、第 3 指明该报文是由一个 Apache/2.0.55 的服务器产生的等。

第 14 行是空行。

从第 15 行开始是响应的正文。

图 3-3-17　HTTP 应答包实例

4）关闭连接

最后 4 个数据包就是通信的关闭过程，建立一个连接需要进行三次握手，而终止一个连接则需要经过四次握手。这是由于 TCP 连接是全双工的，每个方向上都必须单独进行关闭。四次握手实际上就是两个方向上单独关闭的过程。

3.4　FTP 服务

3.4.1　FTP 概述

FTP 的全称是 File Transfer Protocol（文件传输协议），是专门用来传输文件的协议。FTP 服务器依照 FTP 协议为 FTP 客户端提供文件传输服务。图 3-4-1 描述了客户端和 FTP 服务器以及它们之间的连接情况，用户使用 FTP 内部命令和 FTP 服务器交互，两边的协议解释器将内部命令转换成在控制连接中发送和传回的命令和应答。

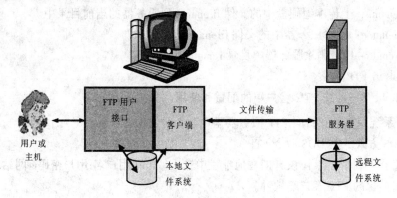

图 3-4-1　FTP 协议运行原理示意图

FTP 协议采用了图 3-4-2 所示的客户机/服务器工作模式。

图 3-4-2　FTP 的客户机/服务器工作模式

1．FTP 客户程序的功能

（1）接收用户从键盘或鼠标输入的命令。

（2）分析命令并传送给 FTP 服务程序，通知进行如何操作。

（3）接收并在本地屏幕上显示服务程序回送的信息。

（4）传送或接收文件。

2．FTP 服务器程序的功能

（1）与客户程序建立 TCP/IP 连接。

（2）接收并执行客户程序发送过来的命令。

（3）将文件传送给客户机或从客户机接收文件。

（4）将执行命令的状态回送给客户机，使其能显示在客户机的屏幕上。

3.4.2　FTP 客户端

1．FTP 命令

FTP 的基本命令行格式为：　ftp [主机名]。

FTP 使用的基本命令如下（中括号表示可选项）：

- help[cmd]：显示 FTP 内部命令 cmd 的帮助信息，如 help get。
- ls [remote-dir] [local-file]：显示服务器目录 remote-dir 中所有子目录及文件名称，并存入本地文件 local-file。
- cd remote-dir：进入服务器目录 remote-dir。
- lcd [dir]：将本地工作目录切换至 dir。

- get remote-file [local-file]：将服务器的文件 remote-file 下载至本地硬盘，改名为 local-file。
- mkdir remote-dir：在服务器当前目录下建立新目录。
- put filename：上传本地硬盘中的文件 filename 到服务器的当前目录中。
- dele filename：删除服务器中的文件 filename。
- rmdir remote-dir：删除服务器中目录 remote-dir。
- quit：退出 FTP 会话。

2．Windows XP 系统 FTP 客户端的配置和使用

Windows 系统中登录和访问 FTP 服务器至少有 3 种方法：

- MS-DOS 方式下用 DOS 命令 FTP。
- 在浏览器中利用 FTP 协议，即在地址栏中输入"ftp://用户名:用户密码@网站域名"。
- 使用图形化的 FTP 客户端软件。

FTP 客户端以两种身份登录到 FTP 服务器，一种是匿名方式，另一种是用服务器操作系统的用户账户方式。下面介绍匿名方式的 3 种登录 FTP 服务器的方法。

1）命令行访问 FTP 客户端的方法

以登录 ftp.pku.edu.cn（202.38.97.197）为例介绍命令行访问 FTP 服务器的方法。

（1）在 DOS 命令提示符下输入 ftp，并按【Enter】键，启动 FTP 协议，出现 FTP 系统提示符"ftp>_"。

（2）用"open 主机地址"命令连接 FTP 服务器，如 ftp>open ftp.pku.edu.cn 或者 ftp>202.38.97.197。

（3）根据提示输入用户名和口令，登录到该服务器。

（4）输入 FTP 命令查看、下载、上传文件。

（5）输入 quit 中断与 FTP 服务器的连接。

操作过程如图 3-4-3 所示（注意："ftp>"是提示符，提示符右边的文本是用户输入的内容）。

图 3-4-3　用命令行方式访问 FTP 服务器

2）用浏览器登录 FTP 服务的方法

在客户机的浏览器地址栏中输入"ftp://FTP 服务器的域名或 IP 地址"，可以用匿名方式登录，如图 3-4-4 所示。

图 3-4-4　用浏览器登录 FTP 服务器

3）图形界面的 CuteFTP 的使用

图 3-4-5 所示是 CuteFTP 6.0 启动后的主界面。

图 3-4-5　CuteFTP 6.0 启动后的主界面

（1）设置及连接 FTP 站点。选择右键菜单命令"new"，弹出站点设置对话框，进行相应设置（如图 3-4-6 所示）。

图 3-4-6　CuteFtp 站点设置对话框

单击"Connect"按钮，连接到新设置的 FTP 站点，弹出图 3-4-7 所示的窗口。

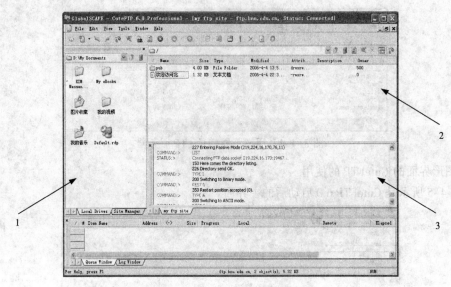

图 3-4-7　CuteFTP 连接 FTP 站点

子窗格 1 显示的是成功登录到该 FTP 站点后的远程文件夹内容，可以双击其中的文件夹切换不同的当前文件夹；子窗格 2 显示的是本地当前文件夹内容；子窗格 3 显示的是 FTP 协议执行的命令及应答过程。

（2）下载文件。在子窗格 1 中切换到目标文件夹，选中目标文件，再在子窗格 2 中切换到存放下载文件的文件夹，最后将远程文件夹中的文件拖到子窗格 2 中。

3.4.3　架设 FTP 服务器

在 Windows 系统中架设 FTP 服务器有很多种方法，本书介绍其中的一种，即用 IIS 配置 FTP 服务。

1．安装 FTP 服务子组件

Windows Server 2003 的"应用服务器"组件中包含了万维网服务，因此要安装该组件。操作步骤参考 3.3.3 节"架设 Web 服务器"的内容，选择"文件传输协议（FTP）服务"即可，如图 3-4-8 所示。

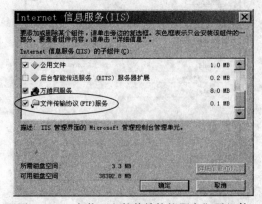

图 3-4-8　安装"文件传输协议服务"子组件

安装完成后，打开"计算机管理"窗口，可以看到在"Internet 信息服务（IIS）管理器"项内增加了"FTP 站点"项，如图 3-4-9 所示。

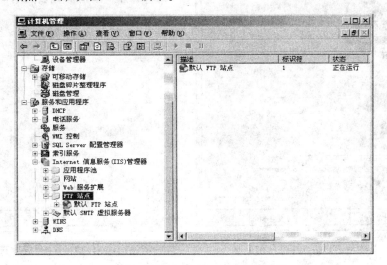

图 3-4-9　安装 FTP 服务成功后的"计算机管理"窗口

2．测试 FTP 站点

在另一台 Windows 计算机的浏览器地址栏中输入新配置的 FTP 服务器的 IP 地址或计算机名，出现如图 3-4-10 所示的界面，表明"默认 FTP 站点"安装成功，可以匿名登录。

图 3-4-10　匿名登录 FTP 服务器

3．配置 FTP 服务的属性

在"计算机管理"窗口（如图 3-4-9 所示）中右击"默认 FTP 站点"，在弹出的快捷菜单中选择"属性"命令，弹出"默认 FTP 站点属性"对话框如图 3-4-11 所示，可以对该 FTP 站点的各个属性进行设置。

1）主目录的设置

在"默认 FTP 站点属性"对话框中选择"主目录"选项卡，如图 3-4-12 所示，可以设置站点资源的内容来源为"此计算机上的目录"和"另一台计算机上的目录"，其含义和设置方法与 3.3.3 节介绍的 Web 网站设置是一样的。

选择"此计算机上的目录"单选按钮，设置"本地路径"为 f:\ftp_test\ftp1，单击"确定"按钮。

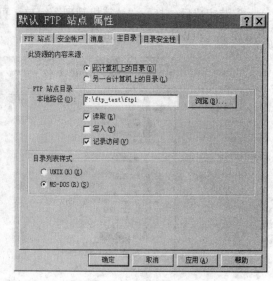

图 3-4-11 "默认 FTP 站点属性"对话框　　　　图 3-4-12 "主目录"选项卡

为了方便练习,在本地磁盘中建立图 3-4-13 所示的文件夹,并复制文件进去。

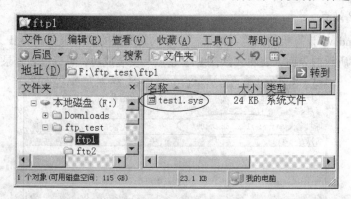

图 3-4-13 FTP 服务器的"主目录"文件夹

当用户在浏览器的地址栏中输入"ftp://192.168.0.100"连接本 FTP 站点时,将会以匿名身份登录,并显示主目录中的文件及子信息目录,如图 3-4-14 所示。

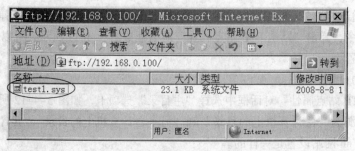

图 3-4-14 匿名登录 FTP 服务器显示主目录中的文件信息

2)站点标识的设置

每台 FTP 服务器都可以配置多个 FTP 站点,为了让客户能识别每个站点,需要设置不同的站点标识。一个 FTP 站点由"IP 地址"和"TCP 端口"二维标识唯一确定。

按图 3-4-15 所示的操作，可以为计算机配置多个 IP 地址，这样就可以将 FTP 站点指定为不同的 IP 地址加以区分了。

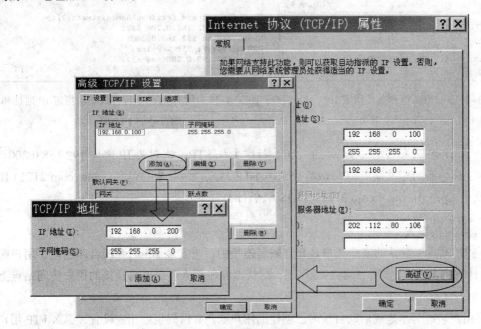

图 3-4-15　一台主机设置多个 IP 地址的操作过程

如图 3-4-16 所示的操作，将"默认 FTP 站点"的 IP 地址设置为另一 IP 地址 192.168.0.200。

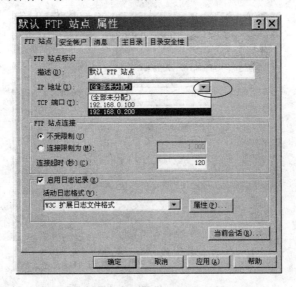

图 3-4-16　设置 FTP 站点的 IP 地址

如果再设置 TCP 端口为 2121，那么用户可以用图 3-4-17 和图 3-4-18 所示的两种方法登录本 FTP 站点。

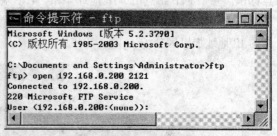

图 3-4-17　用浏览器登录指定 IP
地址和端口号的 FTP 服务器

图 3-4-18　用 DOS 命令行方式登录指定 IP 地址和
端口号的 FTP 服务器

说明： 在 DNS 服务器中（如 water.com）新建主机 FTP，映射为 IP 地址 192.168.0.200，那么在 DNS 服务器的客户端可以用域名登录本 FTP 站点，方法是 ftp://ftp.water.com:2121（IE 浏览器）或者 open ftp.water.com 2121（DOS 命令行）。

3）安全账户的设置

"默认 FTP 站点"默认的安全账户是允许匿名连接的。当安装 IIS 时系统自动创建了用户账户"IUSR_计算机名称"（如图 3-4-19 所示），默认以此账户来代表匿名连接的用户访问站点上的资源。

可以将用户名改为本地或活动目录内已创建的用户账户，密码也做相应设置，那么 FTP 用户利用匿名连接时，系统就用新的用户账户来代表，匿名用户能执行的访问权限就是该用户账户所拥有的权限。

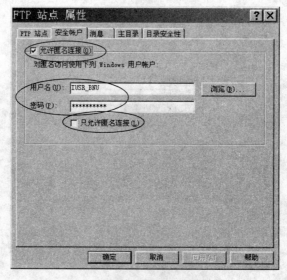

图 3-4-19　设置"安全账户"

如果勾选了"只允许匿名连接"复选框，那么就不允许用正式的用户账户连接 FTP 站点。

系统默认为取消勾选"只允许匿名连接"复选框，所以可以用本地或活动目录内已创建的正式用户账户来登录。例如，本服务器在 3.1.2 节时创建了 candy 用户（密码为"123456"），用户可以按

图 3-4-20 和图 3-4-21 所示的两种方式用系统的本地账户 candy 连接设置了端口号的 FTP 服务器。

图 3-4-20　用本地账户登录 FTP 服务器（DOS 命令行方式）

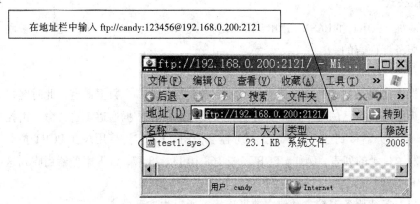

图 3-4-21　用本地账户登录 FTP 服务器（浏览器方式）

说明：如果在 DNS 服务器中将 192.168.0.200 注册为域名 ftp.water.com，那么连接时可以将 IP 地址用域名代替。

"消息"选项卡可以设置用户登录后看到的界面；"目录安全性"选项卡可以设置允许或拒绝某些 IP 的计算机访问本 FTP 站点。

4．创建新的 FTP 站点

在"计算机管理"窗口的控制台树中展开"Internet 信息服务（IIS）管理器"项，右击"FTP 站点"，再依次选择"属性"→"新建"→"FTP 站点"，弹出"欢迎使用 FTP 站点创建向导"窗口，根据此向导，可以很轻松地创建多个 FTP 站点。注意为每个 FTP 站点配置不同的站点标识，便于识别和管理。

3.4.4　FTP 协议和实例分析

1．在 FTP 会话中有两个独立的 TCP 连接

FTP 会话过程中存在两个独立的 TCP 连接：控制连接（Control Connection）和数据连接（Data Ponnection）。

两个连接可以选择不同的合适服务的质量。如对控制连接来说需要更小的延迟时间、对数据连接来说需要更大的数据吞吐量；而且可以避免实现数据流中的命令的通明性及逃逸。

1）控制连接

主要用来传送在实际通信过程中需要执行的 FTP 命令以及命令的响应，只需要很小的网络带宽。FTP 服务器监听端口号 21 来等待控制连接建立请求，建立以后并不立即建立数据连接，而是服务器通过一定的方式来验证客户的身份，以决定是否可以建立数据传输。

2）数据连接

数据连接是等到需要目录列表、需要传输文件时才临时建立的，一旦数据传输完毕，就中断这条临时的数据连接。

在 FTP 连接期间，控制连接始终保持通畅的连接状态。在数据连接存在期间内，控制连接肯定是存在的，一旦控制连接断开，数据连接会自动关闭。

2．FTP 的两种连接模式

FTP 的连接模式有两种：PORT 和 PASV。PORT 模式是一个主动模式，PASV 模式是一个被动模式，这里都是相对于服务器而言的。

1）PORT 模式

当用户要列出服务器上的目录结构命令或传文件时，首先就要建立一个数据通道，此时客户端会发出 PORT 指令告诉服务器自己的哪个端口打开了，可以建立一条数据通道（这个命令由控制信道发送给服务器），当服务器接到这一指令时，服务器会使用 20 端口连接用户在 PORT 指令中指定的端口号，用以发送目录的列表。例如，PORT 192,168,10,111,28,37，告诉服务器当收到这个 PORT 指令后，连接 FTP 客户的 $28 \times 256+37=7205$ 端口。

客户端打开某一端口，等待服务器端主动建立数据连接，所以为主动模式。

2）PASV 模式

用户需要建立一个数据通道时，FTP 客户端发送一个 PASV 的指令，FTP 服务器端应答返回一个已经打开的端口让 FTP 客户端连接上，开始数据传输。例如，FTP 服务器应答为 227 Entering Passive Mode（200,10,211,111,13,113），表明服务器已打开 $13 \times 256+113=3441$ 端口，客户端可以连接这个端口。

服务器端打开某一端口，等待客户端来建立数据连接，所以称为被动模式。

3．FTP 内部命令

在客户端和服务器端交换数据时，使用 FTP 协议所规定的一系列 FTP 命令进行，具体来说，客户端发出以下 FTP 命令，服务器端对每个 FTP 命令至少返回一个响应，这样，既实现了数据传输请求和传输过程的同步，又让用户了解服务器的状态。

客户端发出的 FTP 内部命令简介如下：

- USER name：以 name 为用户名访问 FTP 服务器。
- PASS password：发送口令。
- PWD：显示服务器当前目录名称。
- LIST [pathname]：显示服务器指定（或当前）目录中的文件和目录列表。
- CWD pathname：进入服务器的 pathname 目录中。
- MKD dirname：在服务器当前目录下建立新目录 dirname。

- RETR filename：下载 filename 到本地硬盘的当前目录中。
- STOR filename：上传 filename 到服务器的当前目录中。
- DELE filename：删除服务器中的文件 filename。
- RMD pathname：删除服务器中的目录 pathname。
- PORT h1,h2,h3,h4,p1,p2：指定用于建立数据连接的主机地址和端口号。
- PASV：请求服务器进入被动连接状态。
- QUIT：断开连接，退出登录。

4．FTP 应答

FTP 应答由 3 个数字开始，后面是一些文本。不同的应答码有不同的意义，简介如下：

- 220：服务器准备好了。
- 331：用户名正确，需要口令。
- 230：用户口令正确，登录成功。
- 200：命令成功。
- 150：打开数据连接。
- 226：关闭数据连接，请求文件的操作成功。
- 221：关闭控制连接，可以退出登录。

5．协议实例分析

实例操作：客户端的 IP 是 192.168.0.98，服务器端的 IP 是 192.168.0.88，操作内容是以匿名方式登录到 FTP 服务器，发送 dir 命令查看服务器当前目录中的文件清单，发送 get 命令下载一个文件 index.html，最后发送 quit 命令断开与 FTP 服务器的连接，操作过程如图 3-4-22 所示。

先开启 Sniffer 抓包工具，再完成上述操作，最后关闭抓包，截图如图 3-4-23 和图 3-4-24 所示。

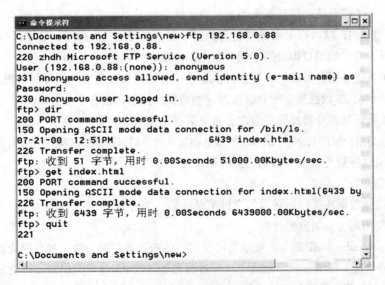

图 3-4-22　从 FTP 服务器下载文件的操作过程

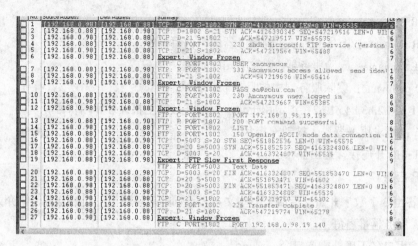

图 3-4-23　从 FTP 服务器下载文件的抓包数据

当用户发出 ftp 192.168.0.88 命令时，即发起了和目标主机的建立控制连接的请求，对应图 3-4-23 中第 1、2、3 帧数据，完成和服务器的三次握手过程。

第 4 帧数据是控制连接建立好后服务器发来的 220 应答，告之服务器是 Windows 操作系统及其主机名等信息。

用户发送用户名及口令，服务器给出相应回答，对应图 3-4-23 的第 6 帧到第 11 帧数据，可以看到抓包数据中 FTP 命令是 USER 和 PASS，FTP 应答是 331 和 230，也可以看到用户名和口令是明文传递的。

用户发送 dir 命令，服务器返回其当前目录的文件清单，这一过程对应图 3-4-23 中第 12 帧到第 26 帧数据，下面仔细分析一下这些数据：

- 第 12 帧到第 15 帧数据是通过控制连接交互的，首先用户发送一个 PORT 命令告诉服务器客户端的 5003 号端口做好了建立连接的准备，服务器返回 200 告之收到且同意，然后用户发送 LIST 命令请求得到服务器当前目录的文件清单，服务器返回 150 告之收到且同意。
- 第 16、17、18 帧数据是服务器发起的建立数据连接的三次握手，其中服务器端的端口号是 20 号，客户端端口即是刚才用户告之的 5003 号端口。
- 第 19 帧数据是服务器通过新建立的数据连接往客户端发送文件清单的数据。
- 第 20 帧到第 23 帧数据是断开这次新建的数据连接的四次握手。
- 第 25 帧数据是服务器发回的告之已传完数据的提示。

小结一下，当用户发送 dir 命令请求得到服务器文件清单时，FTP 协议实际上完成了 4 个步骤：

第 1 步，通过控制连接协商数据连接的端口号及告之一些准备工作已做好。

第 2 步，建立数据连接。

第 3 步，通过数据连接传送请求的文件清单数据。

第 4 步，关闭新建立的数据连接。

用户发送 get index.html 命令，服务器将该文件传送到客户端，这一过程对应图 3-4-24 中第 27 帧到第 46 帧数据。仔细分析会发现，这一过程和上述的 dir 过程类似，不再重复分析。

第 47 帧数据是用户发送的 QUIT 命令。

第 48 帧数据是服务器返回的 221 同意断开的应答。

第 49、50 帧数据关闭 FTP 控制连接。

No.	Source Address	Dest Address	Summary	Le
27	[192.168.0.98]	[192.168.0.88]	Expert: Window Frozen	8
			FTP: C PORT=1802 PORT 192.168 0 98.19,140	
28	[192.168.0.98]	[192.168.0.88]	FTP: R PORT=1802 200 PORT command successful	8
29	[192.168.0.98]	[192.168.0.88]	FTP: C PORT=1802 RETR index.html	7
30	[192.168.0.98]	[192.168.0.88]	FTP: R PORT=1802 150 Opening ASCII mode data connection t	1
31	[192.168.0.88]	[192.168.0.88]	TCP: D=5004 S=20 SYN SEQ=553995224 LEN=0 WIN=65535	6
32	[192.168.0.98]	[192.168.0.88]	TCP: D=20 S=5004 SYN ACK=553995225 SEQ=1484550559 LEN=0 WIN	6
33	[192.168.0.88]	[192.168.0.88]	TCP: D=5004 S=20 ACK=1484550560 WIN=65535	6
34	[192.168.0.88]	[192.168.0.98]	Expert: FTP Slow First Response	1
			FTP: R PORT=5004 Text Data	
35	[192.168.0.88]	[192.168.0.98]	FTP: R PORT=5004 Text Data	1
36	[192.168.0.98]	[192.168.0.88]	TCP: D=20 S=5004 ACK=553998145 WIN=65535	6
37	[192.168.0.88]	[192.168.0.98]	FTP: R PORT=5004 Text Data	1
38	[192.168.0.98]	[192.168.0.88]	TCP: D=20 S=5004 ACK=553999605 WIN=65535	6
39	[192.168.0.88]	[192.168.0.98]	FTP: R PORT=5004 Text Data	1
40	[192.168.0.88]	[192.168.0.98]	FTP: R PORT=5004 Text Data	6
41	[192.168.0.98]	[192.168.0.88]	TCP: D=20 S=5004 ACK=554001665 WIN=65535	6
42	[192.168.0.98]	[192.168.0.88]	TCP: D=20 S=5004 FIN ACK=554001665 SEQ=1484550560 LEN=0 WIN	6
43	[192.168.0.88]	[192.168.0.88]	TCP: D=5004 S=20 ACK=1484550561 WIN=65535	6
44	[192.168.0.88]	[192.168.0.88]	TCP: D=21 S=1802 ACK=547219872 WIN=65180	6
45	[192.168.0.98]	[192.168.0.88]	FTP: R PORT=1802 226 Transfer complete.	6
46	[192.168.0.88]	[192.168.0.88]	TCP: D=21 S=1802 ACK=547219896 WIN=65156	6
47	[192.168.0.88]	[192.168.0.88]	FTP: C PORT=1802 QUIT	6
48	[192.168.0.88]	[192.168.0.88]	FTP: R PORT=1802 221	6
49	[192.168.0.98]	[192.168.0.88]	TCP: D=1802 S=21 FIN ACK=4126330460 SEQ=547219903 LEN=0 WIN	6
50	[192.168.0.88]	[192.168.0.88]	TCP: D=21 S=1802 ACK=547219904 WIN=65149	6

图 3-4-24　从 FTP 服务器下载文件的抓包数据（续）

3.5　MAIL 服务

3.5.1　MAIL 概述

1. 邮件服务系统的主要组成部分

邮件服务系统由 3 部分组成：用户代理、邮件服务器、简单邮件传输协议 SMTP 和邮局协议 POP3，如图 3-5-1 所示。

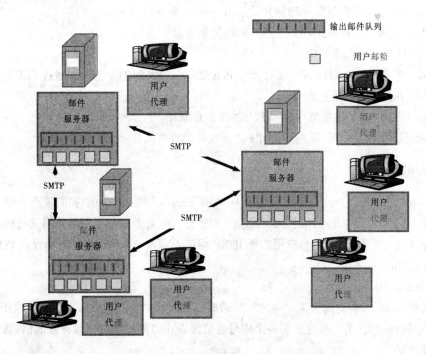

图 3-5-1　邮件服务系统的 3 个组成部分

1）用户代理

又名"邮件阅读器"，主要功能是撰写、编辑和阅读邮件，如 Outlook、Foxmail 等软件，实际上用户代理输出和输入的邮件都保存在 E-mail 服务器上。

2）邮件服务器

主要功能是接收和管理用户发来的邮件，负责维护输出邮件队列保持待发送邮件报文，实现邮件服务器之间的邮件传送，接受用户接收邮件请求并将邮件发送给用户。

3）邮件协议

电子邮件传递可以由多种协议来实现。目前，在 Internet 上主要应用的有两个电子邮件协议：SMTP 和 POP3。用户代理往邮件服务器发送邮件时是基于 SMTP 协议实现的，邮件服务器之间的邮件传递也是基于 SMTP 的，而用户代理从邮件服务器收取邮件时是基于 POP3 协议实现的。

2．情景举例：Alice 给 Bob 发送邮件

Alice 给 Bob 发送一封邮件的过程如图 3-5-2 所示，可以分为 6 个过程。

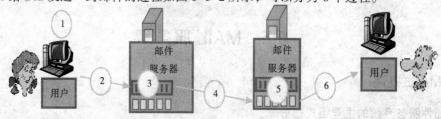

图 3-5-2　发送邮件的过程

（1）Alice 使用用户代理撰写邮件并发送给 bob@someschool.edu。

（2）Alice 的用户代理将邮件发送到她的邮件服务器。

（3）将邮件放在报文队列中。

（4）Alice 的邮件服务器的客户端打开到 Bob 邮件服务器的 TCP 连接，通过 TCP 连接将 Alice 的邮件发送到 Bob 的邮件服务器中。

（5）Bob 的邮件服务器将邮件放到 Bob 的邮箱目录中。

（6）Bob 调用他的用户代理应用 POP3 协议收取邮件并阅读。

3.5.2　MAIL 客户端

Windows 系统下常用的用户代理软件有 Outlook Express 和 Foxmail，我们重点介绍 Foxmail 的使用。目前人们常用的收发邮件的方式是用 IE 浏览器，先登录邮件服务器，再进行邮件的操作，这种收发邮件的方法很常用,而且应用的是 HTTP 协议不是本节所学的 SMTP 协议及 POP 其协议，所以下面介绍 Foxmail 的使用。

1．Foxmail 的账号设置

首次启动 Foxmail 会自动进入"向导"对话框，要求建立新的用户账号，也可以用菜单命令建立多个不同的账号，关键步骤是每一个账号需要设置相应的收发邮件服务器的信息，下面给出具体的设置步骤。

（1）在图 3-5-3 中输入用户申请的 ISP 提供的电子邮件地址和账户名称。

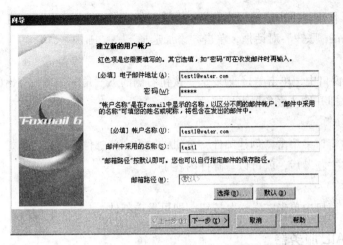

图 3-5-3 Foxmail 账号设置：建立新的账号用户

（2）在图 3-5-4 中输入 ISP 提供的接收邮件服务器和发送邮件服务器的域名。

（3）在图 3-5-5 中做相应设置后，单击"完成"按钮，完成一个账号的设置。

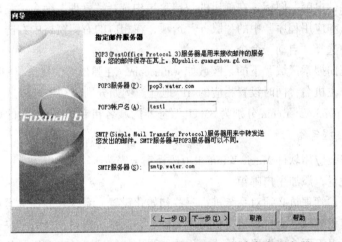

图 3-5-4 Outlook Express 账号设置：指定邮件服务器

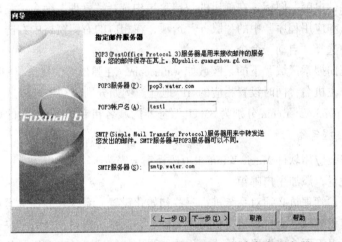

图 3-5-5 Foxmail 账号设置完成

按以下步骤操作可以再次进入用户向导，设置新的账号：选择主菜单中的"工具"→"账户"命令，弹出"Internet 账户"对话框，单击"添加选择"→"邮件"命令。

2. 接收邮件

在 Foxmail 主窗口中，单击"接收/发送"按钮右侧的下三角按钮，在弹出的下拉列表中选择"接收全部邮件"，即开始从服务器上接邮件。

3. 写邮件

在 Foxmail 主窗口中单击"创建邮件"按钮，弹出"新邮件"窗口，填好"收件人"即目标邮箱地址，填好"主题"后，就可以写邮件内容了。

4. 发送邮件

在"新邮件"窗口中单击"发送"按钮，即可发送邮件。

3.5.3 架设 MAIL 服务器

作为 E-mail 服务器的软件有很多，本书重点介绍 Magic Winmail 的使用。

1. 在配置好的 DNS 服务器上，分配 MAIL 网站域名

（1）右击"我的电脑"图标，在弹出的快捷菜单中选择"管理"命令，弹出"计算机管理"窗口，选择"服务和应用程序"中的"服务"选项，在相应的右侧窗格中右击"DNS Server"，在弹出的快捷菜单中选择"启动"命令。

（2）右击"正向搜索区域"下的某区域如 water.com，在弹出的快捷菜单中选择"新建主机"命令，可建立多个主机名，同时设置相应的 IP 地址。例如分别建立主机名为 smtp 和 pop3，则 smtp.water.com 和 pop3.water.com 分别为 SMTP 服务器的域名和 POP3 服务器的域名。

2. 架设 MAIL 服务器

（1）下载并安装应用软件 Magic Winmail（选择完全安装）。

（2）初始化设置，添加用户邮箱。

在安装完成后，管理员必须对系统进行一些初始化设置，系统才能正常运行。服务器在启动时如果发现还没有设置域名会自动运行快速设置向导，用户可以用它来简单快速地设置邮件服务器。当然用户也可以不用快速设置向导，而用功能强大的管理工具来设置服务器。

1）使用快速向导设置 MAIL 服务器

快速设置向导如图 3-5-6 所示。

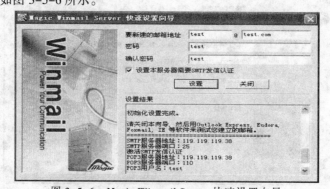

图 3-5-6　Magic Winmail Server 快速设置向导

用户输入一个要新建的邮箱地址及密码，单击"设置"按钮，设置向导会自动查找数据库是否存在要建的邮箱以及域名，如果不存在，则向导会向数据库中增加新的域名和新的邮箱。

为了防止垃圾邮件，建议启用 SMTP 发信认证。启用 SMTP 发信认证后，用户在客户端软件中增加账号时也必须设置 SMTP 发信认证。

2）使用管理工具设置 MAIL 服务器

（1）登录管理端程序：运行 Magic Winmail 服务器程序或双击系统托盘区中的图标，启动管理工具。

（2）在管理工具窗口中，使用用户名 admin 和在安装时设定的密码进行登录。

（3）设置邮件域，如 test.com。使用命令"域名设置"/"域名管理"。

（4）增加邮箱，使用"用户和组"/"用户管理"的"添加"功能加入几个邮箱。

3．测试 MAIL 服务器

以上各项均设置完成后，可以使用常用的邮件客户端软件如 Outlook Express、Foxmail 来测试，"发送邮件服务器（SMTP）"和"接收邮件服务器（POP3）"项中设置为邮件服务器的 IP 地址或主机名，用户名和口令要输入 Magic Winmail 用户管理中设定的用户名和口令。

3.5.4　SMTP 协议、POP3 协议和实例分析

1．SMTP 协议简介

简单邮件传输协议（Simple Mail Transfer Protocol，SMTP）是一个运行在 TCP/IP 之上的协议，用它发送和接收电子邮件。SMTP 服务器在默认端口 25 上监听。SMTP 客户使用一组简单的、基于文本的命令与 SMTP 服务器进行通信。在建立了一个连接后，为了接收响应，SMTP 客户首先发出一个命令来标识它们的电子邮件地址。如果 SMTP 服务器接受了发送者发出的文本命令，它就利用一个 OK 响应和整数代码确认每一个命令。客户发送的另一个命令意味着电子邮件消息体的开始，消息体以一个圆点"."加上回车符终止。

2．SMTP 协议通信模型

SMTP 协议的通信模型并不复杂，主要工作集中在发送 SMTP 和接收 SMTP 上。首先针对用户发出的邮件请求，由发送 SMTP 建立一条连接到接收 SMTP 的双工通信链路，这里的接收 SMTP 是相对于发送 SMTP 而言的，实际上它既可以是最终的接收者也可以是中间的传送者。发送 SMTP 负责向接收方发送 SMTP 命令，而接收 SMTP 则负责接收并反馈应答。可大致用图 3-5-7 所示的通信模型示意图来表示。

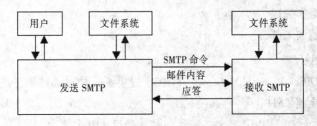

图 3-5-7　SMTP 通信模型

3．SMTP 协议工作原理

SMTP 是个请求/响应协议，命令和响应都是基于 ASCII 文本的，并以 CR 和 LF 符结束，响应包括一个表示返回状态的 3 位数字代码。

服务器端 SMTP 在 TCP 协议 25 号端口监听连接请求，其连接和发送过程如下：

（1）监听到用户的连接请求后，建立 TCP 连接。

（2）客户端发送 HELO 命令以标识发件人自己的身份，然后客户端发送 MAIL 命令，传递发件人地址。

（3）服务器端以 OK 作为响应，表明准备接收。

（4）客户端发送 RCPT 命令，传递接收人地址，可以有多个 RCPT 行。

（5）服务器端则表示是否愿意为收件人接收邮件（同意，返回 250 OK 作为响应）。

（6）协商结束，开始发送邮件，用命令 DATA 发送邮件数据内容。

（7）以<CR><LF>.<CR><LF>表示邮件内容发送结束。

（8）客户端结束此次发送，用 QUIT 命令退出。

4．SMTP 基本命令集

SMTP 的基本命令如下：

- HELO：向服务器标识用户身份。
- MAIL FROM：给出发件人邮箱地址。
- RCPT TO：给出收件人邮箱地址。
- DATA：在单个或多个 RCPT 命令后，表示所有的邮件接收人已标识，并初始化数据传输，以 "." 结束。
- HELP：查询服务器支持什么命令。
- NOOP：无操作，服务器应响应 OK。
- QUIT：结束会话。
- RSET：重置会话，当前传输被取消。

5．SMTP 应答

对 SMTP 协议的每一个命令，服务器都会返回一个应答码，不同的应答码有不同的特定含义。常用的 SMTP 应答码如下：

- 220：服务器服务准备就绪。
- 221：服务正在关闭传输通道。
- 500：命令无法识别。
- 250：要求的操作完成。
- 354：可以开始输入邮件。

6．POP3 协议简介

邮局协议（Post Office Protocol Version3，POP3）提供了一种对邮件消息进行排队的标准机制，这样接收者以后才能检索邮件。

（1）POP3 协议运行在 TCP/IP 之上，并且在默认端口 110 上监听。

（2）在客户机和服务器之间进行了初始的会话之后，基于文本的命令序列可以被交换。

（3）POP3 客户利用用户名和口令向 POP3 服务器认证。

（4）POP3 中的认证是在一种未加密的会话基础之上进行的。

（5）POP3 客户发出一系列命令发送给 POP3 服务器，如请求客户邮箱队列的状态、请求列出的邮箱队列的内容和请求检索实际的消息。

目前，大部分邮件服务器都采用 SMTP 发送邮件，同时使用 POP3 接收电子邮件消息。

7．POP3 工作原理

在 POP3 协议中有 3 种状态，分别为认可状态、处理状态和更新状态。

当客户机与服务器建立联系时，一旦客户机提供了自己身份并成功确认，即由认可状态转入处理状态，在完成相应的操作后客户机发出 QUIT 命令，则进入更新状态，更新之后重返认可状态。

服务器响应由单独的命令行或多个命令行组成，响应第一行以 ASCII 文本+OK 或-ERR 指出相应的操作状态是成功还是失败。

8．POP3 的命令集

POP3 的基本命令如下：

- USER username：向服务器汇报用户名。
- PASS password：给出口令。
- STAT：请求服务器发回邮箱中的邮件总数和总字节数。
- LIST：列出邮件编号和每个邮件的大小。
- RETR n：返回编号为 n 的邮件的内容。
- DELE n：将编号为 n 的邮件标记为删除。
- RSET：撤销 DELE 命令，将所有删除标记取消。
- UPDATE：真正删除有删除标记的邮件。
- TOP n m：显示编号为 n 的邮件的前 m 行内容。
- QUIT：断开与服务器的连接。

9．发送邮件实例分析

【例 1】用 Foxmail 发送邮件，发件人邮箱地址是 test_ys001@sohu.com，口令是 123456，收件人邮箱地址是 test_002@126.com，口令是 123456。Foxmail 运行在 IP 地址为 192.168.0.231 的主机 A 上。图 3-5-8 所示是成功发送邮件的全程抓包图。

图 3-5-8　Foxmail 发送邮件过程的抓包数据

分析

（1）成功发送一封邮件共交互了 31 个数据包，从链路层角度说共是 31 个帧。

（2）Sniffer 将每个帧的关键信息提取出来，按不同的字段显示，从左到右分别是"帧编号"、"源地址"、"目的地址"、"主要内容"等。

（3）第 1 帧到第 3 帧完成了主机 A 主动发起的与 sohu 邮箱服务器 B 的三次握手，建立了 A 的 1177 端口到 B 的 25 端口的 TCP 连接。

（4）三次握手成功后，第 4 帧是服务器发给主机 A 的 SMTP 应答，数据内容是"220 smtp126.sohu.com ESMTP"，表明该服务器提供的是 ESMTP 服务，即发送邮件时需要对用户进行身份认证。

（5）第 5 帧到第 13 帧是用户与服务器的身份认证交互，其中第 10 帧是主机 A 将经过加密的用户名发送给服务器，第 12 帧是将加密过的口令发送给服务器。在 Sniffer 窗口中单击选中这两帧，下部的协议树窗格可以看到加密过的用户名和口令，如图 3-5-9 和图 3-5-10 所示。

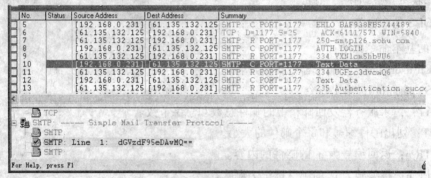

图 3-5-9　Sniffer 协议树窗格中的邮件用户名（加密过的）

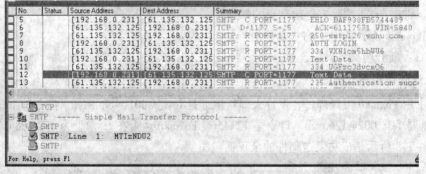

图 3-5-10　Sniffer 协议树窗格中的邮件用户口令（加密过的）

（6）第 14 帧是主机 A 向服务器发出的"MAIL FROM"命令，告之发件人的邮箱地址是 test_yx001@sohu.com；第 15 帧是服务器发来的认可应答。

（7）第 16 帧是主机 A 向服务器发出的"RCPT TO"命令，告之收件人的邮箱地址是 test_yx002@126.com；第 17 帧是服务器发来的认可应答。

（8）第 18 帧是主机 A 向服务器发出的"DATA"命令，表明主机 A 准备往服务器发送邮件内容数据了；第 19 帧是服务器发来的认可应答。

（9）第 20 帧和第 22 帧是主机 A 向服务器发送的邮件数据，具体内容可以在 Sniffer 窗口中单击该帧，在下面的协议树窗口中看到。注意观察第 22 帧的数据内容是表示邮件结束的 <CR><LF>.<CR><LF>。

（10）第 24 帧是服务器发来的表明正确收完邮件的应答。

（11）第 25 帧是主机 A 向服务器发送的“QUIT”命令，表明要断开与服务器的连接。

（12）第 27 帧是服务器发来的同意断开连接的应答。

（13）第 28 帧到第 31 帧是主机 A 和服务器交互进行的四次握手，即断开 TCP 连接。

10. 接收邮件实例分析

【例 2】用 Foxmail 接收邮件，收件人邮箱地址是 test_ys001@sohu.com，口令是 123456。Foxmail 运行在 IP 地址为 192.168.0.231 的主机 A 上。图 3-5-11 所示是成功接收邮件的全程抓包图，分析如下。

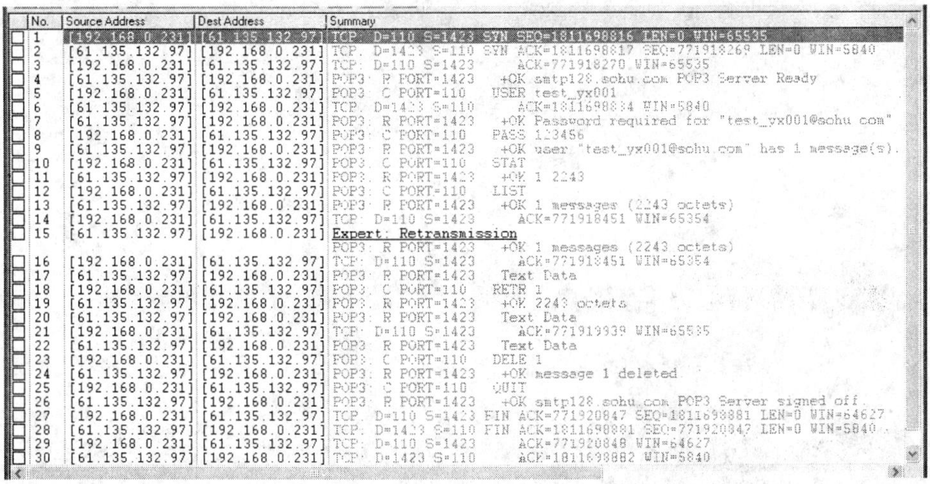

No.	Source Address	Dest Address	Summary
1	[192.168.0.231]	[61.135.132.97]	TCP: D=110 S=1423 SYN SEQ=1811698816 LEN=0 WIN=65535
2	[61.135.132.97]	[192.168.0.231]	TCP: D=1423 S=110 SYN ACK=1811698817 SEQ=771918269 LEN=0 WIN=5840
3	[192.168.0.231]	[61.135.132.97]	TCP: D=110 S=1423 ACK=771918270 WIN=65535
4	[61.135.132.97]	[192.168.0.231]	POP3: R PORT=1423 +OK smtp128.sohu.com POP3 Server Ready
5	[192.168.0.231]	[61.135.132.97]	POP3: C PORT=110 USER test_yx001
6	[61.135.132.97]	[192.168.0.231]	TCP: D=1423 S=110 ACK=1811698834 WIN=5840
7	[61.135.132.97]	[192.168.0.231]	POP3: R PORT=1423 +OK Password required for "test_yx001@sohu.com"
8	[192.168.0.231]	[61.135.132.97]	POP3: C PORT=110 PASS 123456
9	[61.135.132.97]	[192.168.0.231]	POP3: R PORT=1423 +OK user "test_yx001@sohu.com" has 1 message(s).
10	[192.168.0.231]	[61.135.132.97]	POP3: C PORT=110 STAT
11	[61.135.132.97]	[192.168.0.231]	POP3: R PORT=1423 +OK 1 2243
12	[192.168.0.231]	[61.135.132.97]	POP3: C PORT=110 LIST
13	[61.135.132.97]	[192.168.0.231]	POP3: R PORT=1423 +OK 1 messages (2243 octets)
14	[192.168.0.231]	[61.135.132.97]	TCP: D=110 S=1423 ACK=771918451 WIN=65354
15	[61.135.132.97]	[192.168.0.231]	Expert: Retransmission POP3: R PORT=1423 +OK 1 messages (2243 octets)
16	[192.168.0.231]	[61.135.132.97]	TCP: D=110 S=1423 ACK=771918451 WIN=65354
17	[61.135.132.97]	[192.168.0.231]	POP3: R PORT=1423 Text Data
18	[192.168.0.231]	[61.135.132.97]	POP3: C PORT=110 RETR 1
19	[61.135.132.97]	[192.168.0.231]	POP3: R PORT=1423 +OK 2243 octets
20	[61.135.132.97]	[192.168.0.231]	POP3: R PORT=1423 Text Data
21	[192.168.0.231]	[61.135.132.97]	TCP: D=110 S=1423 ACK=771919939 WIN=65535
22	[61.135.132.97]	[192.168.0.231]	POP3: R PORT=1423 Text Data
23	[192.168.0.231]	[61.135.132.97]	POP3: C PORT=110 DELE 1
24	[61.135.132.97]	[192.168.0.231]	POP3: R PORT=1423 +OK message 1 deleted
25	[192.168.0.231]	[61.135.132.97]	POP3: C PORT=110 QUIT
26	[61.135.132.97]	[192.168.0.231]	POP3: R PORT=1423 +OK smtp128.sohu.com POP3 Server signed off.
27	[192.168.0.231]	[61.135.132.97]	TCP: D=110 S=1423 FIN ACK=771920847 SEQ=1811698881 LEN=0 WIN=64627
28	[61.135.132.97]	[192.168.0.231]	TCP: D=1423 S=110 FIN ACK=1811698881 SEQ=771920847 LEN=0 WIN=5840
29	[192.168.0.231]	[61.135.132.97]	TCP: D=110 S=1423 ACK=771920848 WIN=64627
30	[61.135.132.97]	[192.168.0.231]	TCP: D=1423 S=110 ACK=1811698882 WIN=5840

图 3-5-11　Foxmail 接收邮件过程的抓包数据

（1）成功接收一封邮件共交互了 30 个数据包，从链路层角度说共是 30 个帧。

（2）Sniffer 将每个帧的关键信息提取出来，按不同的字段显示，从左到右分别是“帧编号”、“源地址”、“目的地址”、“主要内容”等。

（3）第 1 帧到第 3 帧完成了主机 A 主动发起的与 sohu 邮箱服务器 B 的三次握手，建立了 A 的 1423 端口到 B 的 110 端口的 TCP 连接。

（4）三次握手成功后，第 4 帧是服务器发给主机 A 的 POP3 应答，表明 POP3 服务器已准备好。

（5）第 5 帧到第 9 帧是用户与服务器的身份认证交互，其中第 5 帧是主机 A 告之服务器用户名，第 8 帧是告之口令。可以看到收邮件时用户名和口令的传送是明文的，如果被抓包分析即可获取，所以很不安全。

（6）第 10 帧是主机 A 向服务器发送的“STAT”命令，要求返回邮箱的状况，即总的邮件数和邮件容量；第 11 帧是服务器返回的应答，共 1 封邮件。

（7）第 12 帧是主机 A 向服务器发送的“LIST”命令，要求返回各邮件的编号和大小。

（8）第 13 帧到第 17 帧是服务器返回的应答，表明编号为 1 的邮件大小是 2243 字节（注意：第 15 帧是第 13 帧的重发帧）。

（9）第 18 帧是主机 A 向服务器发送的“RETR 1”命令，要求下载编号为 1 的邮件数据；第 19 帧是服务器返回的认可应答。

（10）第 20 帧到第 22 帧是服务器发来的邮件数据，注意观察最后一帧数据以<CR><LF>.<CR><LF>结束，告诉主机 A 邮件数据结束。

（11）第 23 帧是主机 A 向服务器发出的"DELE 1"命令，要求给编号为 1 的邮件做删除标记；第 24 帧是服务器返回的认可应答。

（12）第 25 帧是主机 A 向服务器发送的"QUIT"命令，表明要断开与服务器的连接。

（13）第 26 帧是服务器发来的同意断开连接的应答。

（14）第 27 帧到第 30 帧是主机 A 和服务器交互进行的四次握手，即断开 TCP 连接。

第4章 Linux 操作系统和常用服务器配置

引 言

自 20 世纪 90 年代初 Linux 出现以后，Linux 技术首先在个人爱好者的圈子里迅速发展起来。此后，随着 Internet 的迅猛发展，以及在 RedHat、Suse 等主要 Linux 发行商的努力和 IBM、Intel、AMD、DELL、Oracle、Sysbase 等国际著名企业的大力支持下，Linux 在服务器端得到了长足的发展，在中、低端服务器市场中已经成为 UNIX 和 Windows 的有力竞争对手，在高端应用的某些方面，如 SMP、Cluster 集群等，已经动摇了传统高级 UNIX 的统治地位。近两年，由于政府上网工程、电子政务、电子商务等的不断发展，Linux 桌面技术也越来越受到用户和厂家的重视。

目前，Linux 技术已经成为 IT 技术发展的热点，投身于 Linux 技术研究的社区、研究机构和软件企业越来越多，支持 Linux 的软件、硬件制造商和解决方案提供商也迅速增加，Linux 在信息化建设中的应用范围也越来越广，Linux 产业链已初步形成，并正在得到持续的完善。

本章以目前使用广泛的 Red Hat 企业版中的 5.2 版（简称为 RHEL 5.2）为例，说明 Linux 系统的基本使用、常用服务器的配置和管理。

内容结构图

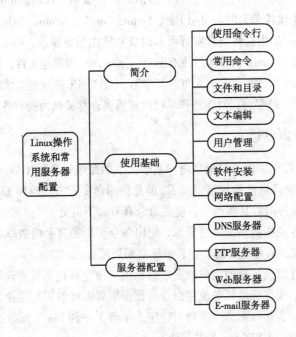

学习目标

● 熟悉 Linux 系统的基本操作方式，掌握常用命令。

- 熟练掌握 Linux 中的文件管理、用户管理、文本编辑、解压缩、文本搜索和网络配置技术。
- 熟悉 RHEL 5.2 下的 DNS、FTP、Web、E-mail 服务器配置方法。

4.1 Linux 操作系统基础

4.1.1 Linux 简介

Linux 最初是由芬兰人 Linus Torvalds 于 1991 年开发出来的，是可以免费使用和自由传播的类 UNIX 操作系统，主要用于基于 Intel x86 系列 CPU 的计算机上。现在这个系统由世界各地的成千上万的程序员一起设计和实现，其目的是建立不受任何商品化软件的版权制约、全世界都能自由使用的 UNIX 兼容产品。

狭义上说，所谓 Linux 实际就是指 Linux 内核。在操作系统中，内核是系统的心脏，是运行程序和管理磁盘、内存和打印机等硬件设备的核心程序，提供了一个在裸设备与应用程序间的抽象层。Linux 内核的开发和规范一直由 Linus Torvalds 领导的开发小组控制着。他们每隔一段时间发布最新的版本或其修订版。目前 Linux 的最新的内核版本为 2.6.56。然而，仅有内核而无应用软件的操作系统是无法使用的。因此，绝大多数基于 Linux 内核的操作系统使用了大量的 GNU 软件，包括了 Shell 程序、工具、程序库、编译器，还有许多其他程序，例如 Emacs。正因为如此，GNU 计划的创立者 Richard Stallman 博士提议将 Linux 操作系统改名为 GNU/Linux。为方便起见，本书将 GNU/Linux 简称为 Linux。

许多公司和社团将 Linux 内核、源代码和相应的应用软件组织成一个完整的操作系统，使普通的用户能够方便地安装和使用它们，这就是所谓的发行版本（Distribution）。目前，各种 Linux 发行版本数百种，其中比较著名的有 Red Hat、Fedora Core、Ubuntu、Debian、SuSE、Gentoo、红旗等。广义上说，Linux 是指这些众多发行版本组成的操作系统家族。

与 UNIX 系统一样，Linux 的基本思想有两点：第一，一切都是文件；第二，每个软件都有明确的用途，同时它们都尽可能被编写得更好。其中第一条详细来讲就是系统中的所有都归结为一个文件，包括命令、硬件、进程等，对于操作系统内核而言，都被视为拥有各自特性或类型的文件。

4.1.2 使用 Linux 命令行

RHEL 5.2 为用户提供了图形桌面环境和基于文本的命令行界面（即 Shell）两种用户界面。尽管 RHEL 5.2 中的桌面环境已经相当完善了，但是使用命令行方式操作 Linux 系统不仅拥有更快的处理速度，而且更加方便。具体而言，使用命令具有如下好处：

- 桌面环境比命令耗损更多的系统资源，使用命令可以提高系统效率。特别是充当服务器角色的 Linux 系统，通常都不需要安装图形桌面环境。
- 桌面环境的设计以满足普通用户的需求为原则。命令行是系统管理员与 Linux 进行交互时最强大的方式。很多日常任务使用命令行比图形界面能够更加迅速地完成。
- 桌面环境不断在变化，而命令则相对稳定。了解了一种 Linux 发行版本的命令，可以很容易地切换到其他的 UNIX/Linux 发行版本。
- 当桌面环境无法启动时，必须使用命令行进行管理。

1. 进入命令行界面

在安装完 RHEL 5.2 后，系统自动进入图形桌面环境。从桌面环境可以很容易地进入命令行终端，例如，在桌面环境的空白处右击，并在弹出的快捷菜单中选择"打开终端"命令；或者选择"应用程序"→"附件"→"终端"命令，如图 4-1-1 所示。另外，也可以使用 PuTTY 等客户端软件从 Windows 系统远程连接到 Linux 系统，输入正确的用户名和口令（密码）后，就可以登录系统了，如图 4-1-2 所示。为了防止口令泄露，输入的口令不会显示在屏幕上。

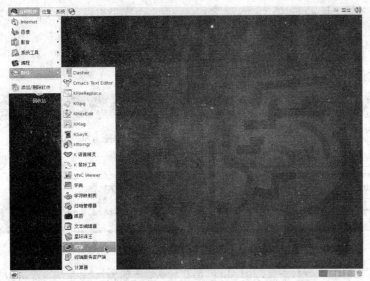

图 4-1-1　打开命令行终端

图 4-1-2　典型的字符终端登录过程

用户登录命令行界面时，它就在和称为 Shell 的命令解释器程序进行通信了。Shell 是 Linux 操作系统的外壳，是命令语言、命令解释程序和程序设计语言的统称，在用户和 Linux 系统进行交互的过程中扮演着重要的角色。当用户用键盘输入一条命令时，Shell 程序将对命令进行解释并完成相应的动作，如执行用户命令或者输出一条错误信息。各种版本的 Linux 使用不同的 Shell 程序，但是绝大部分 Linux 系统默认使用的 Shell 程序是 bash。

Shell 提示界面分为 4 个部分，即当前用户的账号、Linux 主机名称、当前所在的目录和命令提示符。例如，在图 4-1-2 中第 4 行的 "[root@localhost ~]#" 中，当前用户的账号为 "root"，所登录 Linux 系统的主机名称为 "localhost"，而 root 用户当前所在的目录为 "~"，提示符为 "#"。这里波浪符（~）为一个变量，表示用户的根目录（Home Directory）。另外，在 Linux 中，默认情况下 root 的提示符为 "#"，而一般身份用户的提示符为 "$"。

2．在命令行模式下执行命令

用户使用命令行方式登录 RHEL 5.2 后，实际上就进入了默认的 bash 程序。bash 遵循一定的语法将输入的命令加以解释并传给系统。命令行中输入的第一个字必须是命令的名字，第二个字是命令的选项或参数，命令行中的每个字必须由空格隔开，格式如下：

```
[root@localhost ~]# 命令名 [-选项] [参数]
```

1）选项

选项可用于改变命令执行的动作类型，由一个或多个字母组成。为了区别选项和参数，选项的前面有一个"-"符号。例如，使用没有选项的 ls 命令可以列出当前目录中的文件，但不能显示其他更多的信息；而加了"-l"选项的 ls 命令可以列出包含文件类型、权限、大小、修改日期等更多信息的文件和目录列表，如图 4-1-3 所示。

图 4-1-3　不使用选项和使用选项的命令 ls

当需要使用一个命令的多个选项时，可以简化输入。例如，命令"ls -l -a"可以简化为"ls -la"。如果某个选项由多个字符组成，则引用该选项时必须使用"--"符号，以便与简写的多个选项相区别。例如，要查看 ls 命令的简单帮助信息，可以运行如下命令：

```
[root@localhost ~]# ls --help
```

● 注 1：当有多个选项时，各选项之间的顺序不影响命令的执行结果。例如，"ls -l -a"和"ls -a -l"、"ls -al"和"ls -la"是一样的。

● 注 2：符号"-"和"--"是有区别的。例如，"ls -al"表示命令 ls 后面有两个选项，即"a"和"l"，而如果写成"ls --al"，则表示 ls 后面只有一个由两个字符组成的选项，即"al"。

2）参数

大多数命令都可以接纳参数。例如，"ls /tmp"将显示/tmp 目录下的文件，其结果与先进入/tmp 目录，再执行"ls"命令的结果一样。对于同时带有选项和参数的命令，选项通常出现在参数之前，例如：

```
[root@localhost ~]# ls -al /tmp
```

有些命令（如 ls）可以不带参数，而有些命令则需要最小数目的参数。例如在复制文件时，cp 命令至少需要两个参数，即原文件和复制后的目标文件，例如：

```
[root@localhost ~]# cp install.log new.log
```

3．常用技巧

（1）在 Linux 中输入命令时，命令、选项和参数要严格区分大小写。

（2）自动补全。bash 的自动补全功能既可以大大提高命令行的使用效率，又可以减少不必要的输入错误，是 Linux 用户必须掌握的一个基本技巧。所谓自动补全，就是指如果用户输入了命令名、文件名或路径名的一部分，然后按【Tab】键，bash 或者把剩余部分补全，或者给用户一个蜂鸣声。这时，只需要再按一次【Tab】键就可以获得与已输入的那部分匹配的所有命令名、文件名或者路径名列表。

例如在图 4-1-3 中，如果要查看文件 install.log.syslog 的内容，可以输入命令 less in，然后按【Tab】键。由于 root 家目录（~）中文件 install.log 和 install.log.syslog 都可以匹配 in，自动补全功能可以将命令补齐为 less install.log。继续输入命令"less install.log."，然后按【Tab】键，install.log.syslog 文件名就被自动补齐了。

（3）命令历史。为了减少命令的重复输入，bash 提供了命令历史功能，其中：

- 按键盘上的向上键（↑）可以查看前一次输入的命令。
- 按键盘上的向下键（↓）可以查看后一次输入的命令。
- 使用 history 命令可以查看前面输入的多个命令。

history 不仅可以列出最近使用的命令，而且为其增加了编号。使用!n，可以执行其中的第 n 条命令；而使用!-n，则执行倒数第 n 条命令。例如，在图 4-1-4 中，输入!2，将执行第二条历史命令，即"less install.log.syslog"。

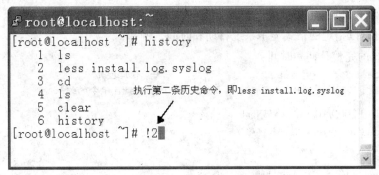

图 4-1-4　使用 history 命令

（4）使用分号（;）可以在一行中输入多个命令，例如，ls; less install.log.syslog。

4. 通配符

通配符是 Linux 系统中的一组特殊字符，能够指代任意不同的字符。使用通配符，可以提高某些命令的使用效率。最常用的通配符有?、*和括在方括号[]中的字符序列。

- ?：可替代任何单个字符。
- *：可替代任意多个字符。
- [charset]：可替代 charset 集中的任何单个字符。

例如：

- a?：表示以 a 开头并且只有两个字符的字符串，如 aa、ab、a1、a2 等。
- a*：表示以 a 开头的任意长度的字符串，如 a、aa、ab、a1、a2、abcd 等。
- a[abcd1234]：表示 aa、ab、ac、ad、a1、a2、a3、a4。

另外，在方括号[]内可以使用连字符（-）来指定字符序列的起始范围和终止范围。例如，a[a-d1-4]与 a[abcd1234]的作用完全相同。

4.1.3 常用命令

在 Linux 中有几千条命令，限于篇幅，本节仅介绍几个常用的命令。

1）清屏命令：clear

```
[root@localhost ~]# clear
```

2）在屏幕上显示文本行：echo

```
[root@localhost ~]# a=3          ← 设置变量 a 的值为 3。等号两边不能有空格
[root@localhost ~]# echo a       ← 在屏幕上输出字符 a
a
[root@localhost ~]# echo $a      ← 在屏幕上输出字符 a 的值（美元符号 $ 表示取值）
3
[root@localhost ~]# echo ~       ← 输出当前目录 ~ 的值
/root
```

3）进行算术运算：let

```
[root@localhost ~]# b=4          ← 给变量 b 赋值
[root@localhost ~]# let c=a+b    ← 将 a+b 的结果赋给变量 c
[root@localhost ~]# echo $c      ← 输出变量 c 的值
7
```

4）查看和设置日期时间：date

date 命令可以以指定的格式显示系统日期和时间，例如：

- 显示系统的完整日期和时间：

```
[root@localhost ~]# date                          ← 不加选项
2009 年 10 月 15 日 星期四 21:49:44 CST           ← date 命令的结果
```

- 显示类似 "2009/10/15" 格式的日期：

```
[root@localhost ~]# date +%Y/%m/%d
2009/10/15
```

- 显示类似 "21:55" 格式的时间：

```
[root@localhost ~]# date +%H:%M
21:55
```

如果想设置日期和时间，需要加上 "–s" 选项，例如，将系统时间设为 "2009–10–16 22:05:15"：

```
[root@localhost ~]# date -s 2009-10-16           ← 设置日期
2009 年 10 月 16 日 星期五 00:00:00 CST
[root@localhost ~]# date -s 22:05:15             ← 设置时间
2009 年 10 月 16 日 星期五 22:05:15 CST
```

5）显示日历：cal

cal 命令用于显示指定月份或年的日历，可以带两个参数，其中年、月份用数字表示；只有一个参数时表示年份；不带参数时显示当前月份的日历，例如：

```
[root@localhost ~]# cal
     十月 2009
 日  一  二  三  四  五  六
                 1   2   3
 4   5   6   7   8   9  10
11  12  13  14  15  16  17
18  19  20  21  22  23  24
25  26  27  28  29  30  31
```

```
[root@localhost ~]# cal 9 2009
     九月 2009
日   一   二   三   四   五   六
             1   2   3   4   5
 6   7   8   9  10  11  12
13  14  15  16  17  18  19
20  21  22  23  24  25  26
27  28  29  30
```

6）输入/输出重定向

在 Linux 中，执行一个命令时通常会自动打开 3 个标准的 I/O，其中，标准输入通常对应终端的键盘；标准输出和标准出错这二者都对应终端的屏幕。进程将从标准输入中得到输入内容，并将执行结果信息输出到标准输出，同时将错误信息送到标准错误中。例如，在前面运行 date 命令时，它的输出结果将显示在屏幕（标准输出）上。

（1）输入重定向（<）。输入重定向就是指把命令的标准输入重定向到指定文件中。也就是说，输入不是来自键盘的，而是来自一个指定的文件。

（2）输出重定向（>）。输出重定向是指把命令的标准输出或标准出错重定向到指定文件中。这样该命令的输出就不显示在屏幕上，而是写入到指定文件中。与输入重定向相比，输出重定向更常用。输出重定向的一般格式为：

命令 > 文件名

例如：

```
[root@localhost ~]# date
2009 年 10 月 29 日 星期四 21:52:23 CST     ← 结果显示在屏幕（标准输出）上
[root@localhost ~]# date > a.txt          ← 结果写到文件 a.txt 中
[root@localhost ~]# cat a.txt             ← 显示文件 a.txt 的内容
2009 年 10 月 29 日 星期四 21:52:42 CST
```

如果"＞"符号后面的文件已经存在，那么该文件的内容将被覆盖。如果要将一条命令的输出结果追加到指定文件的后面，可以使用追加重定向操作符"＞＞"，例如：

```
[root@localhost ~]# cat a.txt
2009 年 10 月 29 日 星期四 21:52:42 CST     ← 文件 a.txt 原来的内容
[root@localhost ~]# date > a.txt          ← 再次使用输出重定向
[root@localhost ~]# cat a.txt
2009 年 10 月 29 日 星期四 22:03:12 CST     ← 新结果替换了原来的内容
[root@localhost ~]# date >> a.txt         ← 使用追加重定向操作符（>>）
[root@localhost ~]# cat a.txt
2009 年 10 月 29 日 星期四 22:03:12 CST
2009 年 10 月 29 日 星期四 22:03:19 CST     ← 新的结果被追加到文件的末尾
```

使用符号"2>"或追加符号"2>>"可以对错误输出进行重定向。此外，还可以使用重定向操作符"&>"将标准输出和标准错误同时写入到同一个文件中，例如：

```
[root@localhost ~]# data                  ← 故意输入错误的命令名
-bash: data: command not found            ← 错误信息显示在屏幕（标准错误）上
[root@localhost ~]# data 2> err.txt       ← 将错误输出重定向到文件 err.txt 中
[root@localhost ~]# cat err.txt
-bash: data: command not found            ← 文件 err.txt 的内容
```

7）管道（|）

管道可以把多个命令连接起来，其中前一个命令的输出会通过管道传给后一个命令，作为后一个命令的输入。使用管道符（|）可以建立一个管道行。例如，在下面的例子中，管道将 cat 命令的输出信息送给 more 命令，而 more 命令将分屏显示这些信息。

```
[root@localhost ~]# cat install.log | more
```

8）获得在线帮助

Linux 系统不仅有几千条命令，而且每个命令通常都带有相当多的选项。为了帮助用户使用这些命令，Linux 系统都安装了相应的联机手册。学会使用这些联机手册，对于 Linux 用户是非常重要的。

（1）man 命令。man 命令可以显示与某个命令、配置文件或其他 Linux 功能有关的帮助信息或者联机文档的内容。例如，如果我们想查看 date 命令的使用方法，可以输入如下命令，其结果如图 4-1-5 所示。

```
[root@localhost ~]# man date
```

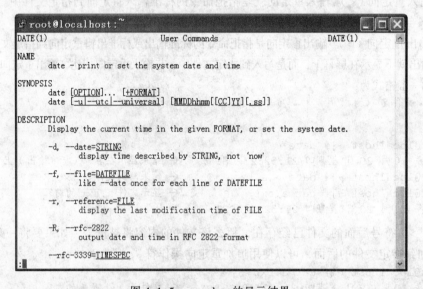

图 4-1-5　man date 的显示结果

man 命令提供了一些交互式控制功能以帮助用户进行查询，这里介绍几个控制联机手册页滚动的常用键：

- 【Space】键：向下翻一页。
- 【Enter】键：向下翻一行。
- b：回滚一屏。
- f：向前滚动一屏。
- q：退出 man 命令。
- /string：向下搜索 string。例如，要搜索 time 的话，就输入/time。
- n：查找下一个字符串的匹配处。
- h：给出滚动浏览功能的描述。

（2）info 命令。GNU 项目的大部分联机手册都以 info 格式发布，阅读此类文档需要使用 info 命令。例如，为了浏览 ls 命令的 info 文档，可以运行如下的命令：

```
[root@localhost ~]# info ls
```

同样，查看 info 页面时，也可以使用几个交互式的命令：

- 【Space】键：向下翻一页。
- n：前往下一个 info 页面处。
- p：前往上一个 info 页面处。
- u：移动到上层结点。
- q：退出 info。

③ 使用命令的 help 选项。如果我们只是想得到命令的简短帮助信息，可以使用命令的 help 选项，例如：

```
[root@localhost ~]# ls -help
```

4.1.4 文件和目录基础

1. Linux 系统的树形目录结构

在 UNIX 和 Linux 系统中，任何软、硬件都被视为文件。目录是一个特殊的文件，是文件或其他命令的容器，一个目录下的另一个目录通常被称为子目录。Linux 采用分层的树状结构来组织和管理文件和目录。在此结构的最上层是根目录，用一个正斜线（/）表示，然后在根目录下再创建其他的目录，例如 bin、dev、home、lib、usr 等。图 4-1-6 所示显示了 Linux 系统的树形目录结构的一个例子，其中目录用椭圆表示，文件用矩形表示。虽然目录的名称可以自定义，但是有些特殊的目录具有重要的功能，因此不可随便将它们更名，以免造成系统错误。安装完 Linux 后，会创建许多系统目录，其中一些重要的目录有：

- /bin：该目录存放着 100 多个 Linux 下常用的命令、工具。
- /dev：该目录存放着 Linux 下所有的设备文件。
- /home：该目录包含系统中一般用户的家目录。每建一个用户，就会在这里新建一个与用户同名的目录，并给该用户一个自己的空间。
- /media：为光盘、闪存盘等外部设备提供默认的挂接点。
- /proc：这是一个虚拟的文件系统，该目录中的文件是内存的映像。通过查看该目录中的文件能够获取有关系统硬件运行的详细信息。
- /sbin：存放着系统级的命令与工具。
- /usr：通常用来安装各种软件的地方。
- /boot：存放系统的内核文件和引导装载程序文件。
- /etc：存放 Linux 系统的大部分配置文件，如网络服务器的配置文件。
- /lib：存放系统的共享文件和内核模块文件。
- /root：root 用户的家目录。
- /var：用来存放一些经常变化的内容，如系统日志、邮件、新闻、打印队列等。
- /lost+found：顾名思义，一些丢失的文件可能在这里找到。

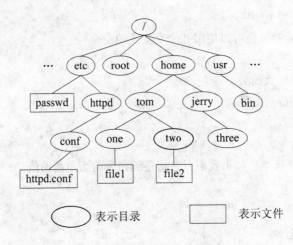

图 4-1-6　Linux 文件系统的部分组织结构

2．特殊目录

1）家目录

Linux 系统上的每个用户都有自己的家目录（Home Directory）。用户登录到系统时，自动处在用户家目录中。通常，普通用户的家目录在/home 下，家目录名与用户名相同；而 root 用户的家目录为/root。在 RHEL 5.2 中，使用波浪符（～）表示当前登录用户的家目录，例如，~account 表示 account 用户的家目录。

2）工作目录

当用户登录 Linux 系统时，会发现自己存在于家目录中，这时可以使用 cd 命令切换到其他目录中，但是无论何时他都是处在某一个目录下，将正在工作的这个目录称为工作目录（Working Directory）或当前目录。

3）. 和 .. 目录

目录中一定有两个目录，即 . 和 .. 目录。它们分别表示用户当前目录和当前目录的上一级目录（父目录）。一个目录可以包含多个文件和多个子目录，但是只能有一个父目录。根目录（/）像其他目录一样，也包含 . 和 .. 目录，但是由于根目录是所有目录的顶层，因此根目录的父目录（..）和它自己（.）是同一个目录。

3．相对路径和绝对路径

许多 Linux 命令的操作对象是文件和目录。由于系统中的文件和目录很多，并且可能有同名的文件名和目录名，因此为了指明要对哪个文件或目录进行操作，需要提供一个路径名作为这个命令的一个参数。路径名代表了遍历树状目录结构找到所需要的文件或目录而经历的路由。理解目录和文件的路径名，对于理解 Linux 文件系统具有重要的作用，它是理解 UNIX/Linux 和所有其他操作系统的基础。Linux 中路径名的写法是列出路径中的每个目录名，并以正斜线（/）隔开，第一个目录前面的斜线代表根目录。路径分为以下两种：

- 绝对路径：给出了文件和目录位置的完全描述，它从目录层次结构的顶端（根目录）开始，即第一个字符是 "/"。
- 相对路径：通常从目录结构中的当前位置开始，而不是从 "/" 开始。

例如，在图 4-1-6 中，设用户 tom 的当前目录为 two，则：

- 目录 two 的绝对路径名为/home/tom/two，相对路径名为.（当前目录）。
- 文件 file2 的绝对路径名为/home/tom/two/file2，相对路径名为 file2 或./file2。
- 文件 file1 的绝对路径名为/home/tom/one/file1，相对路径名为../one/file1。
- 文件 passwd 绝对路径名为/etc/passwd，相对路径名为../../../etc/passwd。

4．文件和目录操作命令

1）ls（列出目录的内容）

（1）功能。ls 是英文单词 list 的简写，其功能为列出目录的内容。这是用户最常用的一个命令，因为用户需要不时地查看某个目录的内容。该命令类似于 DOS 下的 dir 命令。

（2）语法。ls [选项] [目录或者文件]

对于每个目录，该命令将列出其中的所有子目录与文件。对于每个文件，ls 将输出其文件名以及所要求的其他信息。在默认情况下，输出条目按字母顺序排序（升序）。当未给出目录名或是文件名时，就显示当前目录的信息。

（3）常用选项。ls 命令的选项非常多，常用的选项有：

- -a：显示指定目录下所有子目录与文件，包括隐藏文件。
- –A：显示指定目录下所有子目录与文件，包括隐藏文件，但不列出 "." 和 ".."。
- -l：以长格式来显示文件的详细信息，这个选项最常用。
- -p：在目录后面加一个 "/"。
- -i：在输出的第一列显示文件的 inode 值。
- -c：按文件的修改时间排序。
- -r：按字母逆序或最早优先的顺序显示输出结果。
- -R：递归地显示指定目录的各个子目录中的文件。

（4）例如：[root@localhost ~]# ls　← 列出当前目录的内容

anaconda-ks.cfg Desktop install.log install.log.syslog

注：在 RHEL 5.2 中，ls 命令能够显示彩色的目录列表，其中，蓝色表示目录；绿色表示可执行文件；红色表示压缩文件；浅蓝色表示链接文件；黑色表示其他文件。

[root@localhost ~]# ls -a ← 使用-a选项，列出当前目录的所有内容

```
.                   .eggcups            .lesshst
..                  .gconf              .metacity
anaconda-ks.cfg     .gconfd             .nautilus
.bash_history       .gnome              .redhat
.bash_logout        .gnome2             .scim
.bash_profile       .gnome2_private     .tcshrc
.bashrc             .gstreamer-0.10     .Trash
.chewing            .gtkrc-1.2-gnome2   .viminfo
.cshrc              .ICEauthority       .xsession-errors
Desktop             install.log
.dmrc               install.log.syslog
```

注：选项 "a" 可以列出隐藏文件。隐藏文件是以 "." 开头的文件，通常为配置文件。

```
[root@localhost ~]# ls /       ← 列出某个目录的内容
bin   etc   lost+found mnt proc selinux tftpboot var
boot  home  media        net root srv       tmp
dev   lib   misc         opt sbin sys       usr

[root@localhost ~]# ls -l /etc/vsftpd     ← 用-l选项列出详细信息
总计 36
-rw------- 1 root root  125 2007-12-13 ftpusers
-rw------- 1 root root  361 2007-12-13 user_list
-rw------- 1 root root 4397 2007-12-13 vsftpd.conf
-rwxr--r-- 1 root root  338 2007-12-13 vsftpd_conf_migrate.sh
```

2）pwd（显示当前目录的绝对路径名）
```
[root@localhost ~]# pwd
/root     ← 对于 root 用户，当前目录~（家目录）的绝对路径名为/root
```

3）cd（切换目录）

（1）语法：
```
cd [目录名]
```
cd 命令将当前目录改变为所指定的目录。若没有指定目录，则回到用户的主目录。为了改变到指定的目录，用户必须拥有对指定目录的读取和执行权限。

（2）例子：

假设以 root 身份登录到 Linux 系统，并且 xiaoyk 用户的家目录（~xiaoyk）为/home/xiaoyk，root 用户的家目录（~）为/root，则：

```
[root@localhost ~]# cd ~xiaoyk    ← 切换到 xiaoyk 用户的家目录
[root@localhost xiaoyk]# pwd      ← root 用户的当前目录变成 xiaoyk
/home/xiaoyk                      ← xiaoyk 用户家目录的绝对路径名
[root@localhost xiaoyk]# cd ~     ← 切换到 root 用户的家目录（~）
[root@localhost ~]# pwd           ← root 用户的当前目录变成~
/root                             ← root 用户的家目录（~）的绝对路径名为/root
[root@localhost ~]# cd ..         ← 切换到 root 用户家目录的父目录
[root@localhost /]# cd            ← /root 的父目录为/。没有指定目录，表示回到 root 用户家目录
[root@localhost ~]# cd /etc/httpd ← 当前目录变成~（家目录）。切换到用绝对路径表示
                                    的目录中
[root@localhost httpd]# pwd       ← 当前目录变成 httpd
/etc/httpd                        ← 当前目录的绝对路径名
[root@localhost httpd]# cd ../../root ← 切换到用相对路径表示的目录中
[root@localhost ~]#               ← root 用户的当前目录变成~
```

4）mkdir（建立新目录）

（1）功能：mkdir 命令用于创建一个目录。要求创建目录的用户在该目录中具有写权限，并且该目录不能是当前目录中已经存在的目录或文件名称。

（2）语法：

```
mkdir [选项] [目录名]
```

（3）常用选项：

- -m：对新建目录设置访问权限。

- -p：加上此选项后，系统将自动建立那些尚不存在的目录。

（4）例子：

```
[root@localhost ~]# ls
anaconda-ks.cfg Desktop install.log install.log.syslog
[root@localhost ~]# mkdir aaa          ← 创建目录 aaa
[root@localhost ~]# mkdir bbb/ccc      ← 在目录 bbb 下创建目录 ccc
mkdir: 无法创建目录 "bbb/ccc"：没有那个文件或目录  ← 由于当前目录下不存在 bbb，所以
                                                        创建失败
[root@localhost ~]# mkdir -p bbb/ccc   ← 使用-p 选项，先创建 bbb 目录，然后在该目录
                                          下再创建 ccc 目录
[root@localhost ~]# ls
aaa bbb install.log                    ← 新增了 aaa 和 bbb 两个目录
anaconda-ks.cfg Desktop install.log.syslog
[root@localhost ~]# ls bbb             ← 列出目录 bbb 的内容
ccc
```

5）tree 命令（以树状形式列出指定目录下的子目录和文件）

例子：

```
[root@localhost ~]# tree        ← 以树状形式列出当前目录下的子目录和文件
.                               ← 当前目录（.）
|-- Desktop
|-- aaa                         ← 新建的 aaa 目录
|-- anaconda-ks.cfg
|-- bbb                         ← 新建的 bbb 目录
|    `-- ccc                    ← 目录 ccc 为 bbb 的子目录
|-- install.log
`-- install.log.syslog

4 directories, 3 files
```

6）cp 命令（复制文件或目录）

（1）功能。将给出的文件或目录复制到另一文件或目录中，如同 DOS 下的 copy 命令一样。

（2）语法：

```
cp [选项] 源文件或目录 目标文件或目录
```

（3）常用选项：

- -a：通常在复制目录时使用。它保留链接、文件属性，并递归地复制目录。

- -d：复制时保留链接。

- -f：删除已经存在的目标文件而给出不提示信息。

- -i：和 f 选项相反，在覆盖目标文件之前将给出提示，要求用户确认。回答 y 时目标文件将被覆盖，是交互式复制。

- -p：此时 cp 除复制源文件的内容外，还将把其修改时间和访问权限也复制到新文件中。

- **–r**：若给出的源文件是一个目录文件，此时 cp 将递归复制该目录下所有的子目录和文件。此时目标文件必须为一个目录名。
- **–l**：不进行复制，只是链接文件。

（4）例子：

```
[root@localhost ~]# cp /etc/passwd .    ← 将文件/etc/passwd 复制到当前目录下
[root@localhost ~]# cp /etc/passwd 111  ← 将文件/etc/passwd 复制到当前目录下，并
                                          改名为 111
[root@localhost ~]# cp 111 aaa/222      ← 将文件 111 复制到目录 aaa 下，并改名为 222
[root@localhost ~]# cp -r aaa bbb       ← 使用-r 选项将目录 aaa 复制到 bbb 下
[root@localhost ~]# tree
.
|-- 111                                 ← 本例第二条命令在当前目录下增加文件 111
|-- Desktop
|-- aaa
|   `-- 222                             ← 本例第三条命令在目录 aaa 下增加文件 222
|-- anaconda-ks.cfg
|-- bbb
|   |-- aaa                             ← 本例第四条命令在目录 bbb 下增加目录 aaa
|   |   `-- 222
|   `-- ccc
|-- install.log
|-- install.log.syslog
`-- passwd                              ← 本例第一条命令在当前目录下增加文件 passwd

5 directories, 7 files
```

7）mv 命令（移动文件和目录，或重命名）

（1）功能。将文件或目录重命名，或将文件或目录从一个目录移动到另一个目录中。

（2）语法：

```
mv [选项] 源文件或目录 目标文件或目录
```

根据 mv 命令中第二个参数类型的不同（是目标文件还是目标目录），mv 命令将文件重命名或将其移至一个新的目录中。

- 当第二个参数类型是文件时，mv 命令完成文件重命名，此时，源文件只能有一个（也可以是源目录名），它将所给的源文件或目录重命名为给定的目标文件名。
- 当第二个参数是已存在的目录名称时，源文件或目录参数可以有多个，mv 命令将各参数指定的源文件均移至目标目录中。

（3）常用选项：

- **–i**：交互方式操作。mv 操作将导致对已存在的目标文件的覆盖，此时系统询问是否重写，要求用户回答 y 或 n，这样可以避免误覆盖文件。
- **–f**：禁止交互操作。在 mv 操作要覆盖某已有的目标文件时不给任何指示，指定此选项后，i 选项将不再起作用。

如果所给目标文件（不是目录）已存在，此时该文件的内容将被新文件覆盖。为防止用户在不经意的情况下用 mv 命令破坏另一个文件，建议用户在使用 mv 命令移动文件时，最好使用 i 选项。

　　注意，mv 与 cp 的结果不同。mv 好像文件"搬家"，文件个数并未增加，而 cp 对文件进行复制，文件个数增加了。

（4）例子：

```
[root@localhost ~]# mv 111 333    ← 将当前目录下的文件 111 重命名为 333
[root@localhost ~]# mv 333 aaa    ← 将文件 333 移动到目录 aaa 下
[root@localhost ~]# mv bbb ddd    ← 将目录 bbb 重命名为 ddd
[root@localhost ~]# tree

|-- Desktop
|-- aaa
|   |-- 222
|   `-- 333                       ← 本例的前两条命令在目录 aaa 下得到文件 333
|-- anaconda-ks.cfg
|-- ddd                           ← 本例第三条命令将目录 bbb 改名为 ddd
|   |-- aaa
|   |   `-- 222
|   `-- ccc
|-- install.log
|-- install.log.syslog
`-- passwd

5 directories, 7 files
```

8）rm（删除文件或目录）

（1）功能：删除一个目录中的一个或多个文件或目录，也可以将某个目录及其下的所有文件及子目录均删除。

（2）语法：

```
rm [选项] 文件或目录
```

（3）常用选项：

- –f：忽略不存在的文件，强制删除已存在的文件（不给出提示）。
- –r：指示 rm 将参数中列出的全部目录和子目录均递归删除。如果没有使用 –r 选项，则 rm 不会删除目录。
- –i：进行交互式删除（给出提示信息）。

　　使用 rm 命令要格外小心。因为一旦一个文件被删除，它是不能被恢复的。为了防止这种情况的发生，可以使用 rm 命令中的 i 选项来确认要删除的每个文件。如果用户输入 y，文件将被删除。如果输入任何其他东西，文件将被保留。

（4）例子：

```
[root@localhost ~]# ls
aaa anaconda-ks.cfg ddd Desktop install.log install.log.syslog passwd
[root@localhost ~]# rm -rf ddd    ← 删除目录 ddd
[root@localhost ~]# ls
aaa anaconda-ks.cfg Desktop install.log install.log.syslog passwd
```

9）cat 命令（从第一行开始连续显示文件的内容）

例子：

```
[root@localhost ~]# cat /etc/passwd          ← 显示文件/etc/passwd 的内容
root:x:0:0:root:/root:/bin/bash
bin:x:1:1:bin:/bin:/sbin/nologin
…                                            ← 中间省略
tomcat:x:91:91:Tomcat:/usr/share/tomcat5:/bin/sh
xiaoyk:x:500:500::/home/xiaoyk:/bin/bash
[root@localhost ~]# cat -n /etc/passwd       ← 使用-n 选项，将在每行前加上行号
1   root:x:0:0:root:/root:/bin/bash
2   bin:x:1:1:bin:/bin:/sbin/nologin
…                                            ← 中间省略
56  tomcat:x:91:91:Tomcat:/usr/share/tomcat5:/bin/sh
57  xiaoyk:x:500:500::/home/xiaoyk:/bin/bash
```

10）tac 命令（反向显示）

命令 cat 的功能是将"第一行到最后一行连续显示在屏幕上"。命令 tac 是 cat 的反写，因此它的功能是将"最后一行到第一行连续显示在屏幕上"。

例子：

```
[root@localhost ~]# tac  /etc/passwd
xiaoyk:x:500:500::/home/xiaoyk:/bin/bash
tomcat:x:91:91:Tomcat:/usr/share/tomcat5:/bin/sh
…                                            ← 中间省略
bin:x:1:1:bin:/bin:/sbin/nologin
root:x:0:0:root:/root:/bin/bash
```

11）more 命令（分屏显示文件内容）

more 命令可以在屏幕上分页查看文件的内容。当翻页到最后一页时，more 命令会自动退出。使用 more 命令时，有几个按键可以使用：

- 【Space】：向下翻一页。
- 【Enter】：向下翻一行。
- /string：在当前显示的内容中，向下搜索 string。
- :f：立刻显示文件名和当前显示的行数。
- q：退出 more 命令，不再显示该文件的内容。

例子：

```
[root@localhost ~]# more /etc/httpd/conf/httpd.conf
#
# This is the main Apache server configuration file.  It contains the
# configuration directives that give the server its instructions.
…                                            ← 中间省略
#    which responds to requests that aren't handled by a virtual host.
#    These directives also provide default values for the settings
--More--(2%)          ← 显示了文件 httpd.conf 前 2%的内容，按【Space】键可以向下翻一页
```

12）less 命令（分屏显示文件内容）

less 命令的功能类似于 more 命令，但功能更强大。使用 more 时，只能向后翻页，无法向前

翻页；而 less 命令支持向前翻页，同时提供向前和向后搜索功能。

- 【Space】键：向下翻一页。
- 【Enter】键：向下翻一行。
- 【PageDown】键：向下翻一页。
- 【PageUp】键：向上翻一页。
- /string：向下搜索 string。
- ?string：向上搜索 string。
- q：退出 less 命令。

注：cat 和 tac 都是一次性将文件内容显示在屏幕上，而 more 和 less 提供了分页显示的功能。

13）head 命令（显示前几行）

例子：

```
[root@localhost ~]# head /etc/passwd          ← 默认情况下，显示前 10 行
[root@localhost ~]# head -n 5 /etc/passwd      ← 使用-n 选项，指定显示前 5 行
```

14）tail 命令（显示后几行）

例子：

```
[root@localhost ~]# tail /etc/passwd           ← 默认情况下，显示最后 10 行
[root@localhost ~]# head -n 20 /etc/passwd     ← 使用-n 选项，指定显示最后 20 行
```

4.1.5　vi 编辑器

vi 编辑器是所有 UNIX 及 Linux 系统下标准的编辑器，它的强大不逊色于任何最新的文本编辑器，这里只是简单地介绍一下它的用法和一小部分指令，使用户对其有一个初步的认识。由于 UNIX 及 Linux 系统的任何版本对 vi 编辑器的用法基本相同，因此熟练地掌握 vi 编辑器将有助于使用 UNIX 和 Linux。

1. vi 的基本概念

基本上 vi 可以分为 3 种模式，分别为命令模式（Command Mode）、插入模式（Insert Mode）和底行模式（Last Line Mode），各模式的功能区分如下：

- 命令模式：控制屏幕光标的移动，字符、字或行的删除，移动复制某区段，以及进入"插入模式"，或者"底行模式"。
- 插入模式：只有在"插入模式"下，才可以做文字输入，按【Esc】键可回到"命令模式"。
- 底行模式：可以保存文件或退出 vi，也可以设置编辑环境，如寻找字符串、列出行号等。

2. vi 的基本操作示例

1）进入 vi

在系统提示符下输入 vi 及文件名称后，就进入了 vi 全屏幕编辑画面，如图 4-1-7 所示，左下角会显示这个文件的当前状态。如果是新建文件，会显示[New File]；如果是已存在的文件，则会显示文件名、行数与字符数等信息。

```
[root@localhost ~]# vi myscript
```

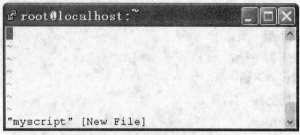

图 4-1-7　利用 vi 打开一个文件

2）按字母【i】切换到"插入模式"，开始编辑文件

进入 vi 之后，将处于"命令模式"。如果想输入文字，需要切换到"插入模式"。在"命令模式"下按一下字母【i】就可以进入"插入模式"。在"插入模式"中，可以看到屏幕左下角会出现-- INSERT --，意味着可以输入任何字符，如图 4-1-8 所示。

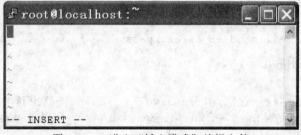

图 4-1-8　进入"插入模式"编辑文件

3）按【Esc】键，回到"命令模式"

在"插入模式"中，可以一直输入文字。编辑完毕后，可以按【Esc】键，退出"插入模式"，返回到"命令模式"中。

4）在"命令模式"下输入:wq 保存文件，并退出 vi

在"命令模式"下，按【:】键，将进入"底行模式"，然后输入 wq，如图 4-1-9 所示，就可以保存所编辑的文件，并退出 vi。这样，就在当前目录下建立了一个文件 myscript。

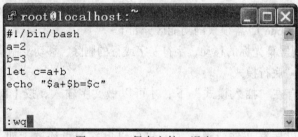

图 4-1-9　保存文件，退出 vi

3. 命令模式下的常用命令

（1）从"命令模式"切换到"插入模式"。

- 新增（append）：
  - ➢ a：从当前光标所在位置的右边开始输入新字符。
  - ➢ A：从当前光标所在行的末尾（行尾）开始输入新字符。
- 插入（insert）：

> ➢ i：从光标当前位置的左边开始输入新字符；
> ➢ I：从当前光标所在行的第一个非空白字符前面（行首）开始输入新字符。
- 开始新行（open）：
  > ➢ o：在当前光标所在行下新增一行，并进入"插入模式"，光标移动到新增行的开头。
  > ➢ O：在当前光标所在行的上方新增一行，并进入"插入模式"，光标移动到新增行的开头。

（2）按【Esc】键，从"插入模式"切换到"命令模式"。

（3）移动光标。

- 可以直接用键盘上的【↑】【↓】【←】【→】键来移动光标，也可以使用小写英文字母 h、j、k、l 分别控制光标左、下、上、右移一格。
- 【Ctrl+B】组合键：屏幕"向上"移动一页。
- 【Ctrl+F】组合键：屏幕"向下"移动一页。
- 【ctrl+U】组合键：屏幕"向上"移动半页。
- 【ctrl+D】组合键：屏幕"向下"移动半页。
- 【0】：移到到光标所在行的"行首"。
- 【^】：移动到光标所在行的"行首"。
- 【$】：移动到光标所在行的"行尾"。
- 【G】：移动到这个文件的最后一行。
- 【nG】：移动到这个文件的第 n 行。例如，20G 则会移动到这个文件的第 20 行。

（4）删除文字。

- 【x】：删除光标所在位置的字符。
- 【nx】：向右连续删除 n 个字符。例如，6x 表示删除光标所在位置及右边的 6 个字符。
- 【X】：删除光标所在位置左边的字符。
- 【nX】：向左连续删除 n 个字符。例如，8X 表示删除光标所在位置左边的 8 个字符。
- 【dd】：删除光标所在行。
- 【ndd】：从光标所在行开始删除 n 行。

（5）复制。

- 【yw】：将光标所在位置到字尾的字符复制到缓冲区中。
- 【nyw】：复制 n 个字到缓冲区。
- 【yy】：复制光标所在行到缓冲区。
- 【nyy】：例如，6yy 表示复制从光标所在行往下数 6 行的文字。
- 【p】：将缓冲区内的字符粘贴到光标所在位置。注意，所有与 y 有关的复制命令都必须与"p"配合才能完成复制与粘贴功能。

（6）替换。

- 【r】：替换光标所在处的字符。
- 【R】：替换光标所到之处的字符，直到按下【Esc】键为止。

（7）撤销操作。

【u】：如果误执行一个命令，可以马上按下字母【u】，回到上一个操作。按多次【u】可以执行多次撤销操作。

（8）更改。
- 【cw】：更改光标所在位置的字到字尾处。
- 【cnw】：例如，【c3w】表示更改 3 个字。

4．底行模式下的常用命令

在使用"底行模式"之前，请先按【Esc】键切换到"命令模式"，然后再按【:】键，即可进入"底行模式"。在底行模式下，可以输入如下命令：

- 保存、退出：
  - ➤ w filename：将编辑的文件以指定的文件名 filename 保存。
  - ➤ wq：保存并退出 vi。
  - ➤ q：不保存，退出 vi。
  - ➤ q!：不存盘，强制退出 vi。
- 跳到文件中的某一行：

n：n 表示一个数字，在冒号后输入一个数字，再按【Enter】键就会跳到该行了，如输入数字 15，再按【Enter】键，就会跳到文件的第 15 行。

- 查找字符：
  - ➤ /string：先按【/】键，再输入想寻找的字符串 string，如果第一次找的字符串不是想要的，可以一直按【n】键会往下寻找所要的字符串。
  - ➤ ?string：先按【?】键，再输入想寻找的字符串 string，如果第一次找的字符串不是想要的，可以一直按【n】键会往上寻找所要的字符串。
- 列出行号：

set nu：输入【set nu】后，会在文件中的每一行前面列出行号。

4.1.6　管理用户和组

1．用户和组的概念

Linux 是一个多用户多任务的网络操作系统，每个用户对应一个账号。账号是用户的身份标识，通过账号用户可以登录到某台计算机上，并且访问已经被授权的资源。RHEL 5.2 安装完成后，系统会建立一些特殊的账号，其中最重要的是超级用户 root。root 用户可以执行所有的系统管理任务。组是具有共同特性的用户的逻辑集合。使用组有利于系统管理员按照用户的特性组织和管理用户。一个用户可以同时是多个组的成员，其中某个组为该用户的起始组（主组），而其他组为该用户的附属组。

Linux 系统使用两个数字标识符来表示用户和组，即用户 ID（UID）和组 ID（GID）。root 用户的 UID 为 0，普通用户的 UID 默认从 500 开始编号。在 Linux 中，创建用户时通常也会创建一个与用户名同名的组，且为该用户的初始组。root 组的 GID 也是 0，而普通组的 GID 通常也是从 500 开始编号。

Linux 系统中的用户账号信息存储在文件/etc/passwd 中，组的信息存储在文件/etc/group 中。为了使口令更安全，一般将用户口令加密后和其他的口令信息一起存放在文件/etc/shadow 中，而组口令信息加密后存储在文件/etc/gshadow 中。

2．管理组

1）groupadd 命令（添加组）

```
[root@localhost ~]# groupadd teacher        ← 创建 teacher 组
```

2）groupdel 命令（删除组）

```
[root@localhost ~]# groupdel teacher        ← 删除 teacher 组
```

3．管理用户账号

1）useradd 命令（添加用户）

可以使用命令 useradd 添加用户。useradd 命令有很多选项，用来设置新用户的一些属性。当不加选项时，系统会新建一个与用户名同名的组，并在/home 目录下新建用户的家目录。例如：

```
[root@localhost ~]# useradd zhao            ← 创建用户 zhao，同时创建组 zhao
[root@localhost ~]# groupadd student        ← 创建 student 组
[root@localhost ~]# useradd -g student qian ← 创建用户 qian，并指定他的初始组为
                                              Student
```

2）passwd 命令（设置或更改口令）

默认情况下，没有设置口令的用户无法登录系统。可以使用 passwd 命令为新建用户设置口令。例如，如果要设置或更改用户 zhao 的口令，可以使用如下命令：

```
[root@localhost ~]# passwd zhao             ← 为用户 zhao 设置口令
Changing password for user zhao.
New UNIX password:                          ← 输入 zhao 的口令，口令不显示在屏幕上
Retype new UNIX password:                   ← 再次输入 zhao 的口令，口令不显示屏幕上
passwd: all authentication tokens updated successfully.
```

使用 passwd 命令设置或修改口令时，系统会要求重复输入口令，并且输入的口令不会显示在屏幕上。通常，输入的口令最好符合下面的要求：

- 口令不与用户账号相同。
- 口令尽量不使用字典里面出现的字符串。
- 口令长度最少为 6 个字符。

3）usemod 命令（修改用户）

usermod 命令的功能非常强大，可以修改用户的 Shell 类型、所归属的组、用户密码的有效期、登录名等。例如：

```
[root@localhost ~]# usermod -g student zhao ← 将 zhao 的初始组改为 student
```

4）userdel 命令（删除用户）

```
[root@localhost ~]# userdel -r qian         ← 使用-r 选项删除用户 qian 及其家目录
```

4．切换用户

使用 su 命令可以从一个用户切换为另一个用户。当 su 后面没有加上用户账号时，默认是切换到 root。当 root 使用 su 切换身份时，并不需要输入口令。另外，使用 su 命令时，最好在其后面加一个减号（–）符号，即使用"su – username"，这样切换到新用户 username 时，会读取该用户的配置文件。

```
[root@localhost ~]# su - zhao               ← 从 root 切换到用户 zhao，不需要输入口令
[zhao@localhost ~]$ pwd                     ← 用户名变成 zhao，且当前目录为 zhao 的家目录
/home/zhao
[zhao@localhost ~]$ su -                    ← 从 zhao 切换到用户 root
passwd:                                     ← 需要输入 root 的口令
[root@localhost ~]# pwd                     ← 用户名变成 root，且当前目录为 root 的家目录
/root
[root@localhost ~]# exit                    ← 注销当前登录，回到 zhao 的登录
```

```
logout
[zhao@localhost ~]$ logout        ← 注销当前登录，回到 root 的登录
[root@localhost ~]#               ← 当前用户为 root
```

5. 注销用户

在命令行模式下，可以使用以下 3 种方式完成注销操作：

- 使用命令 logout。用户只需要在命令提示符后输入 logout 就可以退出系统。
- 使用命令 exit。用户在命令提示符后输入 exit 同样可以退出系统。
- 使用【Ctrl+D】组合键。【Ctrl+D】组合键会提交一个文件结束符以结束键盘输入，如果用户没有进行任何键盘输入，则会注销用户。

4.1.7 文件和目录的属性

文件是操作系统用来存储信息的基本结构，是存储某种介质（硬盘、光盘、闪存盘）上的一组信息的集合，使用文件名来标识。Linux 文件和目录的属性主要包括文件或目录的索引结点（inode）、类型、权限模式、硬链接数量、所归属的用户和用户组、最近访问或修改的时间等内容。使用"ls –l"命令以长格式列目录时，可以看到这些属性信息。例如：

```
[root@localhost ~]# ls -l
总计 96
-rw------- 1 root root    3968    10-16 01:22 anaconda-ks.cfg
drwxr-xr-x 2 root root    4096    10-23 00:41 Desktop
-rw-r--r-- 1 root root   53060    10-16 01:21 install.log
-rw-r--r-- 1 root root    8471    10-16 01:17 install.log.syslog
-rw-r--r-- 1 root root      38    10-25 21:14 myscript
```

在图 4-1-10 所示的结果中，各列的意义如下：

- 第一列：共 10 个字符，其中第 1 个字符表示文件类型，后面 9 个字符表示文件权限。
- 第二列：硬链接个数。
- 第三列：属主。
- 第四列：属组。
- 第五列：文件或目录的大小。
- 第六列和第七列：最后访问或修改时间。
- 第八列：文件名或目录名。

例如，在图 4-1-10 中 myscript 的类型为"–"，权限为"rw-r--r--"，硬链接数为 1 个，属主为 root，属组为 root，大小为 38 字节，最后修改时间为 10 月 25 日 21 点 14 分。

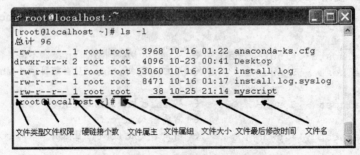

图 4-1-10 文件和目录的属性信息

1. 索引结点（inode）

Linux 为每个文件分配一个称为索引结点（inode）的号码，可以将 inode 简单理解成一个指针，它永远指向本文件的具体存储位置。系统通过索引结点（而不是文件名）来定位每一个文件。

使用 ls 查看某个目录或文件时，如果加上"–i"选项，就可以看到该目录或文件的 inode。例如：

```
[root@localhost ~]# ls -i myscript
3539048 myscript                    ← myscript 的 inode 值为 3539048
```

2. 文件类型

Linux 系统中有 4 种基本的文件类型：

- 普通文件：包括文本文件和二进制文件等。
- 目录文件：Linux 系统把目录当做一种特殊的文件，利用它构成文件系统的树形结构来管理和组织系统中的大量文件。每个目录文件至少包含两个条目，".."表示父目录，"."表示该目录本身。
- 设备文件：Linux 系统把每一个 I/O 设备都看成一个文件，与普通文件一样处理，这样可以使文件与设备的操作尽可能统一。从用户的角度来看，对 I/O 设备的使用和一般文件的使用一样，不必了解 I/O 设备的细节。设备文件可以分为块设备文件和字符设备文件两种。前者的存取是以一个个字符块为单位的，后者则是以单个字符为单位的。
- 链接文件：链接文件分为符号链接（Symbolic Link）和硬链接（Hard Link）两种。前者类似于 Windows 系统中的快捷方式，而后者是 Linux 系统中的特殊文件类型。

使用"ls –l"命令以长格式列目录时，输出信息的每一行的第一列 10 个字符中的第一个字符代表文件类型。其中，"–"表示普通文件，"d"表示目录文件，"b"表示块设备文件，"c"表示字符设备文件，"l"表示符号链接文件。例如，在图 4-1-10 中，Desktop 的类型为目录文件，而 install.log 为普通文件。

硬链接是对原有文件建立的别名。建立硬链接文件后，原文件和硬链接文件实际上是同一个文件，二者具有同样的索引结点。因此，即使删除原文件，硬链接仍然保留原文件的所有信息。使用硬链接时，硬链接和原文件必须在同一个文件系统上，而且不允许为目录创建硬链接。

符号链接也称为软链接，它的工作方式类似于 Windows 系统中的快捷方式。建立符号链接文件后，如果删除原文件，则符号链接文件将指向一个无效的位置，因此符号链接也就失效了。可以跨文件系统建立符号链接，也可以为目录建立符号链接。

使用 ln 命令可以建立链接文件。例如，如果要对当前目录中的文件 myscript 建立硬链接 myscript2 和软链接 myscript3，可以运行如下命令：

```
[root@localhost ~]# ln myscript myscript2
[root@localhost ~]# ln -s myscript myscript3    ← 使用-s 选项创建软链接
[root@localhost ~]# ls -i myscript*
3539048 myscript  3539048 myscript2  3539047 myscript3
```

从上面的结果可以看出，原文件 myscript 和硬链接 myscript2 的 inode 值都为 3539048，因此它们实际上是同一个文件。

3. 文件权限

Linux 是一个多用户的操作系统，出于安全性的考虑，它给每个文件和目录加上了访问权限，严格地规定每个用户的权限。同时，用户可以为自己的文件赋予适当的权限，以保证其他人不能修改和访问。

权限规定了以下 3 种不同类型的用户：

- 属主用户：文件的所有者，用字母 u 表示。
- 属组用户：与文件属主同组的其他用户，用字母 g 表示。
- 其他用户：用字母 o 表示。

访问权限也规定了 3 种访问文件或目录的方式，即读（r）、写（w）和可执行（x）。对于文件而言，这 3 种权限的意义如下：

- 读（r）：可以读取文件的内容。
- 写（w）：可以修改文件的内容。
- 可执行（x）：可以运行该文件。

对于目录而言，这 3 种权限的意义如下：

- 读（r）：可以使用 ls 命令列出目录内容。
- 写（w）：可以创建或删除目录中的文件。
- 可执行（x）：可以使用 cd 命令进入目录。

使用 "ls −l" 命令以长格式显示文件或目录的详细信息时，每一行的第一列的 2~10 个字符表示权限。这 9 个权限位分为 3 组，文件属主、文件属组和其他用户各占 3 个位置。这 3 个位置的顺序是读（r）、写（w）、可执行（x）。如果是没有权限，则为 "−"。

例如，在图 4-1-10 中文件 myscript 的权限为 "rw-r--r--"，如图 4-1-11 所示。那么，属主 root 的权限为可读、可写、不可执行；属组 root 的权限为可读、不可写、不可执行；其他用户的权限为可读、不可写、不可执行。

图 4-1-11　myscript 的权限位

4. 使用 chmod 命令修改文件权限

命令 chmod 是可以改变文件或目录权限，但只有文件的属主和超级用户 root 才有这种权限。通过 chmod 来改变文件或目录的权限有两种方法：一种是通过八进制的语法，另一种是通过助记语法。

1）通过 chmod 八进制语法来改变文件或目录的权限

chmod 的八进制语法就是将每个用户的 3 个权限位分别转换为二进制数，如果有权限则用 1 表示，没有权限则用 0 表示，然后将这个二进制数再转换为八进制数，则为该用户的权限。例如，权限位 rw- 的二进制表示为 110，八进制数为 4+2+0=6。

例子：

```
[root@localhost ~]# ls -l myscript
-rw-r--r-- 2 root root 38 10-25 21:14 myscript
```

其中，属主 root 的权限 rw- 的八进制表示为 6；属组用户的权限 r-- 的八进制表示为 4；其他用户的权限 r-- 的八进制表示为 4，因此文件 myscript 的八进制权限为 644。

使用 chmod 八进制语法来改变文件或目录的权限的语法如下：

```
chmod 八进制表示的权限 文件名
```

例子：

```
[root@localhost ~]# chmod 755 myscript
[root@localhost ~]# ls -l myscript
```

```
-rwxr-xr-x 2 root root 47 10-25 21:39 myscript        ← myscript 的权限为 755
[root@localhost ~]# chmod 644 myscript
[root@localhost ~]# ls -l myscript
-rw-r--r-- 2 root root 47 10-25 21:39 myscript        ← myscript 的权限为 644
[root@localhost ~]# chmod -R 755 Desktop   ← 使用-R 选项可以递归改变指定目录及其下的
                                              所有子目录和文件的权限
```

2）通过 chmod 助记语法来改变文件或目录的权限

chmod 的助记语法相对简单，对文件或目录权限的改变时，是通过比较直观的字符的形式来完成的。chmod 的助记语法如下：

chmod [who][+|-|=][mode] 文件名

其中，

- 操作对象 who 可以是下述字母中的任一个或者它们的组合：
  > u：表示用户（user），即文件或目录的所有者。
  > g：表示同组（group）用户，即与文件属主同组的用户。
  > o：表示其他（others）用户。
  > a：表示所有（all）用户。

- 操作符号可以是：
  > +：添加某个权限。
  > −：取消某个权限。
  > =：赋予给定权限并取消其他所有权限。

- 设置 mode 所表示的权限可用下述字母的任意组合：
  > r：可读。
  > w：可写。
  > x：可执行。

- 文件名：以空格分开的要改变权限的文件列表，支持通配符。

例子：

```
[root@localhost ~]# ls -l myscript
-rw-r--r-- 2 root root 38 10-25 21:14 myscript
[root@localhost ~]# chmod a+x myscript             ← 对 myscript 文件，给所有用户
                                                       增加可执行权限
[root@localhost ~]# ls -l myscript
-rwxr-xr-x 2 root root 38 10-25 21:14 myscript     ← 对 myscript 文件，所有用户都
                                                       有可执行权限（x）

[root@localhost ~]# chmod go-x myscript            ← 对 myscript 文件，去掉同组用户（g）
                                                       和其他用户（o）的可执行权限
[root@localhost ~]# ls -l myscript
-rwxr--r-- 2 root root 38 10-25 21:14 myscript     ← 对 myscript 文件，只有文件属
                                                       主具有可执行权限
```

这里，文件属主 root 对于 myscript 文件具有可执行权限，而当前用户恰好为 root，因此其可以使用如下的命令运行该文件：

```
[root@localhost ~]# ./myscript           ← 执行 myscript 文件，"."表示当前目录
```

```
2+3=5                              ← 执行结果
```

3) 默认权限分配的命令：umask

umask 是通过八进制的数值来定义用户创建文件或目录的默认权限。umask 表示的是禁止权限，不过文件和目录有点不同。

- 对于文件来说，umask 的设置是在假定文件拥有八进制 666 权限上进行的，文件的权限就是 666 减去 umask 的掩码数值。
- 对于目录来说，umask 的设置是在假定目录拥有八进制 777 权限上进行的，目录八进制权限 777 减去 umask 的掩码数值。

例子：

```
[root@localhost ~]# umask 066
[root@localhost ~]# mkdir mydir
[root@localhost ~]# ls -ld mydir              ← 选项 d 可以输出目录的信息
drwx--x--x 2 root root 4096 04-24 15:01 mydir  ← mydir 的权限为 711（777-066）
[root@localhost ~]# date > myfile             ← 使用重定向创建文件 myfile
[root@localhost ~]# ls -l myfile
-rw------- 1 root root  43 10-25 22:22 myfile  ← myfile 的权限为 600（666-066）
```

umask 的掩码值一般都是放在用户相关 Shell 的配置文件中，比如用户家目录下的.bashrc 或.bash_profile，也可以放在全局性的用户配置文件中，比如 /etc/login.defs 还可以放在 Shell 全局的配置文件中，比如/etc/profile、/etc/bashrc 或/etc/csh.cshrc 等。这样，当管理员创建用户时，系统会自动为用户创建文件或目录时配置默认的权限代码。

5. 文件的属主和属组

Linux 是多用户的操作系统，文件的安全性对 Linux 是极为重要的，Linux 的安全性主要表示在用户管理和权限（用户的权限及文件的权限）管理上。

```
[root@localhost ~]# ls -l myscript
-rwxr--r-- 2 root root 47 10-25 21:39 myscript
```

上面的例子表示，文件 myscript 的属主是 root，属组是 root 用户组，而 root 用户所拥有的权限是 rwx，root 用户组拥有的权限是 r--。

可以使用命令 chown 更改文件或目录的属主和属组。chown 的语法如下：

chown [选项]…[属主][:[属组]] 文件名…

例子：

```
[root@localhost ~]# ls -l myscript
-rwxr--r-- 2 root root 47 10-25 21:39 myscript
[root@localhost ~]# chown zhao myscript    ← 将 myscript 的属主改为 zhao 用户
[root@localhost ~]# ls -l myscript
-rwxr--r-- 2 zhao root 47 10-25 21:39 myscript  ← myscript 的属主为 zhao
```

注：只有超级用户才能改变文件的属主。

chown 所接的新属主和新属组之间应该以 "." 或 ":" 连接，属主和属组之一可以为空。如果属主为空，应该是 ":属组"；如果属组为空，就不需要 "." 或 ":" 了。

```
[root@localhost ~]# chown .student myscript  ← 将 myscript 的属组改为 student 组
[root@localhost ~]# ls -l myscript
-rwxr--r-- 2 zhao student 47 10-25 21:39 myscript
[root@localhost ~]# chown root.root myscript  ← 将 myscript 的属主改为 root 用户，
```

属组改为 root 组

```
[root@localhost ~]# ls -l myscript
-rwxr--r-- 2 root root 47 10-25 21:39 myscript
```

chown 提供了–R 选项，这个选项对改变目录的属主和属组极为有用。通过该选项，可以将某个目录下的所有文件和子目录递归更改到新的属主或属组。

```
[root@localhost ~]# cp myfile mydir
[root@localhost ~]# ls -ld mydir        ← 查看 mydir 目录的属性
drwx--x--x 2 root root 4096 10-25 22:58 mydir  ← mydir 的的属主和属组分别为 root
                                                  用户和 root 组
[root@localhost ~]# ls -l mydir         ← 查看 mydir 目录的内容
总计 4
-rw------- 1 root root 43 10-25 22:58 myfile  ← myfile 的的属主和属组分别为 root
                                                  用户和 root 组
[root@localhost ~]# chown -R zhao.student mydir  ← 递归更改 mydir 的属主和属组
[root@localhost ~]# ls -ld mydir
drwx--x--x 2 zhao student 4096 10-25 22:58 mydir  ← mydir 的属主和属组分别为
                                                      zhao 用户和 student 组
[root@localhost ~]# ls -l mydir
总计 4
-rw------- 1 zhao student 43 10-25 22:58 myfile  ← myfile 的属主和属组分别为
                                                     zhao 用户和 student 组
```

4.1.8 文件打包和压缩

用户经常需要备份计算机系统中的数据，为了节省存储空间，常常将备份文件进行压缩。文件压缩可以减少文件大小，这有两个明显的好处，一是可以减少存储空间，二是通过网络传输文件时，可以减少传输时间。Linux 中的很多压缩程序只能针对一个文件进行压缩，如果想要压缩多个文件，就需要先将这些文件打包成一个文件，然后再使用压缩程序进行压缩。

1. 文件压缩和解压缩命令：gzip

gzip 是在 Linux 系统中经常使用的一个对文件进行压缩和解压缩的命令，既方便又好用。gzip 的基本用法如下：

```
[root@localhost ~]# ls
anaconda-ks.cfg Desktop install.log install.log.syslog
[root@localhost ~]# gzip install.log*   ← 压缩
[root@localhost ~]# ls
anaconda-ks.cfg Desktop install.log.gz install.log.syslog.gz
```

注 1：gzip 命令对每个文件单独进行压缩。

注 2：使用 gzip 命令时，原始文件（如上面的 intall.log）在压缩后不存在了。

```
[root@localhost ~]# gzip -d install.log.*   ← 使用选项–d 进行解压
[root@localhost ~]# ls
anaconda-ks.cfg Desktop install.log install.log.syslog
```

2. 打包命令：tar

命令 tar 是 Linux 下最常用的打包命令，可以将多个文件打包成一个文件。使用 tar 程序打出来的包称为 tar 包，通常以.tar 结尾。生成 tar 包后，就可以用其他的程序来压缩了。tar 语法如下：
```
tar [选项] 文件或者目录
```

tar 命令的选项有很多（用 man tar 可以查看到），分为主选项和辅助选项。其中，主选项是必须要有的，它告诉 tar 要做什么事情；辅选项是辅助使用的，可以选用。常用选项如下：

- 主选项：
  - ➢ c：创建新的打包文件。
  - ➢ r：将要打包的文件追加到 tar 包的末尾。
  - ➢ t：列出 tar 包的内容。
  - ➢ u：更新 tar 包中的文件。
  - ➢ x：从 tar 包释放文件。
- 辅助选项：
  - ➢ f：使用 tar 包文件，这个选项通常是必选的。
  - ➢ v：详细报告 tar 处理的文件信息。如无此选项，则 tar 不报告文件信息。
  - ➢ z：用 gzip 来压缩/解压缩文件，加上该选项后可以将档案文件进行压缩，但解包时也一定要使用该选项进行解压缩。

【例1】将用户 root 家目录中的 install.log 和 install.log .sys 打包，打包后的文件名为 install.tar。
```
[root@localhost ~]# ls
anaconda-ks.cfg Desktop install.log install.log.syslog
[root@localhost ~]# tar cf install.tar  install.log*    ← 打包
[root@localhost ~]# ls
anaconda-ks.cfg Desktop install.log install.log.syslog install.tar
```

【例2】将用户 root 家目录中的 install.log 和 install.log .sys 打包，并进行压缩，新生成的文件名为 install.tar.gz。
```
[root@localhost ~]# tar czf install.tar.gz  install.log*   ← 打包并压缩
[root@localhost ~]# ls
anaconda-ks.cfg install.log install.tar
Desktop install.log.syslog install.tar.gz
```

【例3】查看文件 install.tar 和 install.tar.gz 的内容。
```
[root@localhost ~]# tar tf install.tar
install.log
install.log.syslog
[root@localhost ~]# tar tzf install.tar.gz
install.log
install.log.syslog
```

【例4】将 install.tar.gz 解包并解压缩。
```
[root@localhost ~]# rm -f install.log*          ← 出于实验目的，删除原来的文件
[root@localhost ~]# ls
anaconda-ks.cfg Desktop install.tar install.tar.gz
[root@localhost ~]# tar xzf install.tar.gz      ← 解包并解压缩
[root@localhost ~]# ls
anaconda-ks.cfg install.log install.tar
Desktop install.log.syslog install.tar.gz
```

注：使用 tar 命令解包后，原 tar 包（如上面的 intall.tar.gz）仍然存在。

4.1.9　使用 grep 进行文本搜索

grep 命令是一种功能强大的文本搜索工具，它能使用正则表达式搜索文本，并把匹配的行打印出来。grep 的工作方式是这样的，它在一个或多个文件中搜索字符串模板。如果模板包括空格，则必须被引用，模板后的所有字符串被看做文件名。搜索的结果被送到屏幕，不影响原文件内容。grep 命令的语法如下：

```
grep [选项] 模式 文件名
```

grep 的模式涉及非常复杂的正则表达式，这里不详细介绍。常用的选项如下：

- –c：显示匹配的行数（就是显示有多少行匹配了）。
- –n：显示匹配内容所在文档的行号。
- –i：匹配时忽略大小写。
- \：忽略表达式中字符原有含义。
- ^：匹配表达式的开始行。
- $：匹配表达式的结束行。
- \<：从匹配表达式的行开始。
- \>：到匹配表达式的行结束。
- [ ]：单个字符（如[A]，即 A 符合要求）。
- [–]：范围，如[A–Z]表示 A、B、C 一直到 Z 都符合要求。
- .：所有的单个字符。
- *：所有字符，长度可以为 0。

【例1】在文件/etc/httpd/conf/httpd.conf 中查找包含单词 root 的行。

```
[root@localhost ~]# grep root /etc/httpd/conf/httpd.conf
# httpd as root initially and it will switch.
ServerAdmin root@localhost
```

【例2】在文件/etc/httpd/conf/httpd.conf 中查找包含单词 root 的行，并打印行号。

```
[root@localhost ~]# grep -n root /etc/httpd/conf/httpd.conf
221:# httpd as root initially and it will switch.    ← 第 221 行包含 root
251:ServerAdmin root@localhost
```

【例3】在文件/etc/httpd/conf/httpd.conf 中查找以 "#" 开始的行（注释行）。

```
[root@localhost ~]# grep '^#' /etc/httpd/conf/httpd.conf
# Greek-Modern (el) - Hebrew (he) - Italian (it) - Japanese (ja)
# Korean (ko) - Luxembourgeois* (ltz) - Norwegian Nynorsk (nn)
# Norwegian (no) - Polish (pl) - Portugese (pt)
...
```

4.1.10　使用 RPM 软件包

RPM 的全称为 RedHat Package Manager，是 Linux 系统中非常流行的软件管理工具，能够方便地安装、升级和删除 RPM 格式的软件。除此之外，RPM 还可以查看系统已经安装了哪些软件包，查看这些软件包分别安装了什么文件，这些文件又放在了什么地方等。

【例1】查询系统中已安装的 RPM 软件包。

```
[root@localhost ~]# rpm -q httpd    ← 选项 q 表示查询
```

```
httpd-2.2.3-11.el5_1.3                      ← 输出已安装的 httpd 包的包名、版本号和发行号
[root@localhost ~]# rpm -qa                  ← 选项 a 表示查询所有已安装的软件包
glib2-2.12.3-2.fc6
libSM-1.0.1-3.1
libart_lgpl-2.3.17-4
...........
[root@localhost ~]# rpm -ql httpd            ← 选项 l 显示 RPM 包所安装的所有文件的绝对路径
/etc/httpd                                    ← 软件包 httpd 创建了目录 /etc/httpd
/etc/httpd/conf                               ← 软件包 httpd 创建了目录 /etc/httpd/conf
/etc/httpd/conf.d
/etc/httpd/conf.d/README
...
```

【例 2】安装软件包。

```
[root@localhost ~]# rpm -ivh vsftpd-2.0.5-12.el5.i386.rpm
warning: vsftpd-2.0.5-12.el5.i386.rpm: Header V3 DSA signature: NOKEY, key ID
37017186
Preparing...           ########################################### [100%]
   1:vsftpd             ########################################### [100%]
```

在上面的命令中，各选项的意义如下：

- –i：表示要安装 RPM 包，如 vsftpd–2.0.5–12.el5.i386.rpm。
- –v：增加输出信息。
- –h：使用符号"#"显示安装进度条。

【例 3】删除软件包。

```
[root@localhost ~]# rpm -e vsftpd            ← 选项 e 表示删除
```

4.1.11 网络配置

作为一个网络操作系统，RHEL 提供了大量的命令行工具用于网络配置以及测试。

1. ifconfig：查看和配置网卡地址

1）查看当前系统中所有活动网卡的配置

```
[root@localhost ~]# ifconfig                  ← 不加任何选项
eth0 Link encap:Ethernet  HWaddr 00:0C:29:1B:10:67
     inet addr:192.168.1.52  Bcast:192.168.1.255  Mask:255.255.255.0
...
```

在上面的例子中，系统的第一个以太网卡 eth0 的 IP 地址为 192.168.1.52，子网掩码为 255.255.255.0。

2）查看某个网卡的配置

```
[root@localhost ~]# ifconfig eth0            ← 查看 eth0 的配置
```

3）配置某个网卡（如 eth0）的 IP 地址

```
[root@localhost ~]# ifconfig eth0 192.168.1.152 netmask 255.255.255.0
```

4）禁用网卡

```
[root@localhost ~]# ifconfig eth0 down
```

5）启用网卡

```
[root@localhost ~]# ifconfig eth0 up
```

注：用 ifconfig 命令配置的网卡信息，在 Linux 系统重启后，配置就不存在了。要想永久保存这些配置信息，需要修改网卡的配置文件。

2．setup 命令

setup 命令是 RHEL 5.2 中一个文本模式的实用配置工具，可用于配置网络、系统服务、防火墙等。使用 setup 命令配置网卡的方法如下：

运行 setup 命令，在弹出的界面中选择"网络配置"，选择网络设备（如 eth0），然后在图 4-1-12 所示的界面中配置网卡地址即可，最后单击 OK 按钮保存配置信息。

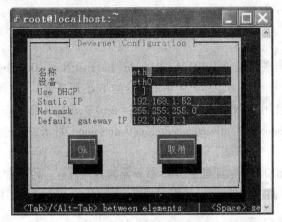

图 4-1-12　使用 setup 命令配置网卡地址

配置完网卡地址后，需要运行如下的命令重新启动网卡，使新地址生效：

```
[root@localhost ~]# service network restart
```

或者：

```
[root@localhost ~]# /etc/init.d/network restart
```

在 RHEL 5 以后，使用 setup 命令不能指定 DNS 服务器的地址。这时，需要手工编辑配置文件/etc/resolv.conf 来设置 DNS 服务器的地址，如图 4-1-13 所示。

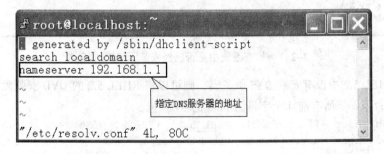

图 4-1-13　编辑配置文件/etc/resolv.conf，设置 DNS 服务器的地址

3．ping 命令

ping 命令是最常用的网络测试工具。它使用 ICMP 协议发送消息数据包给目标主机，并根据收到的回应消息的情况来测试该主机和目标主机之间的网络连接情况。

```
[root@localhost ~]# ping 192.168.1.1
PING 192.168.1.1 (192.168.1.1) 56(84) bytes of data.
64 bytes from 192.168.1.1: icmp_seq=1 ttl=128 time=0.254 ms
```

```
64 bytes from 192.168.1.1: icmp_seq=2 ttl=128 time=1.08 ms
64 bytes from 192.168.1.1: icmp_seq=3 ttl=128 time=0.314 ms
```
← 按【Ctrl+C】组合键，停止发送数据包
```
--- 192.168.1.1 ping statistics ---
3 packets transmitted, 3 received, 0% packet loss, time 2005ms
rtt min/avg/max/mdev = 0.254/0.549/1.080/0.376 ms
```
注：默认情况下，ping 命令会一直向目标主机发送数据包。按【Ctrl+C】组合键，可以停止发送数据包。

4.2 配置 DNS 服务器

Linux 下架设 DNS 服务器是使用 BIND（Berkeley Internet Name Domain）程序来实现的。作为一个开源的软件，BIND 已经成为世界上使用最广泛的 DNS 服务器软件。目前，Internet 上的绝大多数 DNS 服务器都是使用 BIND 来实现的。BIND 的守护进程名称是 named，并通过配置文件 /var/named/chroot/etc/named.conf 和 /var/named/chroot/var/named 目录中的一系列数据库文件实现域名解析。

本节主要介绍在 RHEL 5.2 中配置主 DNS 服务器的具体过程。利用主 DNS 服务器可以实现局域网中的计算机互相通过主机名访问，也可以用来支持 Internet 上的域名解析。

4.2.1 安装 DNS 服务器

使用下面的命令可以查看系统是否已安装了 DNS 服务器：
```
[root@localhost ~]# rpm -q bind
```
命令执行结果如图 4-2-1 所示。可以看出，RHEL 5.2 中安装的 DNS 服务器为 bind-9.3.4-6.P1.el5.rpm。

图 4-2-1 检查系统中是否已经安装了 DNS 服务器

如果在 RHEL 5.2 中没有安装 DNS 服务器，则可以将 RHEL 5.2 的 DVD 安装盘插入光驱，然后使用如下的命令安装所有前 4 个字母为 bind 的 RPM 包。
```
[root@localhost ~]# cd /media/RHEL_5.2\ i386\ DVD/Server
[root@localhost Server]# rpm -vih bind*.rpm
```

4.2.2 安装缓存域名服务器（caching-nameserver）

在 RHEL 5.2 中，默认情况下没有缓存域名服务器，因此在安装了上述 BIND 软件后，需要使用 RHEL 5.2 的 DVD 安装盘，用如下的命令安装该服务器：
```
[root@localhost ~]# cd /media/RHEL_5.2\ i386\ DVD/Server
[root@localhost Server]# rpm -vih caching-nameserver-9.3.4-6.P1.el5.i386.rpm
```
注：对于 RHEL 5 以下的版本（如 RHEL 4.6）可以省略这一步。

4.2.3 配置主 DNS 服务器

假设想创建的区域名称为 abc.com, 装有 BIND 服务器的 Linux 系统的 IP 地址为 192.168.1.52, 域名为 dns.abc.com。现在需要为主机 192.168.1.2 上的 WWW 服务器配置一个域名 www.abc.com, 为主机 192.168.1.3 上的 FTP 服务器配置一个域名 ftp.abc.com, 具体步骤如下:

（1）进入 BIND 服务器的主配置文件所在的目录/var/named/chroot/etc/:

```
[root@localhost Server]# cd /var/named/chroot/etc/
[root@localhost etc]# ls
localtime  named.caching-nameserver.conf  named.rfc1912.zones  rndc.key
```

在图 4-2-2 中, 可以看到在/var/named/chroot/etc/下的几个主要的配置文件, 但是没有看到 BIND 服务器的主配置文件 named.conf。

```
root@localhost:/var/named/chroot/etc
[root@localhost Server]# cd /var/named/chroot/etc/
[root@localhost etc]# ls
localtime  named.caching-nameserver.conf  named.rfc1912.zones  rndc.key
[root@localhost etc]#
```

图 4-2-2 切换到/var/named/chroot/etc 目录

（2）创建 BIND 服务器的主配置文件 named.conf。

使用下面的命令复制文件 named.caching-nameserver.conf 为 named.conf。

```
[root@localhost etc]# cp -p named.caching-nameserver.conf named.conf
```

注：使用选项 p, 在复制时可以保持属性（模式、所有者和时间戳等）和安全上下文等信息不变。

（3）修改主配置文件 named.conf, 允许 DNS 服务器接收来自其他主机的域名解析请求。

```
[root@localhost etc]# vi named.conf      ← 编辑主配置文件 named.conf
```

修改后的 named.conf 的内容如下, 其中被修改的地方加粗显示, 并增加了相应的注释:

```
options {
      listen-on port 53 { any; };        ← 允许监听任何主机的请求（原为 127.0.0.1）
      listen-on-v6 port 53 { ::1; };
      directory "/var/named";
      dump-file "/var/named/data/cache_dump.db";
      statistics-file "/var/named/data/named_stats.txt";
      memstatistics-file "/var/named/data/named_mem_stats.txt";
      query-source    port 53;
      query-source-v6 port 53;
      allow-query { any; };     ← 允许任何主机进行查询（原为 localhost）
};
logging {
        channel default_debug {
                file "data/named.run";
                severity dynamic;
        };
};
view localhost_resolver {
      match-clients          { any; };  ← 匹配任意的客户端（原为 localhost）
      match-destinations { any; };    ← 匹配任意的目的地（原为 localhost）
      recursion yes;
      include "/etc/named.rfc1912.zones";
};
```

（4）创建正向解析区域 abc.com 和反向解析区域 1.168.192.in-addr.arpa。

编辑配置文件 named.rfc1912.zone，在其最后加入正向和反向两个解析区域，内容如下：

```
[root@localhost etc]# vi named.rfc1912.zones


// named.rfc1912.zone 前面的内容省略
zone "0.in-addr.arpa" IN {
     type master;
     file "named.zero";
     allow-update { none; };
};                                ← 上面 5 行为原来的内容，下面为新加的内容
zone "abc.com" IN {               ← 正向解析区
    type master;
    file "abc.com.zone";          ← 指定正向解析的区文件
    allow-update { none; };
};
zone "1.168.192.in-addr.arpa" IN {  ← 反向解析区
    type master;
    file "abc.com.rev";           ← 指定反向解析的区文件
    allow-update { none; };
};
```

图 4-2-3 所示为修改后的 named.rfc1912.zone 最后一部分代码的截图。可以看出，在这个配置文件中，分别为两个区域引用了两个新的区文件 abc.com.zone 和 abc.com.rev。

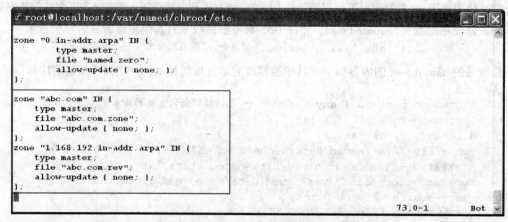

图 4-2-3　修改后的 named.rfc1912.zone 最后一部分代码的截图

（5）为正向解析区域 abc.com 创建区文件 abc.com.zone。

● 切换到区文件所在的目录/var/named/chroot/var/named/：

```
[root@localhost etc]# cd /var/named/chroot/var/named/
```

● 创建区文件 abc.com.zone：

```
[root@localhost named]# vi abc.com.zone
```

区文件 abc.com.zone 内容如下，如图 4-2-4 所示。

```
$TTL    86400
@       IN SOA  abc.com. root.abc.com. (
        2009103001  ; serial (d. adams)
        3H          ; refresh
        15M         ; retry
```

```
             1W              ; expiry
             1D )            ; minimum

          IN NS         dns.abc.com.          ← 指定 DNS 服务器的域名
dns       IN A          192.168.1.52          ← 配置 DNS 主机的 IP 地址
www       IN A          192.168.1.2           ← 配置 WWW 主机的 IP 地址
ftp       IN A          192.168.1.3           ← 配置 FTP 主机的 IP 地址
```

注 1：每个域名后有一个句点号“.”(如 dns.abc.com.)。该句点号实际上表示域名服务器的根域。

注 2：在文件 abc.com.zone 中，使用分号（;）表示注释。

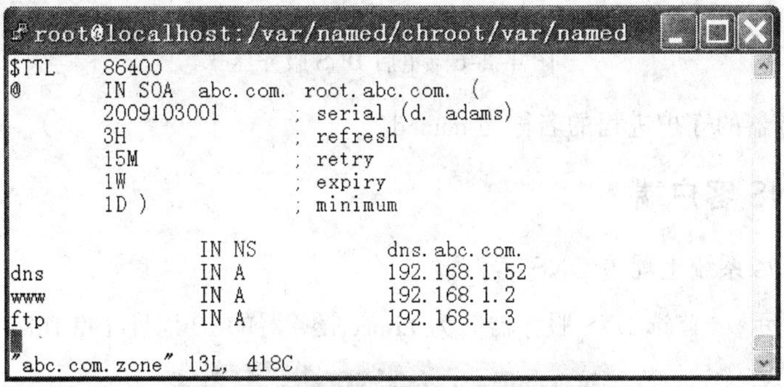
root@localhost:/var/named/chroot/var/named

```
$TTL    86400
@       IN SOA  abc.com. root.abc.com. (
        2009103001      ; serial (d. adams)
        3H              ; refresh
        15M             ; retry
        1W              ; expiry
        1D )            ; minimum

             IN NS        dns.abc.com.
dns          IN A         192.168.1.52
www          IN A         192.168.1.2
ftp          IN A         192.168.1.3

"abc.com.zone" 13L, 418C
```

图 4-2-4　区文件 abc.com.zone 的内容

（6）为反向解析区域 1.168.192.in-addr.arpa 创建区文件 abc.com.rev：

```
[root@localhost named]# vi abc.com.rev
```

区文件 abc.com.rev 内容如下，如图 4-2-5 所示。

```
$TTL    86400
@         IN      SOA     abc.com. root.abc.com.  (
                  2009103001          ; serial (d. adams)
                  3H                  ; refresh
                  15M                 ; retry
                  1W                  ; expiry
                  1D )                ; minimum

          IN      NS          dns.abc.com.
52        IN      PTR         dns.abc.com.
2          IN     PTR      www.abc.com.
3          IN     PTR      ftp.abc.com.
```

注：最后 3 行中第 1 列的 52、2、3 分别表示 IP 地址 192.168.1.52、192.168.1.2 和 192.168.1.3 的最后一个数。

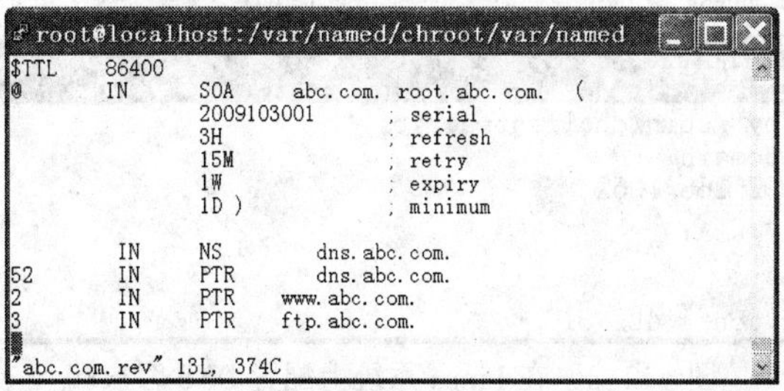
root@localhost:/var/named/chroot/var/named

```
$TTL    86400
@       IN      SOA     abc.com. root.abc.com.  (
                2009103001      ; serial
                3H              ; refresh
                15M             ; retry
                1W              ; expiry
                1D )            ; minimum

        IN      NS         dns.abc.com.
52      IN      PTR        dns.abc.com.
2       IN      PTR     www.abc.com.
3       IN      PTR     ftp.abc.com.

"abc.com.rev" 13L, 374C
```

图 4-2-5　区文件 abc.com.rev 的内容

4.2.4 重新启动 DNS 服务器

使用如下命令重启 DNS 服务器，结果如图 4-2-6 所示。

```
[root@localhost named]# cd
[root@localhost named]# service named restart
```

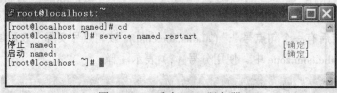

图 4-2-6　重启 DNS 服务器

注：DNS 服务器的守护进程的名称为 named。

4.2.5 配置 DNS 客户端

1. 在 Windows 系统上配置 DNS 客户端

如图 4-2-7 所示，"首选 DNS 服务器"为 Linux 服务器的 IP 地址 192.168.1.52。

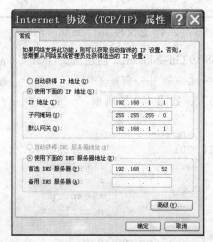

图 4-2-7　在 Windows 系统上配置 DNS 客户端

2. 在 Linux 系统上配置 DNS 客户端

修改 DNS 客户端配置文件/etc/resolv.conf，将 nameserver 的 IP 地址改为 192.168.1.52。修改后的文件内容如图 4-2-8 所示。

```
[root@localhost named]# vi /etc/resolv.conf
```

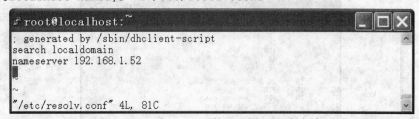

图 4-2-8　在 Linux 系统上配置 DNS 客户端

4.2.6 使用 nslookup 命令测试 DNS 服务

nslookup 命令是 Windows 和 Linux 系统上自带的 DNS 服务的主要诊断工具，可以诊断和解决名称解析问题、检查资源记录是否在区域中正确添加或更新以及排除其他服务器相关问题。

1．在 Windows 系统上测试 DNS 服务

正向和反向解析的测试结果如图 4-2-9 所示。

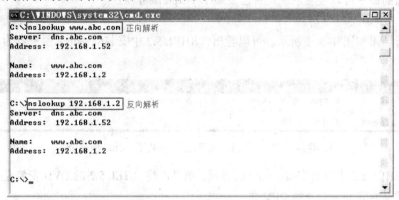

图 4-2-9　在 Windows 系统上测试 DNS 服务

2．在 Linux 系统上测试 DNS 服务

正向和反向解析的测试结果如图 4-2-10 所示。

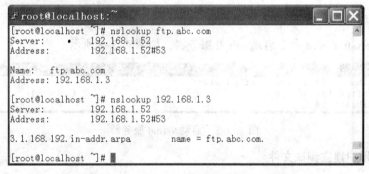

图 4-2-10　在 Linux 系统上测试 DNS 服务

4.3　配置 FTP 服务器

Linux 下有很多可用的 FTP 服务器，其中比较流行的有 wu-ftp、vsftpd 等。vsftpd 是一种在 UNIX/Linux 中非常安全且快速稳定的 FTP 服务器，目前已经被许多大型站点所采用，如 ftp.redhat.com、ftp.kde.org、ftp.gnome.org 等。例如，在稳定性方面，vsftpd 可以支持 4000～15000 个并发用户同时连接。本节以 vsftpd 为例，讲解如何在 RHEL 5.2 上配置 FTP 服务器。

vsftpd 支持以下 3 种类型的用户：

- 匿名用户：用户在 FTP 服务器上没有账号，登录目录为/var/ftp。
- 本地用户：用户在 FTP 服务器上拥有账号，且该账号为 Linux 系统上的本地用户账号。本地用户可以通过输入自己的账号和口令进行登录，登录目录为自己的家目录。例如，本地

用户 zhao 登录 FTP 服务器后，将位于目录/home/zhao 中。

● 虚拟用户：用户在 FTP 服务器上拥有账号,但该账号保存在数据库文件或数据库服务器中,只能用于文件传输服务。登录目录为某一指定的目录,通常可以上传和下载。

4.3.1 安装 vsftpd 服务器

使用下面的命令可以查看系统是否已安装了 vsftpd 服务器：

```
[root@localhost ~]# rpm -q vsftpd
```

命令执行结果如图 4-3-1 所示。可以看出，RHEL 5.2 中安装的 vsftpd 服务器为 vsftpd-2.0.5-12.el5.rpm。

图 4-3-1　检查系统中是否已经安装了 vsftpd 服务器

如果在 RHEL 5.2 中没有安装 vsftpd 服务器，则可以将 RHEL 5.2 的 DVD 安装盘插入光驱，然后使用如下的命令安装 vsftpd 的 RPM 包：

```
[root@localhost ~]# cd /media/RHEL_5.2\ i386\ DVD/Server/
[root@localhost Server]# rpm -vih vsftpd-2.0.5-12.el5.i386.rpm
```

4.3.2 测试 vsftpd 服务器的默认配置

1. 启动 vsftpd 服务器

使用 service vsftpd start 命令启动 vsftpd 服务器，如图 4-3-2 所示。

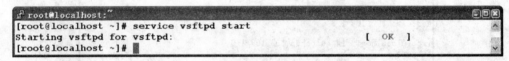

图 4-3-2　启动 vsftpd 服务器

2. 为匿名用户建立测试文件

由于匿名用户的登录目录为/var/ftp，因此在/var/ftp/pub 目录下创建一个名为 test.txt 的文件，内容为 "This is a test file"，如图 4-3-3 所示。

```
[root@localhost ~]# cd /var/ftp          ← 进入匿名用户的登录目录
[root@localhost ftp]# ls
pub                                       ← pub 目录原来存在
[root@localhost ftp]# cd pub
[root@localhost pub]# vi test.txt
```

图 4-3-3　建立测试文件

3. 测试 vsftpd 服务器（匿名用户）

设 vsftpd 服务器所在主机的 IP 地址为 192.168.1.52，则在 Windows 系统命令行下使用 FTP 客户端可以连接到该服务器，然后可以匿名身份（Anonymous）登录，如图 4-3-4 所示。

```
C:\>ftp 192.168.1.52                    ← 连接到 FTP 服务器
Connected to 192.168.1.52.
220 (vsFTPd 2.0.5)
User (192.168.1.52:(none)): anonymous   ← 匿名用户登录
331 Please specify the password.
Password:                               ← 匿名用户的口令为空
230 Login successful.
ftp> dir                                ← 查看目录(/var/ftp)的内容
200 PORT command successful. Consider using PASV.
150 Here comes the directory listing.
drwxr-xr-x    2 0        0            4096 Oct 30 15:11 pub  ← 存在目录 pub
226 Directory send OK.
ftp: 收到 61 字节, 用时 0.02Seconds 3.81Kbytes/sec.
ftp> cd pub                             ← 切换到目录 pub
250 Directory successfully changed.
ftp> dir                                ← 查看 pub 目录的内容
200 PORT command successful. Consider using PASV.
150 Here comes the directory listing.
-rw-r--r--    1 0        0              20 Oct 30 15:11 test.txt  ← 存在 test.txt
226 Directory send OK.
ftp: 收到 66 字节, 用时 0.00Seconds 66000.00Kbytes/sec.
ftp> get test.txt                       ← 下载文件 test.txt
200 PORT command successful. Consider using PASV.
150 Opening BINARY mode data connection for test.txt (20 bytes).
226 File send OK.                       ← 下载成功
ftp: 收到 20 字节, 用时 0.00Seconds 20000.00Kbytes/sec.
ftp> put test2.txt                      ← 上传 Windows 本地的文件 test2.txt
200 PORT command successful. Consider using PASV.
550 Permission denied.                  ← 上传失败
ftp>
```

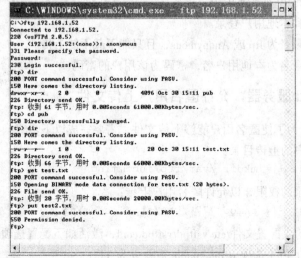

图 4-3-4　匿名用户可以下载，但不能上传

4．测试 vsftpd 服务器（本地用户）

设 vsftpd 服务器所在主机的 IP 地址为 192.168.1.52，则在 Windows 系统的命令行下使用 FTP 客户端可以连接到该服务器，然后可以本地用户（如 zhao）登录。测试过程如下：

```
C:\>ftp 192.168.1.52                        ← 连接到 FTP 服务器
Connected to 192.168.1.52.
220 (vsFTPd 2.0.5)
User (192.168.1.52:(none)): zhao             ← 本地用户 zhao 登录
331 Please specify the password.
Password:                                    ← 输入用户 zhao 的口令
230 Login successful.
ftp> dir                                     ← 查看目录（/home/zhao）内容
200 PORT command successful. Consider using PASV.
150 Here comes the directory listing.
226 Directory send OK.                       ← 目录/home/zhao 为空
ftp> put test2.txt                           ← 上传 Windows 上的文件 test2.txt
200 PORT command successful. Consider using PASV.
150 Ok to send data.
226 File receive OK.                         ← 上传成功
ftp: 发送 19 字节，用时 0.00Seconds 19000.00Kbytes/sec.
ftp> dir                                     ← 查看目录/home/zhao 内容
200 PORT command successful. Consider using PASV.
150 Here comes the directory listing.
-rw-r--r--   1 502        502          19 Oct 30 16:06 test2.txt  ← 刚才上传的文件
226 Directory send OK.
ftp: 收到 67 字节，用时 0.00Seconds 67000.00Kbytes/sec.
ftp> get test2.txt                           ← 下载 test2.txt
200 PORT command successful. Consider using PASV.
150 Opening BINARY mode data connection for test2.txt (19 bytes).
226 File send OK.                            ← 下载成功
ftp: 收到 19 字节，用时 0.01Seconds 1.27Kbytes/sec.
ftp>
```

5．vsftpd 服务器的默认配置小结

- 允许匿名用户和本地用户登录。
- 匿名用户的登录名为 ftp 或 Anonymous，且只能下载不能上传。
- 本地用户的登录名为本地用户名，密码为该用户的密码。

4.3.3 配置 vsftpd 服务器，允许匿名用户上传文件

在 RHEL 5.2 中，为了使匿名用户能够上传文件，需要完成以下步骤：

（1）创建匿名用户的上传目录：

```
[root@localhost ~]# mkdir /var/ftp/incomming
```

（2）修改上传目录的权限，以允许匿名用户上传：

```
[root@localhost ~]# chmod 777 /var/ftp/incomming
```

（3）编辑 vsftpd 的主配置文件/etc/vsftpd/vsftpd.conf，激活如下配置选项：

- 允许匿名用户上传（选项 write_enable 需要设为 YES）：

```
anon_upload_enable=YES
```

注： vsftpd 服务器对配置文件的语法要求比较严格。在上面的配置语句中，YES 后面千万不能存在空格，否则会出错。

- 允许匿名用户创建目录：

anon_mkdir_write_enable=YES

- 允许匿名用户进行写操作（如删除和重命名文件或目录）：

anon_other_write_enable=YES

- 设置匿名用户上传后的文件掩码：

anon_umask=022

（4）重新启动 vsftpd 服务器：

```
[root@localhost ~]# service vsftpd restart
```

（5）测试：

修改配置后，匿名用户能够将文件上传到/var/ftp/incomming 目录。测试结果如下：

```
C:\>ftp 192.168.1.52                        ← 连接到 FTP 服务器
Connected to 192.168.1.52.
220 (vsFTPd 2.0.5)
User (192.168.1.52:(none)): anonymous       ← 匿名用户登录
331 Please specify the password.
Password:                                   ← 匿名用户的口令为空
230 Login successful.
ftp> dir                                    ← 查看目录内容
200 PORT command successful. Consider using PASV.
150 Here comes the directory listing.
drwxrwxrwx    2 0        0            4096 Oct 30 15:16 incomming
drwxr-xr-x    2 0        0            4096 Oct 30 15:11 pub
226 Directory send OK.
ftp: 收到 128 字节, 用时 0.00Seconds 128000.00Kbytes/sec.
ftp> cd incomming                           ← 切换到 incomming 目录
250 Directory successfully changed.
ftp> put test2.txt                          ← 上传文件 test2.txt
200 PORT command successful. Consider using PASV.
150 Ok to send data.
226 File receive OK.                         ← 上传成功
ftp: 发送 19 字节, 用时 0.00Seconds 19000.00Kbytes/sec.
ftp> dir                                    ← 查看 incomming 目录的内容
200 PORT command successful. Consider using PASV.
150 Here comes the directory listing.
-rw-r--r--    1 14       50             19 Oct 30 15:18 test2.txt    ← 刚才上传的文件
226 Directory send OK.
ftp: 收到 67 字节, 用时 0.00Seconds 67000.00Kbytes/sec.
ftp>
```

4.3.4　配置 vsftpd 服务器的虚拟用户

虚拟用户在 FTP 服务器上拥有账号，并且能够使用该账号登录到 FTP 服务器，但是不能像本地用户一样直接登录 Linux 系统，因此能够提高 vsftpd 服务器的安全性。

vsftpd 采用 PAM（可插拔的认证模块）方式验证虚拟用户。由于虚拟用户的用户名/口令被单独保存在数据库文件或数据库服务器中，因此在验证时，vsftpd 需要使用一个本地用户的身份来读取数据库文件或数据库服务器以完成验证。这个本地用户称为 vsftpd 的 guest 用户，这正如同匿名用户也需要有一个本地用户 ftp 一样。当然，我们也可以把 guest 用户看成是虚拟用户在 Linux 系统中的代表，即将虚拟用户映射为 guest 用户。

假定 vsftpd 的 guest 用户为 ftpsite，且在它的家目录/home/ftpsite 下有一个子目录 mike。现在要创建 tom、jerry 和 mike 这 3 个虚拟用户，密码分别是用户名后加"123"，用户 tom 允许在目录/home/ftpsite 中允许上传、下载、创建、删除文件和目录，用户 jerry 允许浏览和下载/home/ftpsite 中的文件，而用户 mike 仅允许浏览和下载目录/home/ftpsite/mike 中的内容，具体配置过程如下：

（1）创建本地 guest 用户 ftpsite：

```
[root@localhost ~]# useradd ftpsite         ← 创建本地 guest 用户 ftpsite
[root@localhost ~]# su - ftpsite             ← 切换到用户 ftpsite
[ftpsite@localhost ~]$ mkdir mike            ← 创建目录 mike
[ftpsite@localhost ~]$ exit                  ← 退回到用户 root
logout
[root@localhost ~]#                          ← 当前用户为 root
```

（2）创建虚拟用户口令文件 logins.txt：

```
[root@localhost ~]# vi /etc/vsftpd/logins.txt
```

在 logins.txt 中添加虚拟用户名和密码，一行用户名，一行密码，依此类推。奇数行为用户名，偶数行为密码。logins.txt 的内容如下，如图 4-3-5 所示。

```
tom            # 用户名
tom123         # 密码
jerry          # 用户名
jerry123       # 密码
mike           # 用户名
mike123        # 密码
```

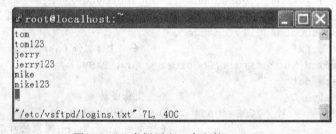

图 4-3-5　虚拟用户口令文件 logins.txt

（3）使用 db_load 命令生成口令认证文件。

使用 db_load 命令将刚添加的虚拟用户口令文件 logins.txt 转换成系统能够识别的口令认证文件 vsftpd_login.db，如图 4-3-6 所示。

```
[root@localhost ~]# db_load -T -t hash -f /etc/vsftpd/logins.txt /etc/
vsftpd/vsftpd_login.db
```

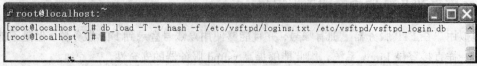

图 4-3-6　使用 db_load 命令生成口令认证文件

（4）建立虚拟用户的 PAM 认证文件。

在/etc/pam.d 目录下，建立虚拟用户的 PAM 配置文件 vsftpd.vu：

[root@localhost ~]# vi /etc/pam.d/vsftpd.vu

在 vsftpd.vu 中输入如下两行内容，如图 4-3-7 所示。

auth required /lib/security/pam_userdb.so db=/etc/vsftpd/vsftpd_login
account required /lib/security/pam_userdb.so db=/etc/vsftpd/vsftpd_login

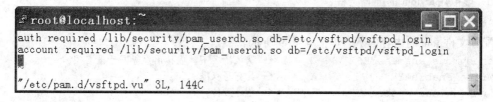

图 4-3-7 PAM 配置文件 vsftpd.vu

（5）修改 vsftpd 的主配置文件/etc/vsftpd/vsftpd.conf，设置虚拟用户配置项：

[root@localhost ~]# vi /etc/vsftpd/vsftpd.conf

vsftpd.conf 的内容如下，如图 4-3-8 所示。

anonymous_enable=NO   ← 不允许匿名用户登录
local_enable=YES   ← 允许本地用户登录
write_enable=NO
local_umask=022
xferlog_enable=YES
connect_from_port_20=YES
xferlog_std_format=YES
userlist_enable=YES
listen=YES
tcp_wrappers=YES
listen_port=21
guest_enable=YES   ← 启用虚拟用户
guest_username=ftpsite   ← 虚拟用户对应的本地 guest 用户 ftpsite
pam_service_name=vsftpd.vu ← 指定 PAM 配置文件为 vsftpd.vu
user_config_dir=/etc/vsftpd/vsftpd_user_conf # 设置虚拟用户配置文件的保存目录

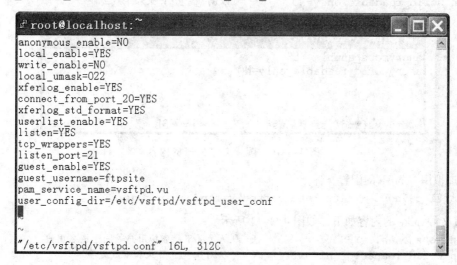

图 4-3-8 主配置文件 vsftpd.conf

（6）建立虚拟用户配置文件的保存目录：

```
[root@localhost ~]# mkdir /etc/vsftpd/vsftpd_user_conf
```

（7）在/etc/vsftpd/vsftpd_user_conf 目录下为虚拟用户 tom、jerry、mike 分别建立配置文件（文件名与用户名相同）。

① 虚拟用户 tom 的配置文件：

```
[root@localhost ~]# vi /etc/vsftpd/vsftpd_user_conf/tom
```

配置文件 tom 的内容如下，如图 4-3-9 所示。

anonymous_enable=YES	← 默认情况下，虚拟用户等同于匿名用户
write_enable=YES	← 具有写权限
anon_upload_enable=YES	← 允许上传
anon_mkdir_write_enable=YES	← 允许创建目录
anon_other_write_enable=YES	← 允许删除目录
anon_world_readable_only=NO	← 可以浏览 FTP 目录和下载文件

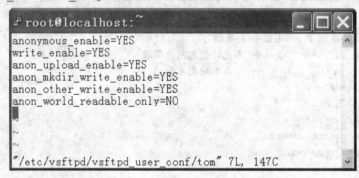

图 4-3-9　配置文件 tom 的内容

② 虚拟用户 jerry 的配置文件：

```
[root@localhost ~]# vi /etc/vsftpd/vsftpd_user_conf/jerry
```

配置文件 jerry 的内容如下，如图 4-3-10 所示。

anonymous_enable=YES	← 默认情况下，虚拟用户等同于匿名用户
anon_world_readable_only=NO	← 可以浏览 FTP 目录和下载文件

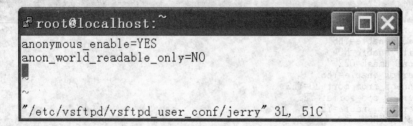

图 4-3-10　配置文件 jerry 的内容

③ 虚拟用户 mike 的配置文件：

```
[root@localhost ~]# vi /etc/vsftpd/vsftpd_user_conf/mike
```

配置文件 mike 的内容如下，如图 4-3-11 所示。

anonymous_enable=YES	← 默认情况下，虚拟用户等同于匿名用户
anon_world_readable_only=NO	← 可以浏览 FTP 目录和下载文件
local_root=/home/ftpsite/mike	← 为 mike 指定个人目录

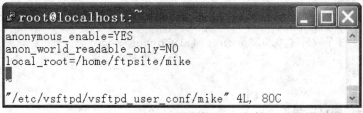

图 4-3-11　配置文件 mike 内容

（8）重启 vsftpd 服务：

```
[root@localhost ~]# service vsftpd restart
```

（9）测试虚拟用户登录 FTP。

① tom 用户的测试结果如下：

```
C:\>ftp 192.168.1.52                          ← 连接到 FTP 服务器
Connected to 192.168.1.52.
220 (vsFTPd 2.0.5)
User (192.168.1.52:(none)): tom               ← 虚拟用户 tom 登录
331 Please specify the password.
Password:                                     ← 输入 tom 的口令 tom123
230 Login successful.
ftp> dir                                      ← 查看 tom 登录目录（/home/ftpsite）的内容
200 PORT command successful. Consider using PASV.
150 Here comes the directory listing.
226 Directory send OK.                        ← 目录内容为空
ftp> put test2.txt                            ← 上传本地文件 test2.txt
200 PORT command successful. Consider using PASV.
150 Ok to send data.
226 File receive OK.                          ← 上传成功
ftp: 发送 19 字节, 用时 0.00Seconds 19000.00Kbytes/sec.
ftp> mkdir mike                               ← 在 FTP 服务器上创建目录 mike
257 "/mike" created
ftp> dir                                      ← 查看 tom 登录目录（/home/ftpsite）的内容
200 PORT command successful. Consider using PASV.
150 Here comes the directory listing.
drwx------    2 501      501      4096 Oct 30 16:32 mike      ← 刚才创建的目录
-rw-------    1 501      501        19 Oct 30 16:32 test2.txt  ← 刚才上传的文件
226 Directory send OK.
ftp: 收到 129 字节, 用时 0.00Seconds 129000.00Kbytes/sec.
ftp> cd mike                                  ← 切换到目录 mike
250 Directory successfully changed.
ftp> dir                                      ← 查看目录 mike 的内容
200 PORT command successful. Consider using PASV.
150 Here comes the directory listing.
226 Directory send OK.                        ← 目录 mike 为空
ftp> put test3.txt                            ← 上传本地文件 test3.txt
200 PORT command successful. Consider using PASV.
150 Ok to send data.
226 File receive OK.                          ← 上传成功
ftp: 发送 19 字节, 用时 0.00Seconds 19000.00Kbytes/sec.
ftp> dir                                      ← 查看目录 mike 的内容
200 PORT command successful. Consider using PASV.
150 Here comes the directory listing.
```

```
-rw-------    1 501      501      19 Oct 30 16:32 test3.txt   ← 刚才上传的文件
226 Directory send OK.
ftp: 收到 67 字节，用时 0.02Seconds 4.19Kbytes/sec.
ftp> quit                              ← 退出 FTP 登录
221 Goodbye.
C:\>
```

② jerry 用户的测试结果如下：

```
C:\>ftp 192.168.1.52                   ← 连接到 FTP 服务器
Connected to 192.168.1.52.
220 (vsFTPd 2.0.5)
User (192.168.1.52:(none)): jerry      ← 虚拟用户 jerry 登录
331 Please specify the password.
Password:                              ← 输入 jerry 的口令 jerry123
230 Login successful.
ftp> dir                               ← 查看 jerry 登录目录（/home/ftpsite）的内容
200 PORT command successful. Consider using PASV.
150 Here comes the directory listing.
drwx------    2 501      501      4096 Oct 30 16:32 mike        ← tom 创建的目录
-rw-------    1 501      501      19 Oct 30 16:32 test2.txt    ← tom 上传的文件
226 Directory send OK.
ftp: 收到 129 字节，用时 0.00Seconds 129000.00Kbytes/sec.
ftp> get test2.txt                     ← 下载文件 test2.txt
200 PORT command successful. Consider using PASV.
150 Opening BINARY mode data connection for test2.txt (19 bytes).
226 File send OK.                      ← 下载成功
ftp: 收到 19 字节，用时 0.02Seconds 1.19Kbytes/sec.
ftp> put test4.txt                     ← 上传文件 test4.txt
200 PORT command successful. Consider using PASV.
550 Permission denied.
ftp> quit                              ← 退出 FTP 登录
221 Goodbye.

C:\>
```

③ mike 用户的测试结果如下：

```
C:\>ftp 192.168.1.52                   ← 连接到 FTP 服务器
Connected to 192.168.1.52.
220 (vsFTPd 2.0.5)
User (192.168.1.52:(none)): mike       ← 虚拟用户 mike 登录
331 Please specify the password.
Password:                              ← 输入 mike 的口令 mike123
230 Login successful.
ftp> dir                               ← 查看 mike 登录目录（/home/ftpsite/mike）的内容
200 PORT command successful. Consider using PASV.
150 Here comes the directory listing.
-rw-------    1 501      501         19 Oct 30 16:32 test3.txt
226 Directory send OK.  ← 看到 test3.txt，表明 mike 登录到目录/home/ftpsite/mike 中
ftp: 收到 67 字节，用时 0.00Seconds 67000.00Kbytes/sec.
ftp> get test3.txt                     ← 下载文件 test3.txt
200 PORT command successful. Consider using PASV.
150 Opening BINARY mode data connection for test3.txt (19 bytes)
226 File send OK.                      ← 下载成功
```

```
ftp: 收到 19 字节，用时 0.01Seconds 1.27Kbytes/sec.
ftp> put test5.txt                       ← 上传文件 test5.txt
200 PORT command successful. Consider using PASV.
550 Permission denied.                   ← 上传失败
ftp> bye                                 ← 退出 FTP 登录
221 Goodbye.

C:\>
```

4.4　配置 Web 服务器

Linux 下架设 Web 服务器主要是使用 Apache 实现的。作为一个开源的软件，Apache 自 1995 年 1 月以来一直是 Internet 上最流行的 Web 服务器之一。Apache 服务器的主要优点如下：

- 跨平台。能运行在 UNIX、Linux 和 Windows 等多种操作系统平台上。
- 无限可扩展性。借助开放源代码开发模式的优势，全世界的许多程序员为 Apache 编写了许多功能模块。
- 工作性能和稳定性远远领先于其他同类产品。

4.4.1　安装 Apache 服务器

由于 Apache 服务器的名称为 httpd，因此使用下面的命令可以查看系统是否已安装了 Apache 服务器：

```
[root@localhost ~]# rpm -q httpd
```

命令执行结果如图 4-4-1 所示。可以看出，RHEL 5.2 中安装的 Apache 服务器为 httpd-2.2.3-11.el5_1.3.rpm。

图 4-4-1　检查系统中是否已经安装了 Apache 服务器

如果在 RHEL 5.2 中没有安装 Apache 服务器，则可以将 RHEL 5.2 的 DVD 安装盘插入光驱，然后使用如下的命令安装所有前 5 个字母为 httpd 的 rpm 包：

```
[root@localhost ~]# cd /media/RHEL_5.2\ i386\ DVD/Server/
[root@localhost Server]# rpm -vih httpd*.rpm
```

4.4.2　测试 Apache 服务器

1．启动 Apache 服务器

使用命令 service httpd start 启动 Apache 服务器，如图 4-4-2 所示。

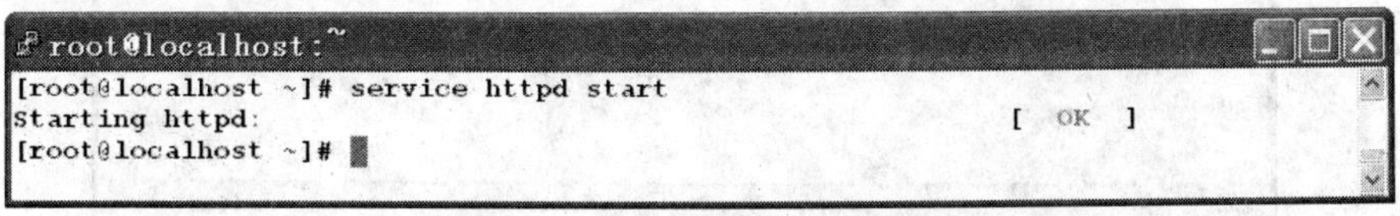

图 4-4-2　启动 Apache 服务器

2．测试 Apache 服务器

如果 Apache 服务器所在主机的 IP 地址为 192.168.1.52，则可以在客户端浏览器中输入 http://192.168.1.52 进行访问。如果出现图 4-4-3 所示的测试页面，则表示 Web 服务器安装正确并且运行正常。

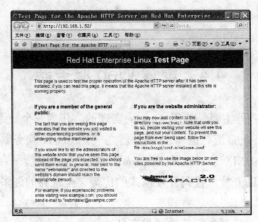

图 4-4-3　Apache 服务器的测试页面

3．创建默认主页 index.html

在 RHEL 5.2 中，Web 页面的家目录通常为/var/www/html。创建默认主页的步骤如下：

（1）切换到/etc/www/html 目录：

```
[root@localhost ~]# cd /var/www/html
```

（2）编辑默认主页 index.html：

```
[root@localhost html]# vi index.html
```

内容如下：

```
<html>
<head>
<title> hello world </title>
</head>
    <body>
        <h1 align="center"> Welcome to My Website! </h1>
</body>
</html>
```

（3）测试。

在客户端浏览器中输入 http://192.168.1.52 进行访问，可以看到图 4-4-4 所示的测试页面。

图 4-4-4　测试默认主页 index.html

注 1：由于 Apache 的默认主页名为 index.html，因此在只需输入 IP 地址或域名信息时，即可访问该页面。

注 2：如果在/var/www/html 目录下存在默认主页，则在浏览器中输入 http://192.168.1.52 进行访问时，将会看到测试页面。

4.4.3　配置 Apache 服务器

Apache 服务器的主配置文件为 httpd.conf，通常存放在/etc/httpd/conf 目录下。配置 Apache 服务器，主要是通过修改 httpd.conf 中的相关运行参数实现的。

1．设置默认文档

默认文档又称为主页，是指在 Web 浏览器中输入 Web 站点的 IP 地址或域名就能显示出来的 Web 页面。在配置文件 httpd.conf 中，使用 DirectoryIndex 语句指定默认文档名。在默认情况下，Apache 的默认文档名为 index.html。如果要将 index.htm 添加为默认文档，则需要完成下面的步骤：

（1）编辑配置文件/etc/httpd/conf/httpd.conf，将以下语句：

```
DirectoryIndex index.html index.html.var
```

更改为：

```
DirectoryIndex index.html index.htm index.html.var
```

（2）重启 Apache 服务器：

```
[root@localhost ~]# service httpd restart
```

2．设置 Apache 监听的 IP 地址和端口号

Apache 默认会在本机所有可用 IP 地址的 TCP 80 端口监听客户端的请求。修改 httpd.conf 中 Listen 语句，可以在多个地址和端口上监听请求。例如，为了将监听端口从 80 改为 8080，则需要完成如下的步骤：

（1）编辑配置文件/etc/httpd/conf/httpd.conf，将以下语句：

```
Listen 80
```

更改为：

```
Listen 8080
```

（2）重启 Apache 服务器：

```
[root@localhost ~]# service httpd restart
```

3．设置默认字符集

配置文件 httpd.conf 中的 AddDefaultCharset 选项定义了服务器返回给客户端的默认字符集。在默认情况下，该字符集为 UTF-8。如果中文 Web 页面中的字符集也为 UTF-8，则客户端访问服务器时的中文不会出现乱码。如果中文 Web 页面中的字符集为其他字符集（如 GB2312），则客户端访问服务器时的中文会出现乱码。如果要将默认字符集从 UTF-8 改为 GB2312，则需要完成以下步骤：

（1）编辑配置文件/etc/httpd/conf/httpd.conf，将以下语句：

```
AddDefaultCharset UTF-8
```

更改为：

```
AddDefaultCharset GB2312
```

（2）重启 Apache 服务器：

```
[root@localhost ~]# service httpd restart
```

4．创建虚拟目录

如果要从家目录以外的其他目录中发布网页，则必须创建虚拟目录。虽然虚拟目录是位于家目录以外的目录，但从 Web 用户看来，它的访问方式与家目录中的子目录一样。每个虚拟目录都有一个别名，用户可以通过此别名在浏览器中访问该虚拟目录，如 http://服务器 IP 地址或域名/别名/网页文件名。在 httpd.conf 中，使用 Alias 选项可以创建虚拟目录。

例：创建虚拟目录/beijing，它对应的物理路径为/var/www/beijing。

（1）编辑配置文件/etc/httpd/conf/httpd.conf，添加以下语句：

```
Alias /beijing "/var/www/beijing"
```

（2）创建目录/var/www/beijing：

```
[root@localhost ~]# mkdir /var/www/beijing
```

（3）在目录/var/www/beijing 下创建测试页面 test.html，内容如下：

```
<html>
<head>
<title> hello world </title>
</head>
    <body>
        <h1 align="center"> Welcome to Beijing! </h1>
</body>
</html>
```

（4）重启 Apache 服务器。

（5）在浏览器中输入地址 http://192.168.1.52/beijing/test.html，可以看到相应的页面。

5．创建用户目录

Linux 是一个多用户的操作系统，系统中的一些用户（如 zhao）可能需要在系统上建立自己的个人网站，为此可以激活 Apache 的用户目录功能，具体步骤如下：

（1）编辑配置文件/etc/httpd/conf/httpd.conf，将语句：

```
UserDir disable
```

更改为：

```
#UserDir disable
```

将语句：

```
#UserDir public_html
```

更改为：

```
UserDir public_html
```

（2）重启 Apache 服务器：

```
[root@localhost ~]# service httpd restart
```

（3）切换到用户 zhao，创建目录 public_html，并设置相应的权限：

```
[root@localhost ~]# su - zhao                    ← 切换为用户 zhao
```

```
[zhao@localhost ~]$ mkdir public_html          ← 创建目录public_html
[zhao@localhost ~]$ chmod 711 ~                 ← 更改用户zhao的家目录的权限
[zhao@localhost ~]$ chmod 755 public_html       ← 更改public_html目录的权限
```

注意：更改两个目录的权限是为了让 httpd 进程能够访问 public_html 目录中的网页。

（4）在 public_html 目录中创建测试主页 index.html：
```
[zhao@localhost ~]$ cd public_html
[zhao@localhost public_html]$ vi index.html
```

index.html 的内容如下：
```
<!DOCTYPE html PUBLIC "-//W3C//DTD XHTML 1.0 Transitional//EN" "http://
www.w3.org/TR/xhtml1/DTD/xhtml1-transitional.dtd">
<html xmlns="http://www.w3.org/1999/xhtml">
<head>
<meta http-equiv="Content-Type" content="text/html; charset=gb2312" />
<title>欢迎访问</title>
</head>
<body>
<h1>我是赵老师！</h1>
</body>
</html>
```

（5）在浏览器中输入地址 http://192.168.1.52/~zhao 进行测试，结果如图 4-4-5 所示。

图 4-4-5 用户 zhao 的个人主页

注：1：~ zhao 实际就是用户 zhao 的家目录，即 ~ zhao=/home/zhao。

注：2：用户 zhao 的网页放置在目录 public_html 下。

（6）由于用户 zhao 对 public_html 目录具有完全的访问权限，因此他可以方便地修改该目录中的网页，这样就大大降低了 Linux 系统管理员的工作压力。

4.5 配置 E-mail 服务器

邮件服务器是 Internet 最基本的服务，也是最重要的服务之一。在 Linux 平台中，常用的邮件服务器有 Sendmail、Postfix 等。Sendmail 的使用相当广泛，但是配置比较复杂，安全性较差，并且对于高负载的邮件系统需要进行复杂调整。Postfix 是由 IBM 资助的自由软件，目的是为用户提供除 Sendmail 之外的服务器选择。Postfix 在快速、易于管理和提供尽可能的安全性方面都进行了较好的考虑，并且与 Sendmail 兼容以满足用户的习惯。

本节以 Postfix 为例介绍在 IP 地址为 192.168.1.52 的 RHEL 5.2 中配置 E-mail 服务器的过程，目标是使 E-mail 用户 xiaoyk@abc.com 能够通过 RHEL 5.2 收发邮件。这里的用户 xiaoyk 为 RHEL 5.2 的系统用户。

4.5.1　配置 DNS 服务器

在配置 Postfix 之前，首先要配置 DNS 服务器，指定 abc.com 域中的邮件服务器的域名（如 mail.abc.com）和 IP 地址（如 192.168.1.52）。为简单起见，DNS 服务器和 Postfix 服务器位于同一台主机上。

（1）修改图 4-2-4 中 abc.com 域的正向解析区文件 abc.com.zone 的内容如下：

```
$TTL    86400
@       IN SOA  abc.com. root.abc.com. (
        2009103101   ; serial (d. adams)
        3H           ; refresh
        15M          ; retry
        1W           ; expiry
        1D )         ; minimum

        IN  NS       dns.abc.com.      ; 指定 DNS 服务器的域名
        IN  MX  2    mail.abc.com.     ; 邮件服务器为 mail.abc.com（新增）
mail    IN  A        192.168.1.52      ; 配置 MAIL 主机的 IP 地址（新增）
dns     IN  A        192.168.1.52      ; 配置 DNS 主机的 IP 地址
www     IN  A        192.168.1.2       ; 配置 WWW 主机的 IP 地址
ftp     IN  A        192.168.1.3       ; 配置 FTP 主机的 IP 地址
```

（2）重启 DNS 服务器：
```
[root@localhost ~]# service named restart
```

4.5.2　安装 Postfix 服务器

使用下面的命令可以查看系统是否已安装了 Postfix 服务器：
```
[root@localhost ~]# rpm -q postfix
postfix-2.3.3-2
```

可以看出，RHEL 5.2 中安装的 Postfix 服务器为 postfix-2.3.3-2。如果在 RHEL 5.2 中没有安装 Postfix 服务器，则可以将 RHEL 5.2 的 DVD 安装盘插入光驱，然后使用如下的命令安装所有 postfix-2.3.3-2.386 的 RPM 包：
```
[root@localhost ~]# cd /media/RHEL_5.2\ i386\ DVD/Server
[root@localhost Server]# rpm -vih postfix-2.3.3-2.i386.rpm
```

4.5.3　切换邮件服务器

在 RHEL 5.2 中，通常同时安装了 Sendmail 和 Postfix 两个邮件服务器，而且 Sendmail 为默认服务器。为了使用 Postfix，可以通过 system-switch-mail 进行邮件服务器的切换：
```
[root@localhost ~]# system-switch-mail
```

运行上述命令后，在弹出的对话框中选择邮件传输代理为 Postfix，如图 4-5-1 所示。

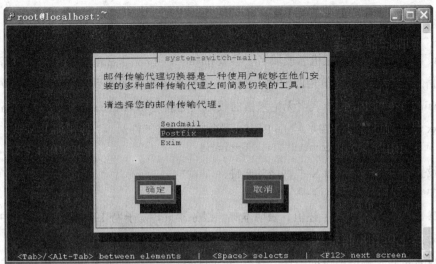

图 4-5-1　选择邮件传输代理

4.5.4　修改配置文件/etc/postfix/main.cf，配置 Postfix 服务器

（1）设置运行 Postfix 服务的邮件主机的主机名和域名。在 main.cf 中，参数 myhostname 指定运行 Postfix 服务的邮件主机的主机名称（FQDN），而参数 mydomain 指定该主机的域名。设置这两个参数的值如下，如图 4-5-2 所示。

```
myhostname = mail.abc.com
mydomain = abc.com
```

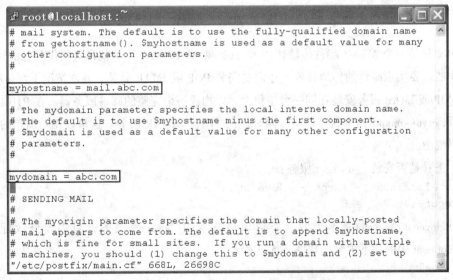

图 4-5-2　设置运行 Postfix 服务的邮件主机的主机名和域名

（2）设置由本机寄出的邮件所使用的域名和主机名称。参数 myorigin 设置由本台邮件主机寄出的每封邮件的邮件头中 mail from 的地址，设置该参数的值如下：

```
myorigin = $mydomain
```

（3）设置 Postfix 服务监听的网络接口。将参数 inet_interfaces 的值设置为 all，开放所有的网络接口，以便接收从任何网络接口来的邮件：

```
inet_interfaces = all
```

（4）设置可接收邮件的主机名或域名。参数 mydestination 非常重要，因为只有当发送来的邮件的收信人地址与此参数值相匹配时，Postfix 才会将该邮件接收下来。这里将参数的值设置为$mydomain 和$myhostname，表明无论来信的收信人地址是 xxx@abc.com 或者 xxx@mail.abc.com（其中，xxx 表示某用户的邮件账号），Postfix 都会接收这些邮件：

```
mydestination = $mydomain, $myhostname
```

（5）设置可转发（Relay）哪些网络的邮件：

```
mynetworks = 192.168.1.0/24
```

设置参数 mynetworks 为上述值，表明本邮件服务器只转发子网 192.168.100.0/24 中的客户端所发来的邮件，而拒绝为其他子网转发邮件。

（6）设置可转发哪些网域的邮件。参数 mynetworks 是针对邮件来源的 IP 设置的，而参数relay_domains 则是针对邮件来源的域名或主机名设置的：

```
relay_domains = $mydomain
```

上述语句表明任何由域 mycorp.com 发来的邮件都会被认为是信任的，Postfix 会自动对这些邮件进行转发。

（7）完成上面配置后，重启 Postfix 服务，这台 Postfix 邮件服务器就可以支持客户端发信了：

```
[root@localhost ~]# service postfix restart
```

4.5.5 配置 dovecot 服务器，实现 POP 和 IMAP 邮件服务

Postfix 只是一个 MTA（邮件传输代理），只提供 SMTP 服务，也就是只提供邮件的转发和本地分发功能。要实现邮件的异地接收，还需要安装 POP 或 IMAP 服务。通常情况下都是将 SMTP 服务和 POP 或 IMAP 服务安装在同一台主机上，以构成一个完整的邮件服务器。在 RHEL 5.2 中，dovecot 和 cryus-imapd 两个软件都可以同时提供 POP 和 IMAP 服务。这里以相对简单的 devecot 为例加以说明。

（1）查看是否安装了 dovecot 服务：

```
[root@localhost ~]# rpm -q dovecot
dovecot-1.0.7-2.el5
```

（2）dovecot 服务的基本配置。要启用最基本的 devecot 服务，只需要修改配置文件/etc/dovocot.conf 中的如下内容，如图 4-5-3 所示。

```
protocols = imap imaps pop3 pop3s
pop3_listen = *
```

第 1 条语句指定指定本邮件主机所运行的协议，如 IMAP，POP3 等；第 2 条语句指定 POP3服务监听本机上的所有网络接口。

```
# Base directory where to store runtime data.
#base_dir = /var/run/dovecot/

# Protocols we want to be serving: imap imaps pop3 pop3s
# If you only want to use dovecot-auth, you can set this to "none".
protocols = pop3

# IP or host address where to listen in for connections. It's not currently
# possible to specify multiple addresses. "*" listens in all IPv4 interfaces.
# "[::]" listens in all IPv6 interfaces, but may also listen in all IPv4
# interfaces depending on the operating system.
#
# If you want to specify ports for each service, you will need to configure
# these settings inside the protocol imap/pop3 { ... } section, so you can
# specify different ports for IMAP/POP3. For example:
#   protocol imap {
#     listen = *:10143
#     ssl_listen = *:10943
#     ..
#   }
#   protocol pop3 {
#     listen = *:10100
#     ..
#   }
listen = *
"/etc/dovecot.conf" 1068L, 42725C
```

图 4-5-3　dovecot 服务的基本配置

（3）启动 dovecot 服务并设置为自动：

`[root@localhost ~]# service dovecot start`

（4）配置完 Postfix 服务和 dovecot 服务后，电子邮件的客户端就可以使用这台邮件服务器收发邮件了。

4.5.6　配置电子邮件客户端

电子邮件客户端软件有很多，但是无论在 Linux 还是在 Windows 平台上运行，这些客户端软件的配置步骤和所需配置的参数基本相同。这里以 Windows 平台上的 Outlook Express 为例进行说明。

（1）在 Windows XP 中，依次选择"开始"→"所有程序"→"Outlook Express"命令，启动 Outlook，如图 4-5-4 所示。

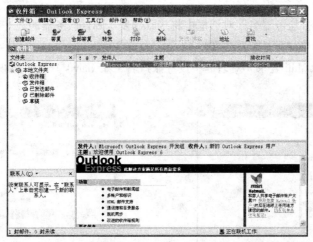

图 4-5-4　Outlook 的主界面

（2）选择"工具"→"账户"命令，在弹出的"Internet 账户"对话框中选择"邮件"选项卡，然后单击右边的"添加"按钮，在弹出的列表中选择"邮件"选项，如图 4-5-5 所示。

图 4-5-5　创建新的邮件用户

（3）在"您的姓名"对话框中输入显示名（如 xiaoyk），如图 4-5-6 所示，单击"下一步"按钮。

（4）在"Internet 电子邮件地址"对话框中输入邮件地址（如 xiaoyk@abc.com），如图 4-5-7 所示，单击"下一步"按钮。

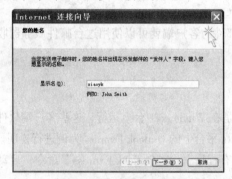

图 4-5-6　设置显示名

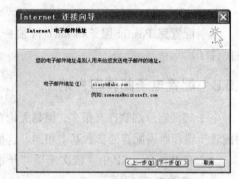

图 4-5-7　设置电子邮件地址

（5）在"电子邮件服务器名"对话框中将接收和发送邮件服务器的地址都设为 mail.abc.com，如图 4-5-8 所示，单击"下一步"按钮。

（6）在"Internet Mail 登录"对话框中设置账户名（如 xiaoyk）及其密码，如图 4-5-9 所示，单击"下一步"按钮。

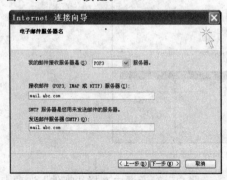

图 4-5-8　设置电子邮件服务器的域名

图 4-5-9　设置账号名及其密码

注：这里的账户是 RHEL 5.2 中的系统账户，即通过 useradd 命令添加的账户，密码为该账户登录 RHEL 5.2 时的密码。

（7）单击"完成"按钮，如图 4-5-10 所示。

（8）成功添加 Internet 账户 mail.abc.com，如图 4-5-11 所示，单击"关闭"按钮。

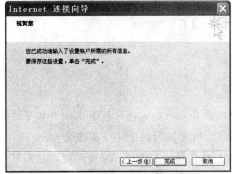

图 4-5-10　保存设置

图 4-5-11　成功添加 Internet 账户 mail.abc.com

完成上述步骤后，用户 xiao@abc.com 就能够成功收发电子邮件了，如图 4-5-12 所示。

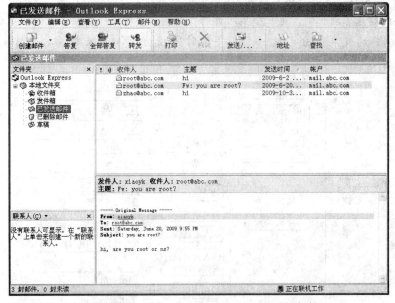

图 4-5-12　用户 xiaoyk@abc.com 已发送的邮件

第5章 网页制作

引言

万维网（World Wide Web）是 Internet 中应用最广泛的服务之一，它将世界各地成千上万的网站通过超级链接连接起来。网站是由一组网页构成，因此，网页在网站中是非常重要的。

Dreamweaver 是一个"所见即所得"的网页编辑器，支持最新的 DHTML 和 CSS 标准，采用多种先进技术，能够快速高效地创建极具表现力和动态效果的网页，具有强大的网页编辑功能。使用 Dreamweaver 可以轻松地制作出美观的网页，可以生成精练、高效的 HTML 源代码，而且使用 Dreamweaver 能够制作出兼容性极好的页面，适用于不同的平台和各种浏览器。此外，Dreamweaver 还提供了完备的站点管理机制，是一个集网页创作和站点管理于一体的强大的网页制作工具。

Dreamweaver 的发展十分迅速，十几年的时间经历了许多版本，本教材我们使用的是 Dreamweaver CS4。

学习目标

- 了解 Dreamweaver CS4 的安装。
- 了解 Dreamweaver CS4 的界面，熟练使用常用面板，例如"属性"面板、"行为"面板等。
- 熟练掌握 Dreamweaver CS4 中站点的创建以及管理。
- 熟练掌握网页的基本操作，包括在网页中插入文字、图片、音频、视频、动画以及超级链接等。
- 熟练掌握网页中的高级应用，包括使用框架、模板和库以及在网页中加入行为、创建翻转图等。

5.1　Dreamweaver CS4 的安装

Dreamweaver CS4 可以运行在 Windows 2000/XP/2003/Vista 等环境下，下面是 Dreamweaver CS4 的安装过程。

（1）单击安装文件 Setup.exe，进入安装界面，如图 5-1-1 所示。

图 5-1-1　安装初始化窗口

（2）系统检查完系统配置文件之后，进入图 5-1-2 所示的窗口。如果你有该软件的系列号，请输入系列号，否则，选择安装试用版，单击"下一步"按钮。

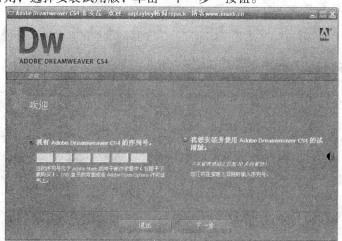

图 5-1-2　安装欢迎窗口

（3）进入最终用户许可协议窗口，如图 5-1-3 所示，单击"接受"按钮。

（4）选择要安装的选项，如图 5-1-4 所示。可以选择安装语言，也可以选择安装路径及支持组件等，然后单击"安装"按钮。

图 5-1-3　　安装许可协议窗口

图 5-1-4　安装选项窗口

（5）进入正在安装窗口，显示安装进度，如图 5-1-5 所示。

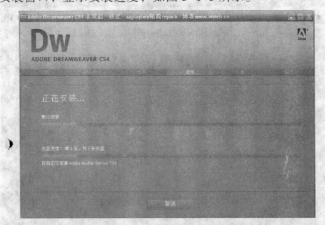

图 5-1-5　正在安装窗口

（6）安装程序完成，如图 5-1-6 所示，单击"退出"按钮，此时 Dreamweaver CS4 成功安装到您的计算机上了。

图 5-1-6　安装完成窗口

5.2　Dreamweaver CS4 界面及常用面板

启动 Dreamweaver CS4，出现图 5-2-1 所示的 Dreamweaver CS4 界面，这就是 Dreamweaver CS4 的用户界面，主要包括菜单栏、标准工具栏、文档工具栏、编辑区、"属性"面板、"插入"面板以及其他面板。

图 5-2-1　Dreamweaver CS4 界面

菜单栏位于窗口的顶层，有文件、编辑、查看、插入、修改、格式、命令、站点、窗口和帮助 10 个菜单，如图 5-2-2 所示。

文件(F)　编辑(E)　查看(V)　插入(I)　修改(M)　格式(O)　命令(C)　站点(S)　窗口(W)　帮助(H)

图 5-2-2　菜单栏

标准工具栏，如图 5-2-3 所示。工具栏是比菜单栏更加快捷的一种方式，标准工具栏提供常用的与文件操作相关的工具，包括新建、打开、保存、打印、剪切、复制、粘贴等常用工具。

图 5-2-3　标准工具栏

文档工具栏，如图 5-2-4 所示。它提供了各种文档窗口视图，以及各种查看选项和一些常用操作，如在浏览器中预览。

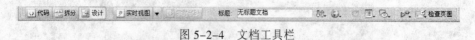

图 5-2-4　文档工具栏

其中，文档窗口视图有以下 4 种：

- 代码视图：表示在当前窗口中显示 HTML 源代码。
- 拆分视图：表示在当前窗口中同时显示设计效果和 HTML 源代码。
- 设计视图：表示在当前窗口中用即见即所得的方法编辑页面。
- 实时视图：这是 Dreamweaver CS4 中新增的功能，使用它可以看到在浏览器中的实时效果，这项功能非常好用。

"属性"面板如图 5-2-5 所示。在编辑区中选择不同的对象，"属性"面板显示不同的属性。在"属性"面板中可以检查和编辑当前选定页面元素的属性。

图 5-2-5　"属性"面板

　　注意：若要显示或隐藏"属性"面板，选择"窗口→属性"命令即可。显示或隐藏其他面板方法相同。

　　"插入"面板如图 5-2-6 所示。包含用于将各种类型的对象插入到文档中的按钮。单击"常用"按钮右侧的下三角按钮，可以弹出一个下拉列表，如图 5-2-7 所示，可以看见有"常用"、"布局"、"表单"、"数据"等选项，每个选项中有多个可供插入的对象。

　　面板组是一组停靠在某个标题下面的相关面板的集合，如图 5-2-8 所示。

图 5-2-6　"插入"面板　　　图 5-2-7　"插入"面板中的下拉列表　　　图 5-2-8　面板组

5.3　站点管理

对于所有网站来说，一个好的文件管理是以后方便维护网站的前提。通常情况下，网站需要包括网页、图片、音频、视频、动画、打包文件等各种素材，将它们分门别类地放置在不同的文件夹中，可以方便管理。例如，我们可以将文件夹 D:\mysite 作为网站的根目录，也就是说，网站中用到的所有文件都放在根目录 D:\mysite 下。然后，在网站根目录下，我们可以创建多个文件夹来存放不同类型的文件，images 文件夹中放置图片文件，media 文件夹中放置音频、视频和动画等文件，downloads 文件夹中放置供访问者下载的打包文件，html 文件夹中放置 HTML 网页文件。另外，要注意网站中文件和文件夹的命名最好都不要用中文，而用英文字母和数字组成。

5.3.1　创建本地站点

本地站点是建立在本地计算机上的站点，本地站点的文件夹是 Dreamweaver 站点的工作目录。下面我们使用"站点定义"向导建立本地站点。

（1）选择"站点"→"新建站点"命令。

（2）打开"站点定义"对话框，如图 5-3-1 所示。给站点命名，并确定 HTTP 地址。

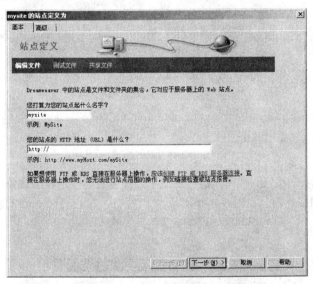

图 5-3-1　站点定义一

（3）单击"下一步"按钮，在弹出的对话框中设定是否要选择服务器技术，这里选择不使用服务器技术，如图 5-3-2 所示。

（4）单击"下一步"按钮，在弹出的对话框中设定在开发过程中，如何使用文件。这里选择"编辑我的计算机上的本地副本，完成后再上传到服务器"单选按钮，并指定将网站文件存储在计算机上的位置，如图 5-3-3 所示。

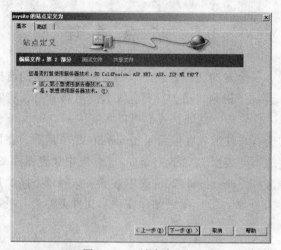

图 5-3-2　站点定义二

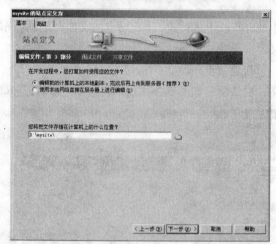

图 5-3-3　站点定义三

（5）单击"下一步"按钮，在弹出的对话框中选择是否连接远程的服务器，这里选择"无"，表示不用连接远程的服务器，如图 5-3-4 所示。

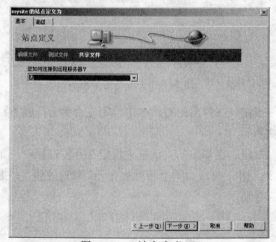

图 5-3-4　站点定义四

（6）单击"下一步"按钮，在弹出的对话框中总结刚才站点的设置，如图 5-3-5 所示。

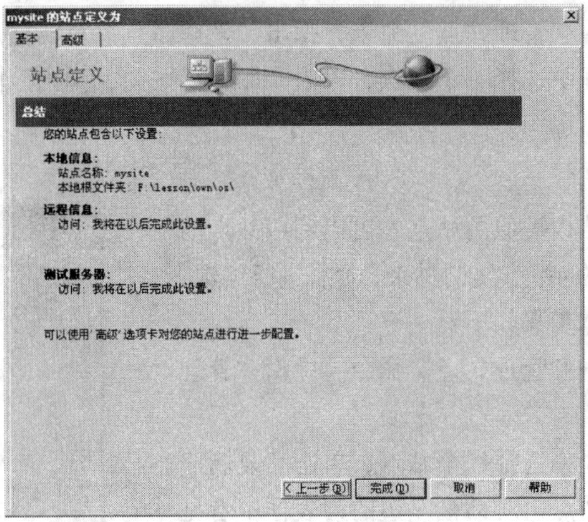

图 5-3-5　站点定义五

（7）单击"完成"按钮，系统自动打开"文件"面板，如图 5-3-6
所示。一个新的网站就建立好了，以后就可以往网站中添加文件了。

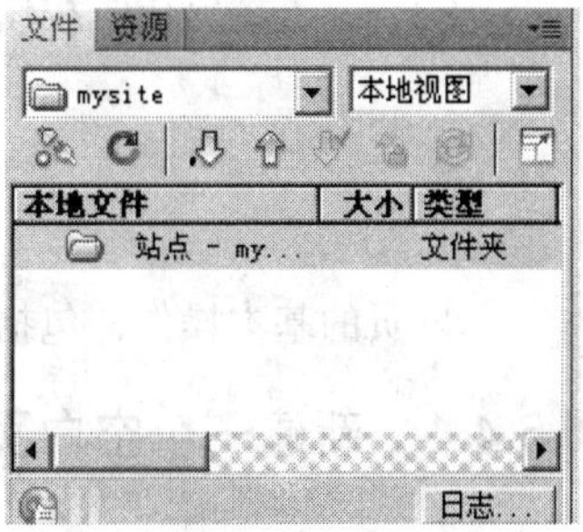

5.3.2　管理站点

站点建立好了之后，可以对站点进行管理，包括打开站点、修
改站点、删除站点和复制站点。

图 5-3-6　　"文件"面板

1. 打开站点

（1）选择"站点"→"管理站点"命令，弹出"管理站点"对
话框，如图 5-3-7 所示。

（2）在左边的列表框中选择一个站点，如站点 asp，单击"完成"按钮。这时在"文件"面
板中可以看见该网站的目录结构，如图 5-3-8 所示。

图 5-3-7　　"管理站点"对话框　　　　　　　　图 5-3-8　　"文件"面板

2. 修改站点

（1）选择"站点"→"管理站点"命令，弹出"管理站点"对话框。

（2）在左边的列表框中选择一个站点，单击"编辑"按钮，弹出"站点定义"对话框，根据
向导，修改站点设置即可。

3．删除站点

（1）选择"站点"→"管理站点"命令，弹出"管理站点"对话框。

（2）在左边的列表框中选择一个站点，单击"删除"按钮，弹出删除确认提示对话框，单击"是"按钮，确认删除站点。

4．复制站点

如果需要创建多个结构类似的站点，可以利用站点的复制功能，将已经创建好的站点复制过来，然后进行编辑，从而提高工作效率，具体步骤如下：

（1）选择"站点"→"管理站点"命令，弹出"管理站点"对话框。

（2）在左边的列表框中选择一个站点，单击"复制"按钮，就可以在"管理站点"对话框左边的列表框中看见新增了一个站点的副本，如图 5-3-9 所示。

（3）单击"完成"按钮，复制操作真正完成。

图 5-3-9　"管理站点"对话框

5.4　网页基本操作

网页的基本操作，包括在网页中插入文字、图片、音频、视频、动画以及超级链接等。

5.4.1　新建一个空白页面

（1）选择"文件"→"新建"命令，弹出"新建文档"对话框，如图 5-4-1 所示。依次选择"空白页"→HTML→"无"，单击"创建"按钮即可新建一个空白的 HTML 文档。

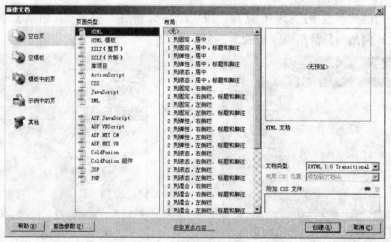

图 5-4-1　"新建文档"对话框

注意：可以根据要求新建其他类型的文档以及为新建的文档选择不同的布局。

（2）选择"文件"→"保存"命令，弹出"另存为"对话框，将该文件保存到网站根目录 D:\mysite

下，文件名为"index.html"，如图 5-4-2 所示。单击"保存"按钮，将此文档保存为网站的首页。

图 5-4-2　"另存为"对话框

（3）设置页面标题。在文档工具栏的"标题"文本框中（默认情况显示"无标题文档"）输入该页面的标题，如"网页制作课程的首页"，如图 5-4-3 所示，然后按【Enter】键。

图 5-4-3　文档工具栏

（4）保存文档。该网页在浏览状态时，标题就显示在浏览器的标题栏上。

一个空白文档创建好了之后，我们可以在上面添加文本、图片、音频、视频、动画以及其他网页元素。

5.4.2　插入文本

Dreamweaver CS4 是一个"即见即所得"的网页编辑器，插入文本非常方便。可以像文本编辑器一样直接在文档窗口中输入文字，或从其他文档中复制一段文字到文档窗口中。

Dreamweaver CS4 中，可以为插入的文本设置默认格式（段落、标题 1、标题 2 等）、样式（粗体、斜体、下画线、删除线等）和对齐方式；或者应用 CSS 样式，这是文本设置的首选。Dreamweaver 将 HTML 属性检查器和 CSS 属性检查器这两个属性检查器集成为一个属性检查器。

1. 使用 HTML 设置文本格式

在 Dreamweaver 中，可以使用 HTML 标签在网页中设置文本格式。例如：我们在网页中输入文字"网页制作"，选取这些文字进行格式设置。

（1）在页面中输入文字"网页制作"，并选取这些文字。

（2）设置段落格式。在"属性"面板中单击"<>HTML"按钮，然后设置格式为"标题一"，如图 5-4-4 所示。

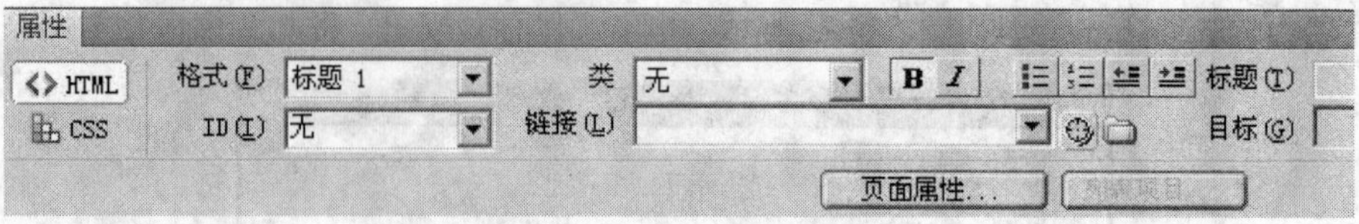

图 5-4-4 "属性"面板

（3）设置对齐格式。选择"格式"→"对齐"→"居中对齐"，将选中的文本居中对齐。

（4）设置字体样式。选择"格式"→"样式"→"粗体"，将选中的文本设置为粗体。

2. 使用 CSS 设置文本格式

当使用 CSS 属性检查器时，可以使用层叠样式表（CSS）设置文本格式。CSS 可以更好地控制网页设计，并减小文件大小。CSS 属性检查器使您能够访问现有样式，也能创建新样式。

我们可以直接在文档中存储使用创建的 CSS 样式，即内部样式表；也可以将 CSS 样式保存到 CSS 文件中，让多个文档共享 CSS 样式，即样式表文件。

1）新建内部样式表

（1）在"属性"面板中单击 CSS 按钮，选择目标规则为"<新 CSS 规则>"，然后单击"编辑规则"按钮，如图 5-4-5 所示。

图 5-4-5 "属性"面板

（2）弹出"新建 CSS 规则"对话框，选择上下文选择器类型为"类（可应用于任何 HTML 元素）"，输入选择器名称（如 title1），选择定义规则的位置为"（仅限该文档）"，表示创建的是内部样式表，设置如图 5-4-6 所示，然后单击"确定"按钮。

图 5-4-6 新建 CSS 规则对话框

（3）打开".title 的 CSS 规则定义"对话框，可以对"分类"列表框中的类型、背景、区块、方框、边框、列表、定位和扩展 8 项内容进行设置，如图 5-4-7 所示。设置完成后，单击"确定"按钮完成内部样式表的定义。

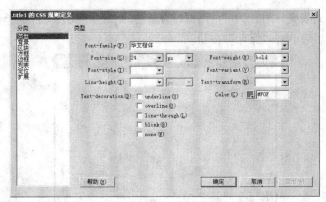

图 5-4-7　CSS 规则定义

（4）这时，在"属性"面板单击"目标规则"右侧的下三角按钮，会发现在弹出的下拉列表中出现了刚才新定义的 title1 样式，如图 5-4-8 所示。

图 5-4-8　目标规则

2）新建样式表文件

样式表除了在"属性"面板中可以操作外，还有专门的"CSS 样式"面板对样式表进行管理。下面我们来看看"CSS 样式"面板中如何新建样式表文件。

（1）选择"窗口→CSS 样式"命令，打开"CSS 样式"面板，如图 5-4-9 所示。

（2）单击"CSS 样式"面板右下角的"新建 CSS 规则"按钮 ，弹出"新建 CSS 规则"对话框，选择上下文选择器类型为"类（可应用于任何 HTML 元素）"，输入选择器名称（如 text1），选择定义规则的位置为"（新建样式表文件）"，表示创建的是样式表文件，设置如图 5-4-10 所示，然后单击"确定"按钮。

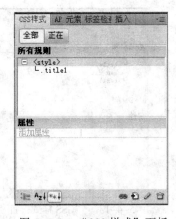

图 5-4-9　"CSS 样式"面板

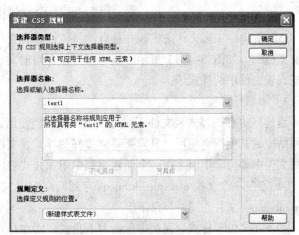

图 5-4-10　"新建 CSS 规则"对话框

（3）打开"将样式表文件另存为"对话框，为新建的 CSS 样式表文件选择保存路径及文件名，如图 5-4-11 所示，然后单击"保存"按钮。

图 5-4-11 "将样式表文件另存为"对话框

（4）打开".text1 的 CSS 规则定义"对话框，可以对"分类"列表框中的类型、背景、区块、方框、边框、列表、定位和扩展 8 项内容进行设置，如图 5-4-12 所示。设置完成后，单击"确定"按钮。

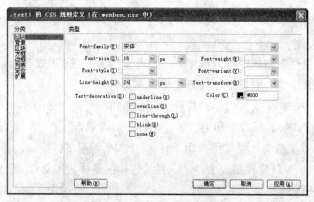

图 5-4-12 CSS 规则定义

（5）新建样式表文件完成，并且自动将该样式表文件链接到当前文档中，如图 5-4-13 所示。这样就可以在当前文档中使用该样式表文件中的样式了。

3）附加样式表

创建好的 CSS 样式表文件不仅可以被当前文档使用，还可以被网站中的其他网页使用。只需要将创建好的样式表文件附加到网页文件中即可。下面是在一个新建文档中附加样式表的过程：

（1）新建一个文档 example2.html，保存到网站/html 文件夹下，同 wenben.css 文件在同一目录下。

（2）在"CSS 样式"面板中单击右下角的"附加样式表"按钮 。

图 5-4-13 "CSS 样式"面板

（3）弹出"链接外部样式表"对话框，如图 5-4-14 所示。选择要添加的样式文件以及添加方式，然后单击"确定"按钮，系统将样式表文件附加到当前文档中，这样就可以在当前文档中使用该样式表文件中的样式了。

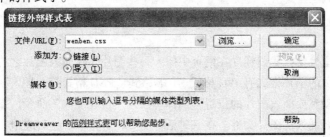

图 5-4-14   "链接外部样式表"对话框

其中，添加样式表文件有以下两种方式：

- 链接：将样式表保存到一个样式表文件中，然后在页面中用<link>标记链接到这个样式表文件，这个<link>标记必须放在页面的<head>区中。
- 导入：是指将一个外部样式表导入到内部样式表的<style>中，导入时用@import。实质上它相当于存在内部样式表中的。

4）套用样式

选中要应用样式的文字，然后在"属性"面板中选择想要应用的样式，如图 5-4-15 所示，这些选中的文字就套用了该样式。

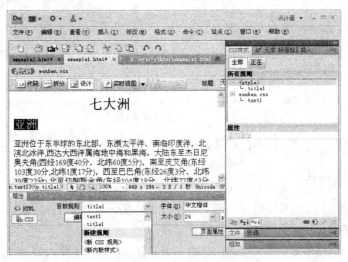

图 5-4-15   套用样式

注意：如果已经套用了样式的文字，而不想再套用样式了。选中这些文字，然后在"属性"面板的"目标规则"下拉列表中选择"<删除类>"选项，就可以让这些文字不再套用样式了。

5）编辑样式

在"CSS 样式"面板中选择要修改的样式，然后单击面板右下角的"编辑样式"按钮，弹出CSS 规则定义对话框，重新修改样式。确定之后，以前套用这个样式的文字自动修改成新的样式。

6）删除样式

在"CSS 样式"面板中，选择要删除的样式，然后单击面板右下角的"删除 CSS 规则"按钮 🗑 ，即可删除选定的样式。

5.4.3　插入图片

为了让网页丰富生动，我们经常在网页中插入一些图片。在插入图片之前，必须先准备好图片。现在常用于网页的图片格式有 JPG 格式、GIF 格式、PNG 格式等。插入图片的步骤如下：

（1）将鼠标移动到要插入图片的位置，选择"插入"→"图像"命令，弹出"选择图像源文件"对话框，选择要插入的图片文件。在该对话框的"相对于"下拉列表中，可以选择与文档的相对路径，也可以选择与根目录的相对路径，通常选择与文档的相对路径，如图 5-4-16 所示。

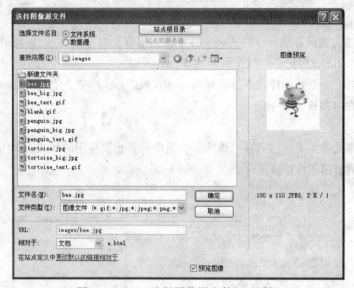

图 5-4-16　"选择图像源文件"对话框

（2）单击"确定"按钮，选中的图片就插入到网页了。

5.4.4　插入超级链接

通过前面的操作，我们可以将一个网页做得图文并茂。但这还不够，我们需要将网站中众多的网页连成一个整体，这需要通过超级链接来完成。

超级链接是当鼠标单击一些文字或图片时，浏览器会根据指示载入另一个网页或相同网页上的不同位置，还可以是一个图片、一个电子邮件地址、一个文件，甚至是一个应用程序。

1．创建文字或图片的超级链接

为一些文字或图片建立超级链接很容易。先选中需要做成链接的文字或图片，然后在"属性"面板的"链接（L）"文本框中输入需要跳转的目标地址即可。根据目标地址的不同，超级链接一般分为以下 4 种类型：

- 网站外部链接：目标地址是绝对 URL 的超级链接，即网页的完整路径。例如要链接到百度首页，需要在"属性"面板的"链接（L）"本文框中输入 http://www.baidu.com，如图 5-4-17 所示。

图 5-4-17 "属性"面板

其中,"目标"下拉列表中的选项有:

> _blank:表示在新的窗口打开目标网页。

> _parent:表示在父级窗口打开目标网页。

> _self:表示在当前窗口打开目标网页。

> _top:表示在最上面一级窗口打开目标网页。

● 网站内部链接:目标地址是相对 URL 的超级链接,链接到同一网站的其他网页上面去。例如要链接到网站中的另外一个页面,需要在"属性"面板的"链接(L)"文本框中输入../wangye/wy_lj.htm,如图 5-4-18 所示。

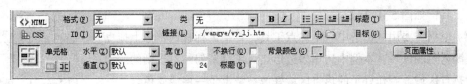

图 5-4-18 "属性"面板

● E-mail 链接:链接到一个 E-mail 地址。例如要链接到管理员邮箱 adminxxxx@.126.com,需要在"属性"面板的"链接(L)"文本框中输入 mailto:adminxxxx@126.com,如图 5-4-19所示。当单击此链接时,系统会自动打开客户端的邮件收发软件,即 Windows 下默认为 OutLook 软件。

图 5-4-19 属性面板

● 页面内部链接:链接到同一个网页上的不同位置。要完成页面内部链接的步骤如下:

(1)在页面中先确定链接指向的位置,也就是跳转后停留的位置,接着选择"插入"→"命名锚记"命令。

(2)弹出"命名锚记"对话框,在"锚记名称"文本框中输入标签名称(如 asia),如图 5-4-20所示,这时在刚才选中位置的地方自动出现一个锚式标记。

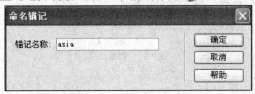

图 5-4-20 "命名锚记"对话框

（3）选中要做链接的文字或图片，在"属性"面板的"链接（L）"文本框中输入"#asia"，其中 asia 就是刚才设置的名字，这样即可实现页面内跳转功能，单击链接就可以跳转到命名锚记的地方了。

拓展资源：*如果想指向另外一页中的某个位置也可以，链接只需要在锚记前面加上网页文件名即可。*

2．在一张图片中创建多个超级链接

有些网页在一张大图片上做了多个链接，我们称之为"映像图"。映像图就是一幅图片被分为若干区域，这些区域被称为热点区域，访问者可以通过单击图片的不同热点区域进入不同的页面。例如，我们在一张世界地图上为每个洲做一个热点区域，单击不同的洲链接到网页相应洲的文字介绍的位置，具体步骤如下：

（1）在 Dreamweaver 中先选中要设置映像图的图片，此时可以在"属性"面板的左下方看见一个"地图"选项，在其下方有 3 个淡蓝色的工具图标，即矩形热点工具、圆形热点工具和多边形热点工具，如图 5-4-21 所示。

（2）根据需要用鼠标选中一个热点工具，再把鼠标移到图像上拖曳出一块淡蓝色的区域。本例中选用多边形热点工具来勾画不规则的亚洲区域的热点区域。制作好了的热点区域好像被蒙上了一层淡蓝色。

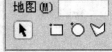

图 5-4-21　热点工具

（3）选中热点区域，在"属性"面板的"链接（L）"文本框中输入需要链接的目标地址（如#asia），这样一个图像热点区域就做好了。

（4）同理，对这幅图像再设定其他图像热点区域，即可实现单击图片的不同区域进入不同的页面。

5.4.5　插入音频、视频以及动画

1．插入音频

Dreamweaver 支持的多种声音的格式文件，主要包括 MIDI、WAV、MP3 或 Real Audio 等格式。在网页中加入声音常用有以下两种方法。

1）链接法

首先在网页适当的位置输入一段文字，比如"播放音乐"，选中这段文字，在"属性"面板的"链接（L）"文本框中输入需要播放的音频文件，比如"media\mouse.MP3"。这样在浏览网页时，只要单击此链接，Windows 系统就会自动打开默认的播放器播放被链接的声音文件。

2）嵌入法

建立一个新页面，然后选择"插入"→"媒体"→"插件"命令，弹出"选择文件"对话框，如图 5-4-22 所示。选择一个音频文件，单击"确定"按钮，即可插入音频。

图 5-4-22　"选择文件"对话框

　　浏览网页时音乐就会自动播放。嵌入法可以使音频、视频和网页融为一体，可以用它来增强网页的特效。

2．插入视频

　　在网页中加入视频文件与加入音频文件的方法一样，这里就不再赘述了。

3．插入 Flash 动画

　　（1）选择"插入"→"媒体"→SWF 命令，弹出"选择文件"对话框。

　　（2）选择希望插入的 SWF 文件，然后单击"确定"按钮完成工作，如图 5-4-23 所示。

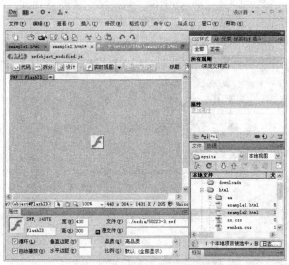

图 5-4-23　插入的 Flash 动画

　　（3）选中插入的 SWF 对象，可以在"属性"面板中设置其相关参数，如图 5-4-24 所示。例如设置它的高度（H）和宽度（W）等属性。如果想看一下效果，可以单击"属性"面板中的"播放"按钮。

| SWF, 1407K | 宽(W) | 430 | 文件(F) | ../media/50223-3.swf | 背景颜色(G) | | 类(C) | 无 |
| FlashID | 高(H) | 300 | 源文件 | | | 编辑(E) | | |

图 5-4-24　"属性"面板

5.4.6　使用表格

使用表格可以清晰地显示数据，除此之外，它在网页定位上一直起着重要的作用，尤其是对于使用非 IE 浏览器的网友来说，使用表格定位的网页比使用图层定位的网页更具有优势。

1. 创建表格

（1）选择"插入"→"表格"命令，弹出"表格"对话框，如图 5-4-25 所示。根据自己的需要来设置表格的相应属性即可。

注意：表格的宽度可以通过浏览器窗口百分比或者使用绝对像素值来定义，比如设置宽度为窗口宽度的 80%，那么当浏览器窗口大小变化的时候表格的宽度也会随之变化；而如果设置宽度为 760 像素，那么无论浏览器窗口大小为多少，表格的宽度都不会变化。

（2）单击"确定"按钮，即可在 Dreamweaver 中新建一个表格。如果还想修改表格的参数，可以通过"属性"面板对诸如表格线条的颜色、表格的背景色、单元格的对齐方式等参数进行调整，也可以在"属性"面板中完成单元格的合并、拆分等操作。

表格的常规使用和 Word 中的表格的使用大同小异，大家都非常熟悉，在这就不一一的讲述了。

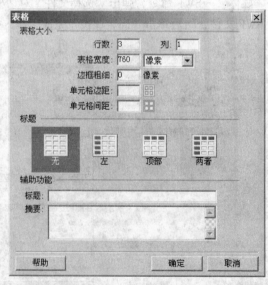

图 5-4-25　"表格"对话框

2. 使用表格定位

表格的网页定位主要通过将网页内容分成若干个区，然后将相应的内容分别填入不同的表格中，从而做成比较规范与专业的网页。下面就来看看图 5-4-26 所示的网页是如何通过表格实现的。

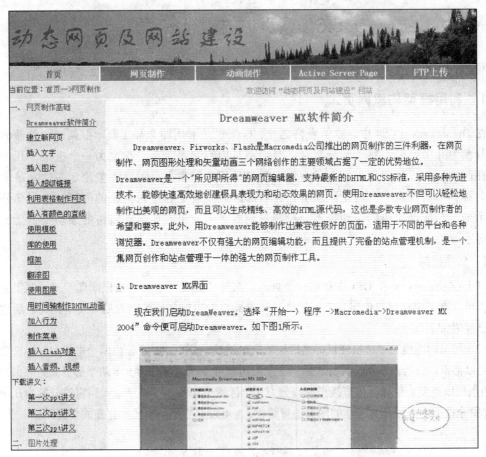

图 5-4-26　用表格来布局的网页

1）标题和导航区

网页最上部由两个表格组成，上面的表格是图片区，下面的表格是导航区。图片区为 1 行 1 列，通过"插入"→"图片"命令插入网站的标题图。导航区则是一个 1 行 5 列的表格，分别输入各个子栏目的名称，然后通过"插入"→"超级链接"命令来创建每个导航栏目的链接。

2）正文区

正文区总的说来是由一个 1 行 3 列的表格构建而成，其中每一列再通过插入单独的表格或者拆分的方法来形成多个区域并输入相应的信息。比如最左边一列就插入了一个 24 行 2 列的表格，分别用来显示每个栏目下的导航信息；右边一列用来显示正文内容；中间一列主要是用来将左边的子栏目导航信息与右边一列的正文部分分离开一些，避免太近，使得整个页面美观一些。具体的单元格操作在此就不再赘述了，大家可以自己试着体会一下。

虽然通过表格可以实现最基本的网页定位，但是这种方法也有缺点，它的最大问题就是表格内容下载比较慢，需要等一个表格中全部内容下载完成后才能显示表格中的内容，而且尽量不要嵌套过多的表格以免影响页面的下载速度。

5.5 网页中的高级应用

网页中的高级应用包括使用框架、模板和库以及在网页中加入行为、创建翻转图等。

5.5.1 利用框架构建网页

在 Dreamweaver CS4 中，除了表格之外，框架也是常用的布局工具。框架把浏览器的显示空间分割为几个部分，每个部分都独立显示网页内容，每个部分称之为一个框架，几个框架结合在起来就构成框架集。网上很多论坛就是采用框架来布局的，一般论坛左边是每个讨论区的名称，单击任意一个讨论区就可以在右部区域中看见相应讨论区的内容，左右部分是独立显示的，当拖动左边的滚动条不会影响右侧的显示效果，而拖动右边的滚动条不会影响左侧的显示效果。

1. 创建框架

（1）在 Dreamweaver CS4 中新建一个页面，选择"查看"→"可视化助理"→"框架边框"命令，可以看见编辑窗口中出现一个边框，用鼠标单击边框之后可以看见虚线框，说明新建的页面中已经附带了框架。

（2）用鼠标拖曳边框，松开鼠标之后编辑窗口就被一分为二，页面由两个框架组成。拖曳左右边框可以把窗口分为左右两个部分，而拖拽上下边框可以把窗口分为上下两个部分。另外，窗口的 4 个角也可以拖曳，这样可以直接把窗口分为 4 个区域，如图 5-5-1 所示。当窗口分割为几个框架之后，每个框架都可以作为独立的网页进行编辑，也可以直接把某个已经存在的页面赋给一个框架。

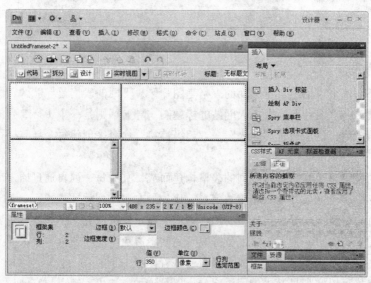

图 5-5-1　4 个框架的页面

（3）框架允许嵌套。譬如要创建图 5-5-2 所示的框架，可以先通过上述的方法将编辑窗口水平一分为二，但接下来不能直接拖曳边框，否则会得到图 5-5-1 所示的框架。正确的方法是选择"窗口"→"框架"命令，打开"框架"面板，如图 5-5-3 所示。在框架面板中先选中右部的框架，然后拖曳边框即可。

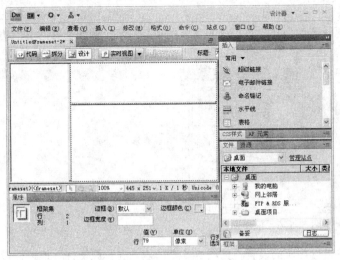

图 5-5-2　嵌套的框架

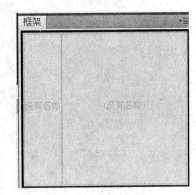

图 5-5-3　"框架"面板

注意： 如果边框拖曳错了，只需用鼠标把需要删除的线拖曳到父框架的边框上就可以删除它。

2．编辑框架

在页面中，如果使用了框架，就要涉及框架及框架集的属性的设置。

1）设置框架集的属性

（1）在"框架"面板中单击最外边的边框，选中框架集，如图 5-5-4 所示。

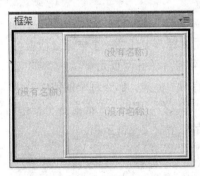

图 5-5-4　"框架"面板

（2）这时可以在"属性"面板中进行相应的设置，如图 5-5-5 所示。可以设置是否显示边框、边框宽度、边框颜色，以及可以设置每个边框的尺寸，此时在面板右边的缩略图中选定一行或者一列，然后输入数值，单位可以是像素或者百分比。

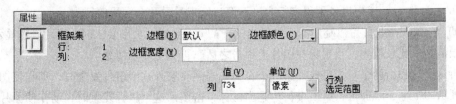

图 5-5-5　"属性"面板

2）设置框架的属性

（1）在"框架"面板中单击想要设置的框架，该框架有黑色的边框显示。例如选择右上的边框，如图 5-5-6 所示。

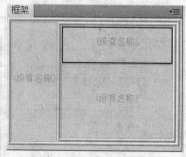

图 5-5-6　框架面板

（2）这时可以在"属性"面板中进行相应的设置，如图 5-5-7 所示。在"源文件"地址栏设置框架中的网页文件；"滚动"表示是否加入滚动条；"边框"决定是否显示边框；勾选"不能调整大小"复选框表示不允许在浏览器中改变框架大小；另外"边界宽度"和"边界高度"分别设置边界的宽度和高度来决定框架中内容和边框的距离。

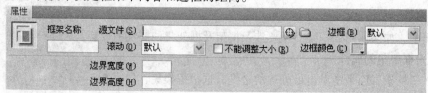

图 5-5-7　"属性"面板

（3）输入框架中的内容。用鼠标单击任意一个框架之后就可以像正常编辑页面一样插入各种文本内容、图片、Flash 动画和背景音乐等网页元素。

（4）保存框架。一个页面使用了框架，那么每个框架中的内容都是一个独立的 HTML 文件，同时，整个框架集也是一个 HTML 文件，因此，页面有 3 个框架的，应该保存 4 个文件。选择"文件→保存全部"命令，依次保存每个框架及框架集。

5.5.2　加入行为

行为是实现网页交互的一种捷径。什么是行为呢？下面我们举个例子，当装入某网页时。弹出一个信息窗口。我们分析一下这个行为，这个行为可以分为两个部分：一是事件，也就是触发动作的条件，如例子中装入网页这个事件；二是动作，就是当某个事件发生时，需要去做的事情，如例子中的弹出一个信息窗口。这两部分就构成了一个行为，因此一个行为包含事件和动作两个部分。Dreamweaver CS4 中提供了很多行为，下面我们来看看几个常用的行为。

例如，一张图片我们可以利用行为来做出这样的效果：当网页刚装入时，图片慢慢显示出来，但不是很清楚，比较模糊；当鼠标在图片上单击之后，再完全显示清楚。

分析这个过程由两个行为组成。第一个行为是当网页装入这个事件发生时，动作使图片显示的清晰度从 0% 到 50% 即可；第二个行为是当鼠标单击图片这个事件发生时，动作使图片的清晰度从 50% 到 100% 即可。分析清楚了思路就可以实际制作了，具体步骤如下：

（1）在页面中插入一张图片。

（2）选择"窗口→行为"命令，打开"行为"面板。

（3）选中图片，在"行为"面板中单击"+"按钮，在弹出的下拉列表中选择"效果"→"显示/渐隐"，弹出"显示/渐隐"对话框，设置如图 5-5-8 所示，然后单击"确定"按钮。

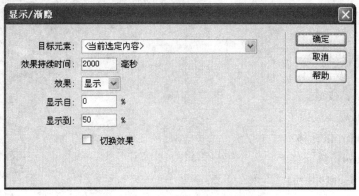

图 5-5-8　　"显示/渐隐"对话框

（4）"行为"面板中多了一项行为。单击事件栏旁边的下三角按钮，在弹出的下拉列表中，选择行为发生的事件为 OnLoad，如图 5-5-9 所示。第一个行为添加完毕。

图 5-5-9　　"行为"面板

选中图片，在"行为"面板中再次单击"+"按钮，在弹出的下拉列表中选择"效果"→"显示/渐隐"，弹出"显示/渐隐"对话框，设置如图 5-5-10 所示，然后单击"确定"按钮。

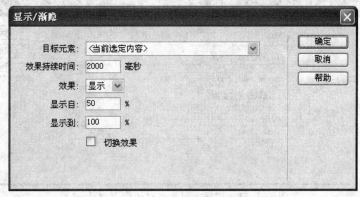

图 5-5-10　　"显示/渐隐"对话框

（5）此时，"行为"面板中又多了一项行为，修改此行为发生的事件为 OnClick，第二个行为添加完毕。

（6）保存文件。用浏览器打开该网页，就可以观看效果了。

下面给出一些常见事件的解释：

- OnLoad：网页装入。
- OnUnload：网页卸载。
- onClick：单击鼠标。
- onDbclick：双击鼠标。
- onKeypress：按键。
- onMouseDown：鼠标按下。
- onMouseOut：鼠标移出。
- onMouseOver：鼠标移上。
- onMouseUp：鼠标抬起。

5.5.3 创建翻转图

在动态网页技术中，翻滚图是比较简单的，但它的效果却非常明显，因此常常可以在很多网站中见到这种效果。所谓翻滚图，就是当鼠标移动一幅图像上时，该图像变成另外一幅图像，当鼠标离开图像时，图片又还原成原来的模样，例如图 5-5-11 所示是默认的效果，当鼠标移到导航图像上时，原图变成图 5-5-12 所示的图像。

图 5-5-11　原图　　　　　　　　　图 5-5-12　翻转之后的图

1. 创建一对一的简单翻转图

假设当网页打开时，图片如图 5-5-11 所示；当鼠标移上图片时，原图翻滚，替换成图 5-5-12。所用图片在 Image 文件夹中，名字分别为 dh-1.gif 与 dh-2.gif，创建翻滚图的过程如下：

（1）选择"插入"→"图像对象"→"鼠标经过图像"命令，弹出"插入鼠标经过图像"对话框，设置如图 5-5-13 所示。

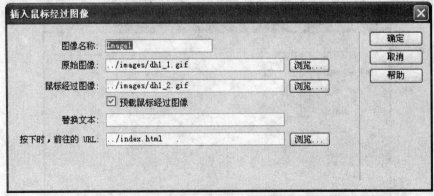

图 5-5-13　"插入鼠标经过图像"对话框

（2）单击"确定"按钮，保存页面，然后单击"实时视图"按钮，就可以看到效果了。

2．创建一对多的复杂翻滚图

Dreamweaver 还能创建一对多的复杂翻滚图，如图 5-5-14 所示。

图 5-5-14　复杂翻滚图的默认效果

图 5-5-14 是一个完整的页面，当将鼠标移到上边 3 个图片时，原先的图片会放大，同时在左边区域显示该图片所代表的信息，如图 5-5-15 所示。

图 5-5-15　翻滚之后的效果

1）分析页面

现在我们来分析一下如何制作这种网页。网页中共有 3 个图片，分别是 bee.jpg、penguin.jpg 和 tortoise.jpg，另外还有文字信息。

我们知道，翻滚图是鼠标移上去后图片发生替换的事件，不管是一对一，还是一对多，都是这个原理。因此，要产生最后的效果，我们还需要几个替换图片，对应关系如下：

● bee.jpg 对应的图片是 bee_big.jpg。
● penguin.jpg 对应的图片是 penguin_big.jpg。
● tortoise.jpg 对应的图片是 tortoise_big.jpg。

除了这些图片，我们还得制作一个白色图片 blank.gif，作为一般状态下 3 个图片左边的显示图片；当鼠标移到 3 个图标上时，该白色图片由相应的文本图片替换。

● bee.jpg 对应的图片信息是 bee_text.gif。
● penguin.jpg 对应的图片信息是 penguin_text.gif。
● tortoise.jpg 对应的图片信息是 tortoise_text.gif。

注意：为什么 blank.gif 是白色图片呢？因为我们的网页底是白色的。如果把网页底色改为灰色，那就得制作一个灰色图片。总之，该图片在一般状态时，和网页背景颜色一致即可，这样，浏览者就看不到了。

2）页面规划

根据以上分析，我们制作一个图 5-5-16 所示的表格。为了让大家看得清楚，我们将表格边界设为可见，但在实际制作中它只起到一种定位作用，所以实际中边界参数为 0。

图 5-5-16　用于布局的表格

第一个单元格放 blank.gif 图片，第二个单元格放 bee.jpg 图片，第三个单元格放 penguin.jpg
图片，第四个单元格放 tortoise.jpg。

注意： 这里我们使用表格，主要是为了让网页各元素的位置被严格控制，避免因图片的替换
产生网页元素混乱。

3）设置行为

前面我们讲的一对一的翻滚图，执行"插入"→"图像对象"→"鼠标经过图像"命令就可
以实现。现在要实现一对多的翻滚效果，这个插入命令就无能为力了。这时我们必须使用"行为"
来创建。Dreamweaver 中的行为采用的都是 JavaScript 脚本语言，这
种语言常常要求指明动作主体即对象，所以给要产生动作的图片或其
他元素命名以便调用是非常必要的。

我们在"属性"面板中为表格中的 4 张图片从左到右分别命名为
blank、bee、penguin 和 tortoise，如图 5-5-17 所示。

图 5-5-17　为图片取名

注意： bee.jpg 只是图片的文件名，而不是 JavaScript 脚本语言中的对象名称，要在事件过程
中调用对象，就得指明对象名，而不是该文件名.

最后我们来设置行为。选中 bee.jpg 图片，然后选择"窗口"→"行为"，打开"行为"面板，
如图 5-5-18 所示。

单击面板上的"+"按钮，在弹出的下拉列表中选择"交换图像"，弹出"交换图像"对话框，
如图 5-5-19 所示。

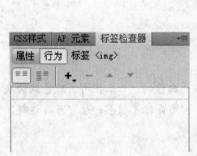

图 5-5-18　"行为"面板

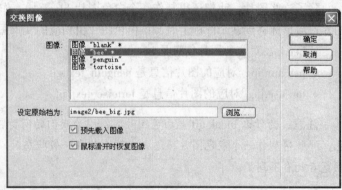

图 5-5-19　"交换图像"对话框

"图像"列表框列出了该网页中的所有图片，如 blank、bee、penguin 和 tortoise 等。要变换哪

幅图，只需选择相应的图片就行了。

注意：在一对一的翻滚图中用到的"插入"→"图像对象"→"鼠标经过图像"命令只能确定选中图本身的替换图，而不能确定其他图片的替换图；而行为命令可以向其他图片发出命令进行替换。例如当鼠标移到 bee.jpg 图片上，可以将该图片用图片 bee_big.jpg 图片进行替换，并将图片 blank.gif 用图片 bee_text.jpg 替换。这样就形成了一对多的关系。

- 设定原始档为：设置替换图片，可以通过单击右边的"浏览"按钮在文件夹中找到替换图片，也可以直接输入图片的地址。
- 预先载入图像：预先将图片下载到浏览器缓存中，可以防止图片应该出现时由于下载而延迟，建议勾选。
- 鼠标滑开时恢复图像：当鼠标移出图片时恢复为一般状态下的原图像，建议勾选。

知道了原理后，就可以很轻松地对 bee.jpg 进行设置了。先在"图像"列表框中选择"图像 blank"，设置"设定原始档为" bee_text.gif ；然后再在"图像"列表框中选择"图像 bee"，设置"设定原始档为"为 bee_bib.jpg；最后单击"确定"按钮，这样，我们就完成了第一个图片的一对多翻滚图设置。

使用相同的方法为其他两个图片进行相应的设置。

5.5.4　使用模板

通常在一个网站中会有几十甚至几百个风格基本相似的页面，如果每次都重新制作网页结构以及相同栏目下的导航条、各类图标就显得非常麻烦，这时我们可以借助 Dreamweaver CS4 的模板功能来简化操作。其实模板的功能就是把网页布局和内容分离，在布局设计好之后将其存储为模板，这样相同布局的页面可通过模板创建，因此可以大大提高工作效率。

1．制作模板

模板和普通的网页的制作过程完全相同，只是不需要把页面的所有部分全制作完成，而只需要制作出导航栏、标题栏等各个网页的公共部分，制作过程如下：

（1）选择"文件"→"新建"命令，弹出"新建文档"对话框，如图 5-5-20 所示。然后依次选择"空白页→HTML 模板→无"选项，单击"创建"按钮之后即可创建一个模板文件。

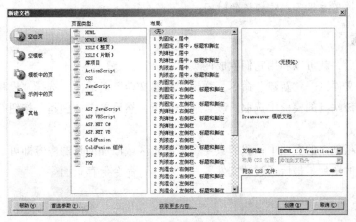

图 5-5-20　"新建文档"对话框

（2）在页面设计视图下插入网页标题、导航条等所有页面公有的元素，如图 5-5-21 所示。然后选择"文件→保存"命令将这个模板保存下来。

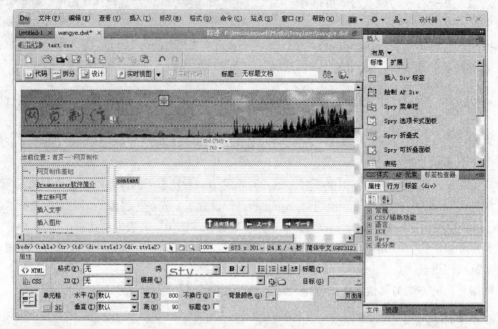

图 5-5-21　新建的模板

为了避免编辑时的一些误操作而导致模板中的元素变化，模板中的内容默认为不可编辑，只有把某个区域设置为可编辑状态之后，由该模板创建出来的文档才可以改变这个区域，其他部分则不能修改。

设定可编辑区域，先用鼠标选取某个区域（也就是每个页面不同内容的区域），接着选择"插入"→"模板对象"→"可编辑区域"命令，并且在弹出的对话框中为这个区域设定一个名称，这样就完成了编辑区域的设置。然后选择"文件→保存"命令保存所做的修改。

注意：除了自己完全从头制作一个模板之外，还可以先下载一个网页，然后在 Dreamweaver CS4 中打开它，仅仅保留一些有用的公共元素之后通过"文件"→"另存为模板"命令将其保存为模板，这样能够省去很多制作模板的时间。

2. 应用模板

模板制作之后，就可以利用它们生成网页了。

（1）选择"文件"→"新建"命令，弹出"新建文档"对话框，选择"模板中的页"，再选择站点，然后从该站点的模板中选取一款合适的模板，然后单击"创建"按钮打开这个模板，如图 5-5-22 所示。

（2）在由模板创建的文档中，我们只要在可编辑区域添加网页的内容即可。例如添加一些文字或者插入相应的图片，最后通过"文件"→"保存"命令保存页面。

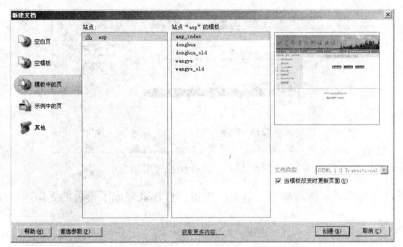

图 5-5-22　"新建文档"对话框

3. 修改模板

当通过模板创建了若干个页面之后，还需要更改页面结构或者导航等。如果这时对所有的页面手工修改会非常麻烦，因此我们可以通过 Dreamweaver CS4 的模板修改功能来解决这个问题。

打开需要修改的模板，对它进行了修改之后，选择"文件"→"保存"命令保存模板，这时会弹出"更新模板文件"对话框询问是否更新所有使用了该模板的页面，如图 5-5-23 所示，单击"更新"按钮之后就会显示出更新的页面总数以及更新的时间等信息。

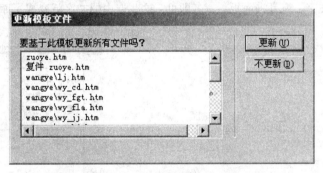

图 5-5-23　"更新模板文件"对话框

4. 更换模板

Dreamweaver CS4 提供了为网页更换模板的功能，这样可以方便地更改网页的风格。当然，模板也不是随便可以更换的，更换模板需要满足两个条件，条件一是被更换的页面必须是通过模板创建的；条件二是页面中的可编辑区域个数和名称必须与要更换模板的可编辑区域个数和名称相一致。譬如一个网页套用的是模板 A，模板 A 有两个可编辑区域，名称分别为 EditRegion1、EditRegion2。另外还有一个模板 B，不管模板 B 结构怎样，只要它也有两个可编辑区域，并且名称也是 EditRegion1 和 EditRegion2，那么就可以用它来为原先的网页更换新模板，而页面中两个可编辑区域的内容则相应保持不变。

（1）在 Dreamweaver CS4 中打开网页，选择"修改"→"模板"→"应用模板到页"命令，弹出"选择模板"对话框，如图 5-5-24 所示。

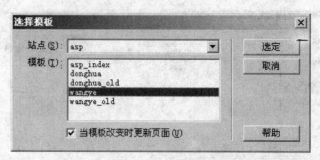

图 5-5-24　"选择模板"对话框

（2）选择合适的模板，然后单击"选定"按钮，这样就完成了模板的更换。

5.5.5　使用库

库与模板有类似之处，模板用来制作整体网页的重复部分，库就是面向网页局部重复部分的。例如，在网站中某些页面上常写着"网页中所有文字、图片和音视频资料，版权均属本网站所有"之类的话。每次重复输入这些东西很麻烦。我们可以把它们做成库部件，以后就可以重复使用了。下面以制作版权信息为例，介绍库的用法具体操作步骤如下：

（1）输入文字"网页中所有文字、图片和音视频资料，版权均属本网站所有"。

（2）选择"窗口"→"资源"命令，打开"资源"面板，单击■按钮，切换到"库"页，如图 5-5-25 所示。

（3）选中上述文字，拖曳进面板，命名即可。这些选中的文字就变成了库部件，是一个整体，如图 5-5-26 所示。

图 5-5-25　"资源"面板

图 5-5-26　制作库部件

以后当插入库部件的时候，只要在"库"页中选择想要的库部件，然后单击"插入"按钮即可完成部件插入。

编辑部件只要在"库"页中双击部件即可进入部件的编辑状态，当修改了一个部件后，系统会提示是否重新应用到所有使用库部件的页面，单击"更新"按钮即可完成。

当使用了库和模板之后，在站点根目录下就多了两个目录。一个是模板目录 Templates，所有扩展名为.dwt 的模板都存放在里面；另一个是库目录 Library，库部件扩展名为.lib。

第6章 \ 路由器及选路协议基础

引 言

路由器是构成互联网最重要的网络设备之一，互联网的主干是由路由器的互连构成的。从广义上说，路由器是网络上完成选路功能的计算机。本章我们首先学习路由器的组成、功能、一些基本命令和文件系统的维护。然后在此基础上我们学习路由器是如何选路的，将会学习静态路由和一些动态选路协议。

本章主要介绍路由器的组成、功能和选路技术及应用。

内容结构图

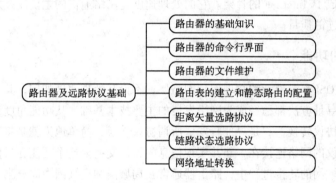

学习目标

- 理解路由器的组成与功能，理解路由器在网络中的作用。
- 学会路由器操作系统软件的升级。
- 对路由的概念有一定的理解。
- 理解静态路由的概念，熟练掌握静态路由的配置。
- 理解 RIP 路由协议，熟练掌握 RIP 协议的配置。
- 对 OSPF 协议有一定的理解，会在单区域中配置 OSPF 协议。
- 理解地址转换的作用、意义，学会在路由器上配置地址转换的基本步骤。

6.1 路由器的基础知识

我们已经对计算机有了较多的认识，路由器作为一种特殊的计算机，它有哪些作用？它是如何将网络连接到一起的？它与我们熟悉的计算机有哪些相同点以及哪些不同点？下面让我们一起去认识它吧。

6.1.1　路由器的基本概念

路由器是网络中连接多个 IP 网络的设备。当我们不了解它时，总觉得它很神秘。从 20 世纪 60 年代末，计算机网络开始出现，人们一直用计算机（通常是小型机）上插入网络接口卡的方式完成现代路由器的功能，20 世纪 80 年代出现了微机插卡式路由器。1984 年，美国思科公司推出了世界上第一台多协议路由器。现在，专用路由器已经成为了主流。

路由器是网络上完成路径选择的计算机。选路（Routing）是指选择一条用于发送分组的路径的过程。和计算机组成类似，路由器一般由背板、CPU、内存、闪存、网络接口卡构成，它上面还有控制台端口（Console）和辅助端口（Aux）。背板、CPU、内存的功能和计算机一样，闪存通常用于存储路由器操作系统文件等。通过控制台端口可以对路由器进行配置，辅助端口主要用于电话拨入路由器。路由器通常没有显示器。

路由器就是一种连接多个网络或网段的网络设备，它的重要任务就是实现"把信息从源地点移动到目标地点的活动"。为了实现这样的功能，它需要将不同网络之间的数据信息进行"翻译"，以使它们能够相互"读"懂对方的数据，从而构成一个更大的网络并在此基础上实现寻址的判断。作为不同网络之间互相连接的枢纽，路由器系统构成了基于 TCP/IP 的 Internet 的主体脉络，也可以说，路由器构成了 Internet 的骨架。它的处理速度是网络通信的主要瓶颈之一，它的可靠性直接影响着网络互连的质量。

6.1.2　路由器的功能

路由器工作在 OSI 参考模型的物理层到网络层，不论其处理速度如何，其技术特征带来的网络连通性能和数据寻址方法都已经成为网络发展的主要技术基础。从功能角度认识路由器，它具有两大功能：一是协议转换；二是寻址转发。所谓协议转换，简单地说就是将使用一种协议的网络与使用另一种协议的网络连接在一起并实现信息的无误交换。这个功能在目前的网络实现中多体现在局域网到广域网的转接过程中，路由器通常在局域网和广域网中间充当"翻译"的角色，其目的就是使局域网的数据可以被它准确地翻译成广域网可以携带的信息通过广域网的传递到达最终的目标地点。

寻址转发就是路由器根据对拓扑网络的了解建立一张网络位置表，当收到 IP 数据包时，根据数据包的目的地址在网络中的位置分析需要转发的路径，然后将数据包从接收端口交换到输出端口。

路由器是一种典型的网络层设备，在 OSI 参考模型中被称为中间系统，完成网络层中继的任务。路由器负责在网络之间接收帧并继续传输数据，转发帧时需要改变帧中的源和目标物理地址。在传输过程中，源 IP 地址和目的 IP 地址通常不会改变。

6.1.3　路由器的工作原理

路由器具有 4 个要素：输入端口、输出端口、交换结构和路由处理器。交换结构相当于计算机的背板，路由处理器相当于计算机的 CPU，如图 6-1-1 所示。

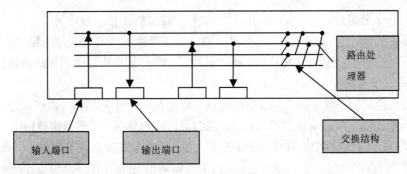

图 6-1-1　路由器结构图

1. 输入端口

输入端口是物理链路和输入包的进口处。在路由器中,多个端口经常被集中到一块线路卡上。一块线卡一般支持 4、8 或 16 个端口,一个输入端口具有许多功能。第一它要执行将一条输入的物理链路端接到路由器的物理层功能;第二它要执行数据链路层功能,包括数据帧的封装和解封装;第三它要完成查找与转发功能,以便转发到路由器的总线或交换结构的分组能出现在适当的输出端口,在高端路由器(比如 Cisco 12000 系列)上,线路卡上具有 CPU、内存等部件,路由器的转发表被拷贝,到线路卡上,当一个分组在一个线路卡的不同接口间转发时,分组不在被转发到交换架构上而是直接在本地(即线路卡)上进行,这种方式被称为分布式处理,它可以避免路由器的某个单点产生转发处理的瓶颈。在中、低端路由器(比如 Cisco 2800)上,整个路由器仅有一个中央选路处理器,输入端口直接将分组转发给中央选路处理器,然后该处理器执行转发表查找并将分组转发到适当的输出端口;输入端口的最后一项功能是参加对公共资源(如交换结构)的仲裁协议。

2. 交换结构

交换结构位于一台路由器的核心部位。正是通过交换结构,分组从一个输入端口被交换到一个输出端口。交换可以通过多种方式实现。

1)共享内存交换

在共享内存交换路由器中,从输入端口进来的数据包被存储在共享内存中,所交换的仅是数据包的指针,这提高了交换容量,但是,交换的速度受限于存储器的存取速度。早期的路由器在输入端口和输出端口之间的交换是在 CPU 的直接控制下完成的。输入端口和输出端口的作用就像传统操作系统中的 I/O 设备一样。一个分组到达输入端口时,该端口会先通过中断方式向选路处理器发出信号。于是,该分组从输入端口被复制到内存中。选路处理器则从该分组的首部读取目的 IP 地址,然后在路由转发表中查找适当的输出端口,并将该分组复制到输出端口的缓存中。在现代路由器中,线路卡上可能具有选路处理器,目的 IP 地址的查找和将分组交换到适当的存储位置是由线路卡上的处理器完成的。思科公司已停产的 Catalyst 8500 交换路由器就是一个使用这种结构的例子。

2)总线交换结构

使用一条总线来连接所有输入和输出端口。优点是结构简单,缺点是其交换容量受限于总线的容量以及为共享总线仲裁所带来的额外开销。在这种方法中,输入端口经一根总线将分组直接传送到输出端口,不需要总线的干预。由于总线是共享的,所以一次只能有一个分组通过总线传输。当一个分组到达一个输入端口时，如果发现总线正忙于传输另外一个分组，则它会被阻塞，而不能被传送，并在输入端口排队。路由器交换带宽受总线速率的限制。总线交换结构是当前路由器广泛使用的方式之一，思科公司 Cisco 7200 是使用总线结构路由器的一个例子。

3）交叉开关交换结构

交叉开关交换结构关通过提供多条数据通路，具有 N×N 个矩阵结构可以被认为具有 2N 条总线。它将 N 个输入端口和 N 个输出端口连接。与共享内存和总线式结构路由器相比，基于交叉开关设计则有更好的可扩展性能，并且省去了控制大量存储模块的复杂性和高成本。在交叉开关体系结构路由器中，数据直接从输入端经过交叉开关流向输出端。采用交叉开关结构替代共享总线，这样就允许多个数据包同时通过不同的线路进行传送，从而极大地提高了系统的吞吐量，使得系统性能得到了显著提高。系统的最终交换带宽仅取决于中央交叉阵列和各模块的能力，而不是取决于连线自身。新一代路由器普遍采用交换方法来充分利用公共通信链路设备，不但有效地提高了整个链路的利用率，其交换还为各结点间通信的并行传输提供了可能性。思科公司高端路由器 Cisco 12000 和 7600 系列都是使用交叉开关交换结构的例子。

3. 输出端口

输出端口在包被发送到输出链路之前对包存储，可以实现复杂的调度算法以支持优先级等要求。与输入端口一样，输出端口同样能支持数据链路层的封装和解封装，以及许多较高级协议。

路由器的 CPU 负责路由器的配置管理和数据包的转发工作，如维护路由器所需的各种表格以及路由运算等。路由器对数据包的处理速度很大程度上取决于 CPU 的类型和性能。当交换结构将分组交付给端口的速率超过输出链路速率时，就需要排队与缓存管理。

6.1.4 初次访问路由器

我们已经知道路由器本质上就是一台计算机。但是，与普通计算机不同，路由器通常没有显示器，并且其操作系统也不是我们熟悉的 Windows 操作系统。而是专门为路由器开发的操作系统，我们常把它称为互联网操作系统 IOS（Internetwork Operating System）。路由器中除了提供网络连接端口外，还提供了控制台端口和辅助端口。通常家庭用的小路由器功能较简单并不提供控制台和辅助端口，上面有 LAN 口和 WAN 口。LAN 口出厂时已设好 IP 地址，我们可以通过 Web 方式登录，然后进入菜单模式。其他的路由器称为商用路由器，用于公司或者企业，一般都配有控制台端口和辅助端口。

1. 控制台端口

路由器都配置了控制台端口，通常称之为 Console 口，使用户或管理员能够利用终端与路由器进行通信，完成路由器配置。该端口提供了一个 EIA/TIA-232 异步串行接口，用于在本地对路由器进行配置（首次配置必须通过控制台端口进行）。路由器的型号不同，与控制台进行连接的具体接口方式也不同，一般路由器控制台接口为 RJ45 接口。

2. 辅助端口

多数路由器均配备了一个辅助端口，通常称之为 Aux 口，它与控制台端口类似，提供了一个 EIA/TIA-232 异步串行接口，通常用于连接 Modem 以使用户或管理员通过电话线路对路由器进行远程管理。

下面我们给出通过控制台端口访问路由器的方法：

（1）将配置线缆的一端与路由器的 Console 口相连，另一端与 PC 的串口相连，如图 6-1-2 所示。

（2）在 PC 上运行超级终端程序（Windows XP 系统自带此程序）。选择"开始"→"程序"→"附件"→"通讯"→"超级终端"命令，运行"超级终端"程序，同时需要设置终端的硬件参数（包括串口号），如图 6-1-3 所示。

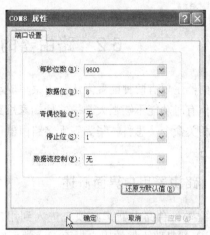

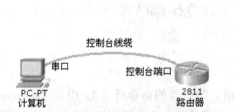

图 6-1-2　路由器初始配置连接　　　　图 6-1-3　超级终端参数设置

配置参数时，可以直接单击"还原为默认值"按钮。配置参数的原因是因为路由器的配置口本质上是异步口，异步通信的两端的速率必须事先设置成一样，大多数网络厂商的网络设备（包括有些带配置口的服务器）出厂时配置口默认速率是 9600bit/s。也有个别厂商默认速率是 19200bit/s（如 3COM）。

（3）路由器加电，超级终端会显示路由器自检信息，自检结束后出现命令提示。

```
System Bootstrap, Version 12.1(3r)T2, RELEASE SOFTWARE (fc1)
Copyright (c) 2000 by cisco Systems, Inc.
cisco 2811 (MPC860) processor (revision 0x200) with 60416K/5120K bytes of memory
Self decompressing the image :
#############################################################################
[OK]
Cisco IOS Software, 2800 Software (C2800NM-ADVIPSERVICESK9-M), Version
12.4(15)T1, RELEASE SOFTWARE (fc2)
Technical Support: http://www.cisco.com/techsupport
Copyright (c) 1986-2007 by Cisco Systems, Inc.
Compiled Wed 18-Jul-07 06:21 by pt_rel_team
Image text-base: 0x400A925C, data-base: 0x4372CE20
cisco 2811 (MPC860) processor (revision 0x200) with 60416K/5120K bytes of memory
Processor board ID JAD05190MTZ (4292891495)
M860 processor: part number 0, mask 49
2 FastEthernet/IEEE 802.3 interface(s)
239K bytes of non-volatile configuration memory.
62720K bytes of  ATA CompactFlash (Read/Write)
Cisco IOS Software, 2800 Software (C2800NM-ADVIPSERVICESK9-M), Version
12.4(15)T1, RELEASE SOFTWARE (fc2)
Press RETURN to get started!
Router>
```

（4）按【Enter】键进入用户模式。路由器出厂时没有定义密码，用户按【Enter】键直接进入普通用户模式，可以使用权限允许范围内的命令，需要帮助可以随时键入"？"，再输入 enable，按【Enter】键进入特权用户模式。这时候用户拥有最大权限，可以任意配置，需要帮助可以随时键入"？"。

```
Router >enable
Router#
```

6.2   路由器的命令行界面（CLI）

路由器主要有两种配置方法：由菜单驱动的图形界面方式和命令行界面方式。菜单方式简单易学，但有时功能不够强大，一些低端家用路由器常采用这一方式。命令行方式是在命令提示符下输入相关命令，思科、华为等大多路由器厂商采用命令行界面方式。一般专业人士都喜欢命令行界面方式。

6.2.1   路由器用户界面概述

要配置一台路由器，必须先进入到用户界面。路由器的命令行界面 CLI（Command Line Interface）就是路由器的用户界面。通常可以通过超级终端从路由器的控制台进入，也可以通过 Telnet 会话远程登录进入。进入路由器时，在输入任何其他命令之前先登录。出于安全考虑，路由器有两级的命令访问控制：

- 用户模式（User Mode）：通常通过路由器的 show 命令查看路由器的各种状态。在此状态下，不能对路由器的配置进行修改。
- 特权用户（Privileged Mode）：除了具有用户模式的功能外，还可以对路由器的配置进行维护和修改。

当我们第一次登录到路由器上时，会看到用户模式的提示符：

```
Router>
```

用户模式下可以执行的命令只是特权模式下命令的一小部分。如果需要对路由器进行配置则必须进入到特权模式，在>提示符下输入 enable，如果路由器配置了特权模式密码，则路由器会提示输入密码，当密码验证成功后，就进入了特权模式。特权模式的提示符为井号（#）。从特权模式我们可以进入路由器的全局配置模式和其他的特定配置模式，包括：

- 接口模式（Interface）。
- 子接口模式（Subinterface）。
- 线路模式（Line）。
- 路由协议模式（Router）。
- 一些其他模式。

下面是进入一台路由器各种模式输出的一部分。

```
--- System Configuration Dialog ---
Continue with configuration dialog? [yes/no]: n
Press RETURN to get started!
Router>                          ← 路由器的用户模式
Router>enable
```

```
Router#                                    ← 特权用户模式
Router#configure terminal
Enter configuration commands, one per line. End with CNTL/Z.
Router(config)#                            ← 路由器的全局配置模式
Router(config)#interface fa 0/0
Router(config-if)#                         ← 路由器的接口模式
Router(config)#^Z                          ← 按【Ctrl+Z】组合键回到特权模式
%SYS-5-CONFIG_I: Configured from console by console
Router#disable                             ← 退到用户模式
Router>
Router>exit                                ← 退出路由器
```

6.2.2 命令行界面命令列表

在路由器的用户模式提示符下输入问号(?),就能显示一般用户常用命令的列表,如表 6-2-1 所示。命令是一屏一屏显示的。按【Enter】键翻行,按【Space】键翻屏,按其他任意键返回到路由器的提示符。

Router>?

表 6-2-1 一般用户常用命令

Exec commands:	命 令 解 释
<1-99>	恢复一个编号为 1~99 的会话
connect	打开一个终端连接
disconnect	断开一个已经存在的网络连接
enable	进入路由器的特权模式
exit	退出 EXEC
ipv6	IPv6
logout	退出 EXEC
ping	发送 Echo 报文
resume	恢复一个活动的网络连接
show	显示路由器的系统信息
ssh	打开一个 SSH 会话
telnet	开启一个 Telnet 连接
terminal	设置终端连接的参数
traceroute	启动到目的地的路由跟踪

在特权模式下键入问号 (?),就会显示特权命令,表 6-2-2 所示是一部分特权命令。
Router#?

表 6-2-2 特权命令

Exec commands:	命 令 解 释
<1-99>	恢复一个编号为 1~99 的会话
clear	清除功能
clock	管理系统时钟

（续表）

Exec commands:	命 令 解 释
configure	进入配置模式
connect	打开一个终端连接
copy	从一个文件复制到另一个文件
debug	使用调试功能
delete	删除一个文件
dir	显示文件系统上的文件
disable	退出特权模式
disconnect	断开一个已经存在的网络连接
enable	进入特权模式
erase	擦除闪存上的文件系统
exit	退出 EXEC
logout	退出 EXEC
more	显示文件的内容
no	关闭一个命令功能
ping	发送 Echo 报文
reload	重启路由器
resume	恢复一个活动的网络连接
setup	运行 Setup（会话）命令工具
show	显示系统的某种信息
ssh	打开一个 SSH 连接
telnet	打开一个 Telnet 连接
terminal	设置终端连接的参数
traceroute	启动到目的地的路由跟踪
undebug	停止调试功能
vlan	配置虚拟网参数
write	保存路由器的配置

6.2.3　路由器的帮助功能和编辑命令

写出路由器命令关键字的一部分，通过加"？"可以得到提示。

```
Router#cl
% Ambiguous command: "cl"              ← 表明以 cl 开头的命令多于一个
Router#cl?
clear  clock
Router#clock?
clock
Router#clock ?
  set  Set the time and date          ←clock 后可以键入的命令是 set
Router#clock set ?
  hh:mm:ss  Current Time               ←set 之后需要键入时间，格式是时:分:秒
Router#clock set 19:06:50
% Incomplete command.                  ← 输入的命令不完整
Router#clock set 19:06:50 ?
```

```
   <1-31>  Day of the month          ← 可以输入日期，1～31 的一个数字
   MONTH   Month of the year         ← 可以输入月份，大写表示 MONTH 需要赋值
Router#clock set 19:06:50 24 11
% Invalid input detected at '^' marker.  ← 命令输入有错误
Router#clock set 19:06:50 24 dec      ← 命令不完整
% Incomplete command.
Router#clock set 19:06:50 24 DEC ?    ← 后面需要输入年份
   <1993-2035>  Year
Router#clock set 19:06:50 24 DEC 2009
Router#show clock
*19:35:44.749  24 2009
```

1）IOS 的编辑命令

- Ctrl+A：光标移至行首。
- Ctrl+E：光标移至行尾。
- Esc+B：后移一个词。
- Ctrl+B：后移一个字符。
- Ctrl+F：前移一个字符。
- Esc+F：前移一个词。

2）IOS 的命令历史功能

设置缓冲区大小：默认 10 条命令，可通过 terminal history size 或 history size 来设置，最大条数为 256，条数设为 0，相当于禁用了命令历史功能。可以通过上、下箭头键查看及选择，也可以输入足够的前缀，按【Tab】键自动补全。

```
Router#show ip interface brief
```

Interface	IP–Address	OK? Method Status	Protocol
FastEthernet0/0	unassigned	YES manual administratively down	down
FastEthernet0/1	unassigned	YES manual administratively down	down
Vlan1	unassigned	YES manual administratively down	down

```
Router#show ip interface brief
```

在输入路由器命令时，我们一般没必要将一个命令单词完整写出，如输入 show 时，只要输入 sh 然后按【Tab】键即可。但是，只有当以 sh 开始的命令唯一时，【Tab】键才有效。如果我们不久刚键入过 show ip interface brief 命令，需要再次键入时，可以多次按【↑】键，系统会将缓冲区中的命令调出。

几个常用的路由器命令如下：

- 进入配置模式：

```
Router#conf t
Enter configuration commands, one per line.  End with CNTL/Z.
Router(config)#
```

- 配置 IP 地址：

```
Router(config)#int fa 0/0
Router(config-if)#ip address 192.168.10.1 255.255.255.0
Router(config-if)#no shut
%LINK-5-CHANGED: Interface FastEthernet0/0, changed state to up
```

```
Router(config-if)#
```
- 简要显示路由器各个接口的编号、IP 地址、状态等：
```
Router#show ip interface brief
Router#show ip int b
Interface          IP-Address    OK? Method Status              Protocol
FastEthernet0/0    192.168.10.1  YES manual up                      down
FastEthernet0/1    unassigned    YES manual administratively down down
Vlan1              unassigned    YES manual administratively down down
```
- 详细显示路由器各个接口的状态、IP 地址、子网掩码和流量等内容：
```
Router#show int
FastEthernet0/0 is up, line protocol is down (disabled)
Hardware is Lance, address is 0000.0c7d.7b01 (bia 0000.0c7d.7b01)
Internet address is 192.168.10.1/24
MTU 1500 bytes, BW 100000 Kbit, DLY 100 usec, rely 255/255, load 1/255
```
- 显示路由器的路由表：
```
Router#show ip route
```
- 保存路由器的当前配置：
```
Router#copy running-config startup-config (或write)
```

6.3　路由器的文件维护

与 Windows 等操作系统类似，路由器的操作系统也包含文件系统。由于路由器的操作系统大都只包含一个文件，所以路由器的文件系统比较简单，一般包含一个操作系统文件和一个配置文件。

6.3.1　路由器的基本存储组件

路由器基本存储组件包括：
- NVRAM：非易失性存储器，即掉电不丢失的，这里通常存储路由器的启动配置文件。
- SDRAM：RAM，它是掉电丢失的，这里通常存放当前正在运行的配置文件和正在使用的路由表以及其他缓存数据等。
- BootROM：启动只读存储器，这里存放相当于路由器自举程序的系统文件，其中的内容不可写，只可读，通常用于异常错误的恢复等操作。
- Flash：闪式内存，它的内容也是掉电不丢失的，通常用来存放路由器当前使用的软件版本。

在设备实现的过程中，一般会把 Flash 和 NVRAM 的功能进行整合，将启动配置文件和路由器的当前启动软件版本均放在 Flash 中。

6.3.2　路由器的启动过程

1. 系统硬件加电自检

运行 BootROM 中的硬件检测程序，检测各组件能否正常工作。完成硬件检测后，开始软件初始化工作。

2. 软件初始化过程

运行 BootROM 中的引导程序，进行初步引导工作。

3．寻找并载入操作系统文件

操作系统文件可以存放在多处，至于到底采用哪一个操作系统，是通过命令设置指定的。

4．进行系统配置

操作系统装载完毕后，系统在 NVRAM 中搜索保存的 Startup-Config 文件，进行系统的配置。如果 NVRAM 中存在 Startup-Config 文件，则将该文件调入 RAM 中并逐条执行。否则，系统默认无配置，直接进入用户操作模式，进行路由器初始配置。

图 6-3-1 所示表示了这几个组件之间的关系和启动时的文件读取顺序。

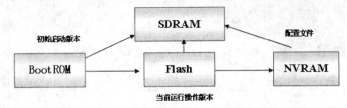

图 6-3-1　路由器引导过程中配置文件的位置

BootROM 是路由器的基本启动版本存放的位置，路由器加电启动时，会先从只读存储器中读取其初始启动版本，由它引导路由器进行基本的启动过程，主要任务包括对硬件版本的识别和常用网络功能的启用等。

SDRAM 是路由器的运行内存，主要用来存放当前运行文件，如系统文件和当前运行的配置文件，它是掉电丢失的，即每次重新启动路由器，SDRAM 中的原有内容都会丢失。

Flash 中存放当前运行的操作系统版本，当路由器从 BootROM 中正常读取了相关内容并启动基本版本之后，即会在它的引导下从 Flash 中读取当前存放的操作系统版本到 SDRAM 中运行。它是掉电不丢失的，即每次重新启动路由器，Flash 中的内容都不会丢失。

NVRAM 中存放路由器配置好的配置文件，当路由器启动到正常读取了操作系统版本并加载成功之后，即会从 NVRAM 中读取配置文件到 SDRAM 中运行，以对路由器当前的硬件进行适当的配置。NVRAM 中的内容也是掉电不丢失的，路由器有无配置文件存在都应该可以正常启动。

6.3.3　路由器 IOS 的升级与备份

1．TFTP 服务器的安装和使用

TFTP（Trivial File Transfer protocol）即简单文件传输协议，基于 UDP 协议，端口号为 69。它允许文件在网络上一台主机到另一台主机上进行传输。许多网络设备的 IOS 升级与备份使用 TFTP 软件。图 6-3-2 所示为路由路 IOS 软件维护。目前，有一些流行的 TFTP 服务器软件。其中 3COM 公司的 TFTP 软件最为流行。首先是 TFTP 软件安装，安装完毕之后设定根目录，需要使用的时候，开启 TFTP 服务器即可。

图 6-3-3 所示是市场上比较流行的几款 TFTP 服务器。

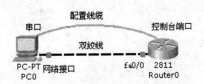

图 6-3-2　路由器 IOS 软件维护

图 6-3-3　常用 TFTP 服务器

我们以 3COM TFTP 服务器软件为例，安装非常简单，单击安装程序即可。运行该软件出现图 6-3-4 所示的界面。

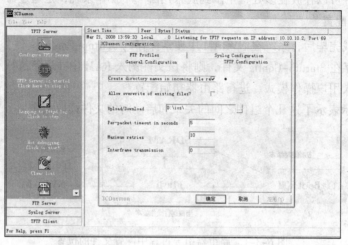

图 6-3-4　TFTP 软件配置

在主界面中我们单击 Configure TFTP Server 按钮。配置 TFTP 的根目录，本例中我们把 TFTP 根目录设置为 D:\ios，其 IP 地址也自动出现（10.10.10.2）。可以更改根目录到你需要的任何位置。

2. 正常状态下系统文件的备份和升级操作

（1）路由器接口配置：

```
Router>enable                                         ! 进入特权模式
Router #config                                        ! 进入全局配置模式
Router _config#interface f0/0                         ! 进入接口模式
Router _config_f0/0#ip address 10.10.10.1 255.255.255.0! 设置 IP 地址
Router _config_f0/0#no shutdown
Router _config_f0/0#^Z
Router #show interface f0/0                            ! 也可以使用命令 sh ip int brief
FastEthernet0/0 is up, line protocol is up            ! 接口和协议都必须为开启状态
address is 00e0.0f18.1a70
 Interface address is 10.10.10.1/24
 MTU 1500 bytes, BW 100000 kbit, DLY 10 usec
 Encapsulation ARPA, loopback not set
 Keepalive not set
 ARP type: ARPA, ARP timeout 04:00:00
 60 second input rate 0 bits/sec, 0 packets/sec!
 60 second output rate 6 bits/sec, 0 packets/sec!
 Full-duplex, 100Mb/s, 100BaseTX, 1 Interrupt
 0 packets input, 0 bytes, 200 rx_freebuf
 Received 0 unicasts, 0 lowmark, 0 ri, 0 throttles
 0 input errors, 0 CRC, 0 framing, 0 overrun, 0 long
 1 packets output, 46 bytes, 50 tx_freebd, 0 underruns
 0 output errors, 0 collisions, 0 interface resets
 0 babbles, 0 late collisions, 0 deferred, 0 err600
 0 lost carrier, 0 no carrier 0 grace stop 0 bus error
 0 output buffer failures, 0 output buffers swapped out
```

（2）验证与 PC 的连通性，如图 6-3-5 所示。

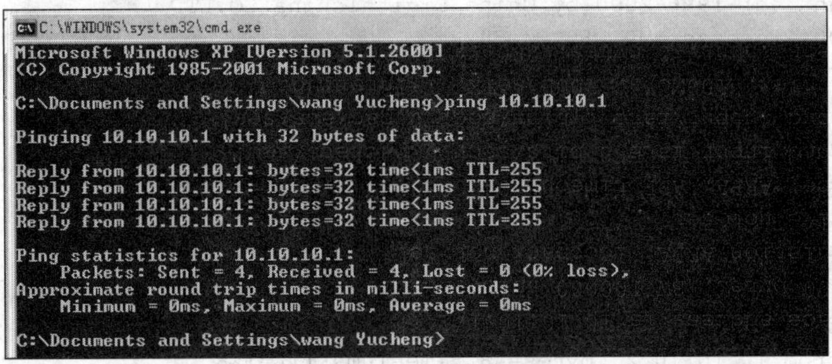

图 6-3-5　连通性测试

由于大部分 PC 上都安装了个人防火墙，可能从路由器 Ping PC 的 IP 地址不通，但从 PC Ping 路由器的 IP 地址应该是通的。

（3）查看路由器系统文件名：

```
Router-A#dir
Directory of /:
0 Router.bin <FILE> 5058431 Thu Jan 3 14:32:22 2002
free space 3309568
```

（4）使用命令开启路由器系统文件的备份：

```
Router#copy flash: tftp:
Source file name[Router.bin]?                ！TFTP 根目录下不能有同名的文件
Remote-server ip address[ ]?10.10.10.2 !TFTP 的 IP 地址
Destination file name[Router.bin]?
#######################################################################
#######################################################################
## （略）
TFTP:successfully receive 6623 blocks ,3390853 bytes
Router#
```

（5）路由器操作系统 IOS 的升级：

```
Router#copy tftp: flash:              ！有时 flash 空间不够，需要删除原文件或格式
                                        化 flash，例如，Router#format
Source file name[]?Router.bin   ！事先要把 IOS 影像文件复制到 TFTP 根目录下
Remote-server ip address[ ]?10.10.10.2 !TFTP 的 IP 地址
Destination file name[Router.bin]?
#######################################################################
#######################################################################
## （略）
TFTP:successfully receive 6623 blocks ,3390853 bytes
Router#
```

3. 紧急恢复情况下的系统文件升级

（1）进入网络设备特殊监视器模式。在 DCR-2600 系列路由器中，将设备加载重启之后，在系统启动到如下位置时，一直按住【Ctrl+Break】组合键，即可进入 2600 系列路由器的 monitor 模式，如下所示：

```
System Bootstrap, Version 0.1.8
```

```
Serial num:8IRT01V11B01000054 ,ID num:000847
Copyright (c) 1996-2000 by China Digitalchina CO.LTD
DCR-2600 Processor MPC860T @ 50MHz
The current time: 2008-3-12 4:44:13
                Welcome to DCR Multi-Protool 2600 Series Router
monitor#
```

（2）使用命令配置网络基本信息，验证与 TFTP 服务器的连通性：

```
monitor#ip address 10.10.10.10.1 255.255.255.0
monitor#ping 10.10.10.2
Ping 10.10.10.2 with 48 bytes of data:
Reply from 10.10.10.2: bytes=48 time=10ms TTL=128
Reply from 10.10.10.2: bytes=48 time=10ms TTL=128
Reply from 10.10.10.2: bytes=48 time=10ms TTL=128
Reply from 10.10.10.2: bytes=48 time=10ms TTL=128
4 packets sent, 4 packets received
round trip min/avg/max = 10/10/10 ms
monitor#
```

（3）使用命令开启系统文件恢复过程：

```
monitor#copy tftp: flash:
Source file name[]?Router.bin
Remote-server ip address[ ]?10.10.10.2  !TFTP 的 IP 地址
Destination file name[Router.bin]?
######################################################################
######################################################################
##
TFTP:successfully receive 6623 blocks ,3390853 bytes
monitor#
```

6.4 路由表的建立和静态路由配置

路由器可以提供从一个网络到另一个网络的选路和转发服务，当一个数据包到达路由器后，它将根据自己对网络位置的判断对数据包进行转发，以帮助数据包更快地到达目的网络。

在路由器中对这一个过程起着指导作用的就是路由表，路由表是路由器了解到的拓扑网络的集合。在路由表中，通常包含远端网络和路由器直连网络的出口标识，其目的就在于当数据到达路由器后，根据其目的网络地址与路由表的匹配来查看对此数据包的转发动作。

6.4.1 路由表的建立

路由表如此重要，它又是如何形成的呢？

首先，路由表会根据已知的端口所配置的 IP 地址形成路由器直连网络的出口信息，我们通常称之为直连路由，如下所示：

```
Codes: C - connected, S - static, R - RIP, B - BGP, BC - BGP connected
      D - DEIGRP, DEX - external DEIGRP, O - OSPF, OIA - OSPF inter area
      ON1 - OSPF NSSA external type 1, ON2 - OSPF NSSA external type 2
      OE1 - OSPF external type 1, OE2 - OSPF external type 2
      DHCP - DHCP type
```

```
VRF ID: 0
C      10.10.11.0/24        is directly connected, fastEthernet0/0
C      192.168.1.0/24       is directly connected, Serial0/2
```

上面的两条路由项均以 C 开头，意味着它们都是 Connected 路由，通过这个路由表可以知道此路由器的 Serial0/2 配置了 192.168.1.0 网段的地址并且此端口处于 UP 状态，另一个端口 fastEthernet0/0 保持 UP 状态，从这个路由表中我们可以看到 fastEthernet0/0 被配置了 10.10.11.0 网段的地址。

路由器组成的网络环境往往会由很多网络段构成，这些网络段往往不会在一台路由器上连接，当某些网络是一台路由器不直接相连的时候，要想保持整个网络的连通，路由器就有必要为这些网络增加路由的说明项了。

1. 建立路由表

路由表的建立可以有以下两种方式：

1）路由器间运行选路协议

通过在路由器上运行选路协议，路由器可以了解拓扑中有哪些网络，这些选路协议被称为动态选路协议。

2）手工配置

由路由器的管理者手工配置，告诉路由器拓扑中有哪些网络，以及如何到达这些网络。

当一个可以被路由的数据包到达一台路由器时，路由器会查找路由表以获得一个到达目标的路径。

2. 路由表项的内容

路由表项中有两个重要的基本内容：

- 目的网络：这是路由器可以到达的网络，反映了路由器对网络拓扑的了解程度。
- 指向目标的指针：路由器到达直连网络的接口或到达非直连网络的下一跳路由器（next hop）的 IP 地址。

3. 路由匹配的原则

路由器按最长匹配原则进行路由匹配，即按以下优先递减的顺序进行路由匹配：

（1）主机地址（主机路由）。

（2）子网。

（3）一组子网（一条汇总路由）。

（4）主网。

（5）一组主网（超网）。

（6）默认路由。

6.4.2　静态路由的实例

当为路由器增加的网络项是完全由管理员判断并添加的时候，这些被添加的路由项就被称为静态路由。

除了静态路由，我们还可以让路由设备通过路由协议相互通告，自主学习相关路径转发信息，这样的协议通常被称为“动态路由协议”。

为路由器添加静态路由的目的就是让路由器得知有关非直连网段的转发方法，因此通常在多于 2 台少于 10 台路由器的网络环境中使用静态路由是比较合适的。当网络环境中路由器的数量多于 10 台时，通常要考虑使用动态路由协议使设备自主学习相关路径信息。在真实的网络环境中，即使在使用动态选路协议时，静态路由和默认路由在网络的边界也是经常使用的。

作为静态路由的一种特殊情形为默认路由，在默认路由中，目的网络地址是不明确、不具体的网络地址。或者说，告诉路由器到所有未知网络都将数据包送到某个下一跳地址。对于未知网络，可以理解为我们对该网络只了解零位，所以默认网络通常用 0/0，即网络地址为 0.0.0.0，子网掩码为 0.0.0.0。通过一个具体例子说明静态路由和默认路由的使用与配置。如图 6-4-1 所示，一个用户网络由路由器 1、路由器 2 及一些交换机构成。该机构申请到了 IP 网络 202.112.81.0、202.112.82.0、202.112.83.0 这 3 个 C 类地址；路由器 0 是一个服务提供者的边界路由器，用户从提供者处得到了互联地址：用户端为 202.112.42.18，255.255.255.252；提供者端为 202.112.42.17，255.255.255.252。子网掩码为 3 个 255 1 个 252，表示前 30 位为网络，通过子网的划分，可以节约地址。

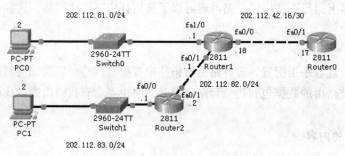

图 6-4-1　静态路由实例

在使用静态路由配置路由器时，网络管理员首先要明确用户的网络拓扑中有哪些网络，在我们的例子中有 202.112.81.0、202.112.82.0、202.112.83.0；用户到提供者的 IP 为 202.112.42.18，255.255.255.252；对端地址为 202.112.42.17。其次，网络管理员要对 IP 地址进行规划，即每一个网络段如何编址，网络设备使用哪些端口。在本例中，路由器 1 的 fa0/0 口与提供者设备路由器 0 相连，fa1/0、fa0/1 分别使用 IP 地址 202.112.81.0 和 202.112.82.0 段，并且 fa1/0 IP=202.112.81.1/24，fa0/1 IP=202.112.82.1/24；路由器 2 的端口 a0/1 与路由器 1 的端口 fa0/1 相连。

对于用户网络中的路由器来说，要做到能引导到达路由器的数据包正确向目标转发，既要了解用户网络中有哪些 IP 网络，还要有一条默认路由，使得目标不属于用户网络的数据包被发送到提供者边界路由器 0，让提供者的路由器帮助转发数据包。

首先在路由器 1 上配置相应接口的 IP 地址：

```
Router#conf t
Enter configuration commands, one per line.  End with CNTL/Z.
Router(config)#hostname Router1
Router1(config)#int fa 0/0
Router1(config-if)#ip add 202.112.42.18 255.255.255.252
Router1(config-if)#no shut
Router1(config-if)#int fa 1/0
Router1(config-if)#ip add 202.112.81.1 255.255.255.0
Router1(config-if)#no shut
```

```
Router1(config-if)#int fa 0/1
Router1(config-if)#ip add 202.112.82.1 255.255.255.0
Router1(config-if)#no shut
```

检查接口 IP 地址的配置：

```
Router1#show ip int b
Interface            IP-Address      OK? Method Status                  Protocol
 FastEthernet0/0     202.112.42.18   YES manual up                      up
 FastEthernet0/1     202.112.82.1    YES manual up                      up
 FastEthernet1/0     202.112.81.1    YES manual up                      up
 FastEthernet1/1     unassigned      YES manual up                      down
 Vlan1               unassigned      YES manual administratively down down
Router1#
```

对于路由器 2 和路由器 0 也要完成相应 IP 地址的配置。在实际网络建设时，我们一般看不到提供者设备中的配置，比如路由器 0 是由提供者管理的，是由提供者的网络管理者进行配置的。

路由器 2：

```
Router#conf t
Enter configuration commands, one per line.  End with CNTL/Z.
Router(config)#hostname Router2
Router2(config)#int fa 0/1
Router2(config-if)#ip add 202.112.82.2 255.255.255.0
Router2(config-if)#no shut
Router2(config-if)#int fa 0/0
Router2(config-if)#ip add 202.112.83.1 255.255.255.0
Router2(config-if)#no shut
Router2(config-if)#
```

路由器 0：

```
Router#conf t
Enter configuration commands, one per line.  End with CNTL/Z.
Router(config)#hostname Router0
Router0(config)#int fa 0/1
Router0(config-if)#ip add 202.112.42.17 255.255.255.252
Router0(config-if)#no shut
Router0(config-if)#int loopback0
%LINK-5-CHANGED: Interface Loopback0, changed state to up
%LINEPROTO-5-UPDOWN: Line protocol on Interface Loopback0, changed state to up
Router0(config-if)#ip add 10.10.10.1 255.255.255.0
```

为了测试方便，我们在路由器 0 中配置了一个逻辑地址（loopback0），真实网络中可以是一个物理接口。

查看路由器 1 的路由表：

```
Router1#show ip route
Codes: C - connected, S - static, I - IGRP, R - RIP, M - mobile, B - BGP
       D - EIGRP, EX - EIGRP external, O - OSPF, IA - OSPF inter area
       N1 - OSPF NSSA external type 1, N2 - OSPF NSSA external type 2
       E1 - OSPF external type 1, E2 - OSPF external type 2, E - EGP
       i - IS-IS, L1 - IS-IS level-1, L2 - IS-IS level-2, ia - IS-IS inter area
       * - candidate default, U - per-user static route, o - ODR
       P - periodic downloaded static route
```

```
Gateway of last resort is not set
     202.112.42.0/30 is subnetted, 1 subnets
C    202.112.42.16 is directly connected, FastEthernet0/0
C    202.112.81.0/24 is directly connected, FastEthernet1/0
C    202.112.82.0/24 is directly connected, FastEthernet0/1
Router1#
```

路由器 1 只了解到了直连网络，拓扑中的其他网络目前还不知道，配置静态路由就是我们人为地将它不知道的网络配置到路由器 1 上，告诉路由器 1 要想去网络 202.112.83.0，只要将数据包发送到 202.112.82.2，同时还要告诉路由器 1 去往用户网络以外的网络，首先要把数据包发送到 202.112.42.17，即默认路由。对于路由器 2 和路由器 0 情况类似。路由器 0 作为提供者设备，它需要知道用户中的所有网络，它可能需要配置到它的提供者的默认路由，到用户网络的静态路由。

1）静态路由的配置

路由器 1：

```
Router1#conf t
Enter configuration commands, one per line. End with CNTL/Z.
Router1(config)#ip route 202.112.83.0 255.255.255.0 202.112.82.2
Router1(config)#ip route 0.0.0.0 0.0.0.0 202.112.42.17
Router1(config)#^Z
%SYS-5-CONFIG_I: Configured from console by console
Router1#sh ip route
Codes: C - connected, S - static, I - IGRP, R - RIP, M - mobile, B - BGP
       D - EIGRP, EX - EIGRP external, O - OSPF, IA - OSPF inter area
       N1 - OSPF NSSA external type 1, N2 - OSPF NSSA external type 2
       E1 - OSPF external type 1, E2 - OSPF external type 2, E - EGP
       i - IS-IS, L1 - IS-IS level-1, L2 - IS-IS level-2, ia - IS-IS inter area
       * - candidate default, U - per-user static route, o - ODR
       P - periodic downloaded static route
Gateway of last resort is 202.112.42.17 to network 0.0.0.0
     202.112.42.0/30 is subnetted, 1 subnets
C     202.112.42.16 is directly connected, FastEthernet0/0
C    202.112.81.0/24 is directly connected, FastEthernet1/0
C    202.112.82.0/24 is directly connected, FastEthernet0/1
S    202.112.83.0/24 [1/0] via 202.112.82.2
S*   0.0.0.0/0 [1/0] via 202.112.42.17
```

路由器 2：

```
Router2(config)#ip route 202.112.81.0 255.255.255.0 202.112.82.1
Router2(config)#ip route 0.0.0.0 0.0.0.0 202.112.82.1
Router2(config)#^Z
%SYS-5-CONFIG_I: Configured from console by console
Router2#sh ip route
Codes: C - connected, S - static, I - IGRP, R - RIP, M - mobile, B - BGP
        D - EIGRP, EX - EIGRP external, O - OSPF, IA - OSPF inter area
        N1 - OSPF NSSA external type 1, N2 - OSPF NSSA external type 2
        E1 - OSPF external type 1, E2 - OSPF external type 2, E - EGP
        i - IS-IS, L1 - IS-IS level-1, L2 - IS-IS level-2, ia - IS-IS inter area
        * - candidate default, U - per-user static route, o - ODR
```

```
        P - periodic downloaded static route
Gateway of last resort is 202.112.82.1 to network 0.0.0.0
S    202.112.81.0/24 [1/0] via 202.112.82.1
C    202.112.82.0/24 is directly connected, FastEthernet0/1
C    202.112.83.0/24 is directly connected, FastEthernet0/0
S*   0.0.0.0/0 [1/0] via 202.112.82.1
```

路由器 0：

```
Router0(config)#ip route 202.112.81.0 255.255.255.0 202.112.42.18
Router0(config)#ip route 202.112.82.0 255.255.255.0 202.112.42.18
Router0(config)#ip route 202.112.83.0 255.255.255.0 202.112.42.18
```

2）PC 机的配置

202.112.81.0 的计算机 PC0，IP 地址为 202.112.81.2，子网掩码为 255.255.255.0，网关 202.112.81.1，如图 6-4-2 所示。

3）网络连通性测试

当在计算机上配置好地址后，就可以进行测试了，如图 6-4-3 所示。第一个数据包可能超时，是因为计算机首先要通过 ARP 协议获得网关的物理地址，需要花费一定时间。

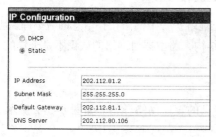

图 6-4-2　PC0 上的 IP 配置

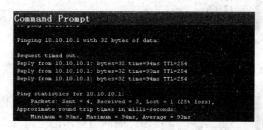

图 6-4-3　连通性测试

6.5　距离矢量选路协议

通常动态路由协议按照算法划分为两大类：距离矢量和链路状态，本节主要围绕距离矢量路由协议展开。

"距离矢量"指协议使用"距离"——到达目标网络的远近度量和"向量"——到达目标网络的下一跳作为路由器之间相互沟通的信息结构。RIP（Routing Information Protocol）协议就是典型的距离矢量路由协议。

基于距离矢量的路由选择算法定期在邻居路由器之间传送路由表的副本。邻居路由器之间通过定期的更新，将网络拓扑结构发生的变化通告给其邻居路由器。

6.5.1　路由更新的概念

路由器运行距离矢量选路协议后，最初它只知道与接口直接相连的网络。每个路由器都从直接相连的邻居那里接收一个路由选择表。例如在图 6-5-1 中，路由器 B 从路由器 A 接收路由信息。路由器 B 增加了一个距离数值（例如跳计数），然后把路由选择表传到 B 的其他邻居路由器 C。同样，这种一步一步地处理，发生在所有方向上的直接相邻的路由器之间。

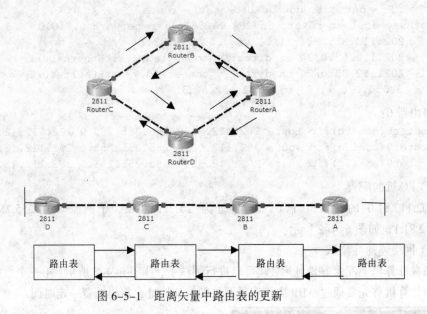

图 6-5-1　距离矢量中路由表的更新

在路由器中到达目标的网络距离不断积累，以便于它能维护一个网络拓扑信息的数据库。但是，距离矢量算法并不能使一台路由器了解网络的确切拓扑结构，路由器对网络的认识不是全局的。

6.5.2　距离矢量协议中路由选择表的交换

每个运行距离矢量路由协议的路由器都是从标识自己的直连网络开始。如图 6-5-2 所示，每个通向路由器接口直接相连的网络显示的距离都为 0。例如，在路由器 A 中，W、X 是两个接口所在网络，在路由器 A 的路由表中显示这两个网络的距离为 0，随着邻居路由器间路由表交换进程的继续，路由器以从每个邻居接收到的信息为基础，发现到目的网路的最佳途径。例如，路由器 B 通过它从路由器 A 和 C 接收到的信息了解了其他网络的情况。从路由器 A、C 中了解了拓扑网络 W、Z。路由表中这种网络的每个入口中都有一个累加的距离，用来显示那个网络在给定的方向上有多远。

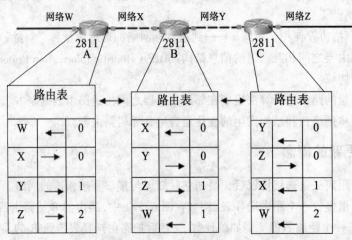

图 6-5-2　距离矢量中路由表的交换

一旦距离矢量协议网络的拓扑发生变化，路由器会将这种变化一步步地传给其他路由器，如图 6-5-3 所示。距离矢量算法要求每个路由器将它的全部路由选择表发送到它的每个相邻的路由器。距离矢量路由选择表包含了关于整条路径成本的信息（以度量值来定义）和通向路由选择表中每个网络的路径上第一跳路由器的 IP 地址信息。

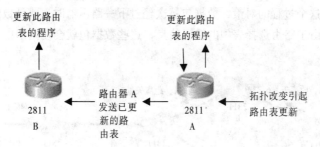

图 6-5-3　拓扑变化时路由表的更新

6.5.3　路由环路问题

当网络的拓扑结构发生变化，路由表收敛（即拓扑中各路由器的路由表达到稳定的状态）比较缓慢，引起路由选择表条目的不一致时，就会产生路由环路（Routing Loops）。下面我们通过一个例子说明路由环路是如何产生的，如图 6-5-4 所示。

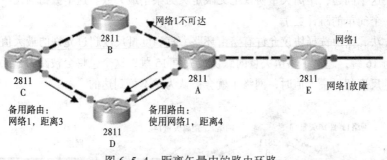

图 6-5-4　距离矢量中的路由环路

（1）在路由器 E 直连的网络 1 出现故障前，所有的路由器拥有一致的路由信息和正确的路由选择表，即路由表是收敛的。在本例中假定路由器 C 到网络 1 的最优路径是通过路由器 B，且路由器 C 在路由选择表中记录的到网络 1 的距离为 3。

（2）当网络 1 出现故障时，路由器 E 向邻居路由器 A 发出更新信息。路由器 A 发出更新信息。路由器 A 停止向网络 1 发送数据包，然而因为路由器 B、C、D 还不知道网络 1 发生了故障，它们仍然向网络 1 发出数据包。当路由器 A 发出更新信息时，路由器 B 和 D 停止向网络 1 发送数据包；此时路由器 C 还没有收到更新。对路由器 C 来说，网络 1 仍然可以通过路由器 B 到达。

（3）现在，路由器 C 向路由器 D 发送定期更新，告知经路由器 B 可以到达网络 1。路由器 D 收到这个看起来很好但并不正确的信息，并利用这个信息更新自己的路由选择表，同时将这个信息传递给路由器 A。路由器 A 又将这条信息传递给路由器 B 和 E，以此类推。任何以网路 1 为目的地的数据包都会沿着从路由器 C 到 B 到 A 到 D 然后又回到 C 循环传送。

1．计数到无穷大问题

继续上面的例子，关于网络 1 的无效更新会不断循环下去，直到其他某个进程能终止这个循环。这种情况被称为计数到无穷大，尽管目的网路（网络 1）已经出现故障，但数据包还会在网络中不停地循环。当路由器出于计数到无穷大时，无效的信息允许路由环路的存在。

如果没有停止这个过程的对策，数据包每次经过下一路由器时，跳计数的距离矢量都会递增（参见图 6-5-5）。由于路由选择表中的错误信息，这些数据包就会在网络中循环传送，直到 TTL 值超过门限值为止。

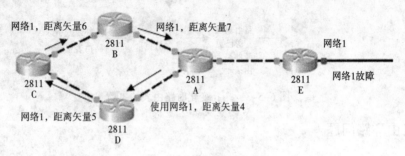

图 6-5-5　计数到无穷大

2．解决方法：定义一个最大数

为了解决这个问题，距离矢量协议把无限定义为某个最大数。这个数指的是一个路由度量尺度（例如，一个简单的跳计数）。

用这个方法，路由选择协议允许有路由环路，直到度量尺度超过允许的最大值。图 6-5-6 所示的度量值为 16 跳，超过了路由矢量的默认最大值 15 跳，这个包将会被路由器丢弃。在任何情况下，当度量尺度超过最大值时，网络 1 就会被认为是不可到达的。

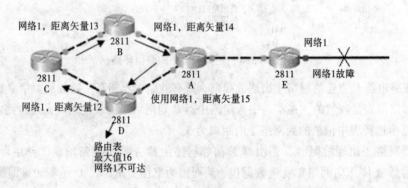

图 6-5-6　定义最大跳计数

3．解决方法：水平分割

另一种消除路由环路、加速收敛的方法被称为水平分割（Split Horizon）。水平分割的思想是阻止路由信息返回最初发送的方向。

发生路由环路的另外一个可能的原因是：一个路由器发送出去的正确的路由信息和返回的错误信息自相矛盾，问题是这样产生的：

（1）路由器 A 向路由器 B 和路由器 D 发出更新信息，通知它们网络 1 已出故障。然而路由器

C 仍然向路由器 B 发送信息指示网络 1 仍然可以经过路由器 D 用 4 跳的距离到达。

（2）路由器 B 错误地判断路由器 C 仍然有一条有效的路径到达网络 1，虽然度量尺度要差一些。路由器 B 向路由器 A 发送更新信息，通知路由器 A 到网络 1 的"新"路由。

（3）现在路由器 A 确定它能通过路由器 B 向网络 1 发送数据包；路由器 B 确定它能通过路由器 C 向网络 1 发送数据包；路由器 C 确定它能通过路由器 D 向网络 1 发送数据包。进入这种环境中的任何数据包都将在路由器之间循环。

（4）水平分割试图避免这种情况的发生。如图 6-5-6 所示，如果关于网络 1 的更新信息是从路由器 A 发出的，路由器 B 和 D 不能将与网络 1 相关的路由信息返送回路由器 A。这样，水平分割就减少了不正确的路由信息，同时也减少了路由的开销。

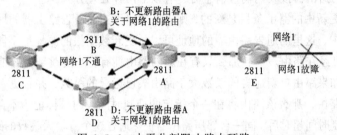

图 6-5-6　水平分割阻止路由环路

4．解决方法：抑制定时器

抑制定时器（hold-down timer）用于防止定时更新路由信息错误地恢复一个已坏的路由。我们还可以通过使用抑制定时器来避免无限计数的问题。当一个网络连接到一个路由器失效时，路由器发送一个触发更新到它的邻居路由器。在触发更新中，抑制定时器的工作如下：

（1）当一个路由器从相邻路由器接收到更新信息，指示一个原先可到达的网络现在不能到达时，这个路由器将这条路由标记为不可到达，同时启动一个抑制定时器，如图 6-5-7 所示。在抑制定时器期满以前的任何时刻，如果从相同的邻居路由器接收到更新信息，指示网络重新可到达时，路由器会重新将这条路由标记为可到达，同时卸下抑制定时器。

（2）如果从另外一个邻居路由器接收到更新信息，指示了一条比以前记录的路径有更好度量的路径，那么这个路由器就把该网络标记为可到达，同时卸下路由器。

（3）在抑制定时器期满前的任何时刻，如果从另外一个邻居路由器接收到更新信息指示了一条不如以前记录的度量好的路径，则这条信息将被忽略。当抑制定时器有效时忽略一个更差度量的更新，会有更多的时间将突发故障的信息在整个网络上传达。

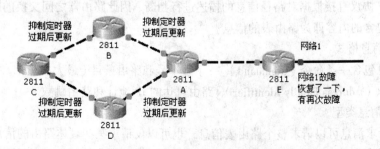

图 6-5-7　抑制定时器阻止环路

6.5.4　RIP 协议基础

RIP 是基于 UDP 的选路协议，所有的 RIP 消息都被封装在 UDP 用户数据报中，源和目的端口字段的值均被设置为 520。RIP 定义了两种消息类型：请求消息和响应消息。请求消息用来向邻居路由器发送一个更新，响应消息用来传送路由更新。

RIP 的度量是基于"跳"数的，0 跳表示直接相连的网络，1 跳表示经过一个路由器可以到达的网络，与发出通告的路由器直连的网络，16 跳表示网络不可到达。开始时，RIP 从每个启用 RIP 协议的接口广播出带有请求消息的数据报。接着，RIP 程序进入一个循环状态，不断地侦听来自其他路由器的 RIP 请求或响应消息，而接受请求的邻居路由器则回送包含它们的路由表的响应消息。当发出请求的路由器接收到响应消息时，有以下两种处理方式：

- 如果路由更新中的路由条目是新的，则将新的路由连通通告路由器的地址一起加入到自己的路由表中，这里的通告路由器的地址可以从更新数据报的源地址字段读取。如果网络的 RIP 路由已经在路由表中，那么只有在新的路由拥有更小的跳数时才能替换原来存在的路由条目。如果路由更新通告的条数大于路由表已记录的跳数，并且更新来自于已记录条目的下一跳路由，那么该路由将在一个指定的抑制时间段内被标记为不可达。
- 如果在抑制时间超时后，同一台邻居路由器仍然通告这个有较大跳数的路由，路由器则接收该路由新的度量值。路由器启动后，平均每隔 30s 从每个启动 RIP 协议的接口不断地发送响应消息。除了被水平分割法则抑制的路由条目之外，响应消息（或称为更新消息）包含了路由器的整个路由表。路由更新的目的地址是到所有主机的广播地址 255.255.255.255。

无论什么时候，当有一条新的路由被建立，超时计时器就会被初始化为 180s，而每当接收到这条路由的更新消息时，超时计时器又将被重置成计时器的初始化值，即 180s，如果一条路由的更新在 180s（6 个更新周期）内还没有收到，那么这条路由的跳数将变成 16，也就是标记为不可到达的路由。

抑制计时器：如果一条路由更新的条数大于路由表已记录的该路由的条数，那么将会引起该路由进入长达 180s（即 6 个路由更新周期）的抑制状态阶段。

通常，在距离矢量路由协议中，使用路径经过的路由器的个数（跳步数）作为衡量标准，在这种方式下，跳步数较少的路径就成为了最优路径被写入路由表中。

由于路由器通常会有很多个连接不同网络段的端口，因此，路由器判断到达某一个非直接连接的网络段的路径时，通常还要包括出口选择的信息，也就是输出端口。通常路由器转发一个数据时，需要明确将这个数据转发给哪个下一跳站点，也就是具体的某结点的 IP 地址。综合以上所述，路由器对某一个网络的路径信息描述总是需要包含如下几项内容：目的网络、距离、输出端口、下一跳地址。

由于 RIP 协议直接根据对路径信息的描述进行判断，因此路由器之间交换的距离矢量路由协议信息包中包含的内容即为路由表的信息。

1）RIP 消息格式

每条消息包含一条命令（Command）、一个版本号和路由条目（最大 25 条）。每个路由条目包括地址族标识（Address Family Identifier）、路由可达的 IP 地址和路由跳数。

2）请求消息类型

- RIP 请求消息可以请求整个路由表信息，也可以仅请求某些具体路由的信息。
- 一些诊断测试过程可能需要知道某个或某些具体路由的信息。在这种情况下，请求消息可以与特定地址的路由条目一起发送。

由于在 RIP 协议中, 一个网络的跳计数最大只能为 15, 跳计数为 16 时网络不可达。在小型网络中（网络最长路径少于 16 个路由器）, 距离矢量路由协议运行得相当好。RIP 协议不适合大型网络。当小型网络扩展到大型网络时, 该算法计算新路由的收敛速度慢, 而且在它计算的过程中, 网络处于一种过渡状态, 可能发生路由循环。RIP 协议的度量没有考虑到网络带宽, 然而在现代网络中带宽是一个必须考虑的因素。一个经过多个高速链路的路径优于一个经过低速串口线路的路径。但是, RIP 协议不考虑带宽会选择低速串口线路。图 6-5-8 所示的网络说明了这一情况。路由器 0 到达网络 5 有两个路径, 一个是经过路由器 1 和路由器 2, 其中网络 2 和网络 3 都是 100M 链路, 另一个是经过路由器 2 的 2M 链路, RIP 协议会选择经过路由器 2 的路径而不会选择经过路由器 1 的路径。

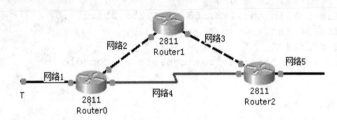

图 6-5-8　RIP 协议选择经过较少路由器的路径

6.5.5　RIP 协议的配置

RIP 协议的配置非常简单, 主要分为两步。第一步通过 router rip 命令启动 RIP 选路协议; 第二步通过 network 命令指明参与 RIP 进程的直连网络。下面我们通过具体实例来说明 RIP 协议怎样配置。

考虑一个由 4 个 C 类 IP 地址段构成的网络。4 个 IP 地址段分别为 192.168.10.0/24、192.168.20.0/24、192.168.30.0/24、192.168.40.0/24, 网络拓扑由 3 个路由器及若干交换机构成, 网络连接如图 6-5-9 所示。路由器 1 连接 192.168.10.0 和 192.168.20.0 两个 IP 网络, 路由器 2 连接 192.168.20.0 和 192.168.30.0 两个 IP 网络, 路由器 3 连接 192.168.30.0 和 192.168.40.0 两个网络。各路由器使用的接口及接口的 IP 地址分配如图 6-5-9 所示, 这些工作都是由网络管理员负责完成的。下面我们给出通过 RIP 协议使网络互通的详细配置。

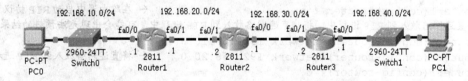

图 6-5-9　RIP 协议配置实例

（1）完成各路由器接口 IP 地址的配置。

● 路由器 1 配置:

```
Router#conf t
Enter configuration commands, one per line. End with CNTL/Z.
Router(config)#hostname Router1
Router1(config)#int fa 0/0
Router1(config-if)#ip add 192.168.10.1 255.255.255.0
Router1(config-if)#no shut
Router1(config-if)#int fa 0/1
Router1(config-if)#ip add 192.168.20.1 255.255.255.0
```

```
Router1(config-if)#no shut
Router1(config-if)#^Z
```

● 路由器 2 配置：

```
Router#conf t
Enter configuration commands, one per line. End with CNTL/Z.
Router(config)#hostname Router2
Enter configuration commands, one per line. End with CNTL/Z.
Router2(config)#int fa 0/1
Router2(config-if)#ip add 192.168.20.2 255.255.255.0
Router2(config-if)#no shut
Router2(config-if)#int fa 0/0
Route2r(config-if)#ip add 192.168.30.1 255.255.255.0
Router2(config-if)#no shut
Router2(config-if)#^Z
%SYS-5-CONFIG_I: Configured from console by console
Router2#
```

● 路由器 3 配置：

```
Router#conf t
Enter configuration commands, one per line. End with CNTL/Z.
Router(config)#hostname Router3
Router3(config)#int fa 0/0
Router3(config-if)#ip add 192.168.40.1 255.255.255.0
Router3(config-if)#no shut
Router3(config-if)#int fa 0/1
Router3(config-if)#ip add 192.168.30.2 255.255.255.0
Router3(config-if)#no shut
Router3(config-if)#^Z
%SYS-5-CONFIG_I: Configured from console by console
Router3#
```

在这一步要确保相邻路由器同一网段上地址相互可以 Ping 通。

（2）在 3 个路由器上分别配置 RIP 协议。

● 路由器 1 配置：

```
Router1(config)#router rip                    ← 在路由器中启动 RIP 协议
```
将直连网络放入到 RIP 进程中，将非直连网络放入到 RIP 进程中，可能会出现无法预料的结果
```
Router1(config-router)#network 192.168.10.0
Router1(config-router)#network 192.168.20.0   ← 将直连网络放入到 RIP 进程中
Router1(config-router)#^Z
```

● 路由器 2 的配置：

```
Router2#conf t
Enter configuration commands, one per line. End with CNTL/Z.
Router2(config)#router rip
Router2(config-router)#network 192.168.20.0
Router2(config-router)#network 192.168.30.0
Router2(config-router)#
```

● 路由器 3 的配置：

```
Router3#conf t
Enter configuration commands, one per line. End with CNTL/Z.
Router3(config)#router rip
```

```
Router3(config-router)#network 192.168.30.0
Router3(config-router)#network 192.168.40.0
Router3(config-router)#
```

（3）这一步要多次查看每个路由器的路由表，我们可以在三个路由器都没有配置 RIP 时及 3 个路由器均配置好 RIP 之后。下面的输出是路由器均配置好 RIP 之后分别显示路由器的路由表，可以看到每个路由器的路由表中都有拓扑中的 4 个网络。这时，拓扑中任何两台计算机正确设置好 IP 地址、子网掩码及默认网关之后，就可正常通信了。

- 路由器 1 的路由表：

```
Router1#show ip route
Codes: C - connected, S - static, I - IGRP, R - RIP, M - mobile, B - BGP
       D - EIGRP, EX - EIGRP external, O - OSPF, IA - OSPF inter area
       N1 - OSPF NSSA external type 1, N2 - OSPF NSSA external type 2
       E1 - OSPF external type 1, E2 - OSPF external type 2, E - EGP
       i - IS-IS, L1 - IS-IS level-1, L2 - IS-IS level-2, ia - IS-IS inter area
       * - candidate default, U - per-user static route, o - ODR
       P - periodic downloaded static route
Gateway of last resort is not set
C    192.168.10.0/24 is directly connected, FastEthernet0/0
C    192.168.20.0/24 is directly connected, FastEthernet0/1
R    192.168.30.0/24 [120/1] via 192.168.20.2, 00:00:19, FastEthernet0/1
R    192.168.40.0/24 [120/2] via 192.168.20.2, 00:00:19, FastEthernet0/1
```

- 路由器 2 的路由表：

```
Router2#show ip route
Codes: C - connected, S - static, I - IGRP, R - RIP, M - mobile, B - BGP
       D - EIGRP, EX - EIGRP external, O - OSPF, IA - OSPF inter area
       N1 - OSPF NSSA external type 1, N2 - OSPF NSSA external type 2
       E1 - OSPF external type 1, E2 - OSPF external type 2, E - EGP
       i - IS-IS, L1 - IS-IS level-1, L2 - IS-IS level-2, ia - IS-IS inter area
       * - candidate default, U - per-user static route, o - ODR
       P - periodic downloaded static route
Gateway of last resort is not set
R    192.168.10.0/24 [120/1] via 192.168.20.1, 00:00:15, FastEthernet0/1
C    192.168.20.0/24 is directly connected, FastEthernet0/1
C    192.168.30.0/24 is directly connected, FastEthernet0/0
R    192.168.40.0/24 [120/1] via 192.168.30.2, 00:00:09, FastEthernet0/0
```

- 路由器 3 的路由表：

```
Router3#sh ip route
Codes: C - connected, S - static, I - IGRP, R - RIP, M - mobile, B - BGP
       D - EIGRP, EX - EIGRP external, O - OSPF, IA - OSPF inter area
       N1 - OSPF NSSA external type 1, N2 - OSPF NSSA external type 2
       E1 - OSPF external type 1, E2 - OSPF external type 2, E - EGP
       i - IS-IS, L1 - IS-IS level-1, L2 - IS-IS level-2, ia - IS-IS inter area
       * - candidate default, U - per-user static route, o - ODR
       P - periodic downloaded static route
Gateway of last resort is not set
```

```
R    192.168.10.0/24 [120/2] via 192.168.30.1, 00:00:13, FastEthernet0/1
R    192.168.20.0/24 [120/1] via 192.168.30.1, 00:00:13, FastEthernet0/1
C    192.168.30.0/24 is directly connected, FastEthernet0/1
C    192.168.40.0/24 is directly connected, FastEthernet0/0
```

通过查看 3 个路由器的路由表，可以看到每个路由器中都有拓扑中的所有网络，路由表具有一致性，我们说路由表收敛了。这时，网络具有稳定的状态。当一个数据包到达路由器时，路由器通过查看数据包的目的地址，就可决定将数据包发送到哪个下一跳路由器，经过若干次传输，数据包便到达目的地。

6.6　链路状态选路协议

为了克服距离矢量协议的缺点，人们在 20 世纪 90 年代初开发了链路状态选路协议。基于链路状态的路由选择算法，也被称为最短路径优先（Shortest Path First，SPF）算法，它用于维护复杂的拓扑信息数据库。距离矢量算法没有存储远端网络的特定信息，对远端路由器也没有任何认识，与之不同的是，一个链路状态路由选择算法保留远端路由器的全部信息以及它们之间是如何互相连接的信息。

6.6.1　链路状态协议基础

链路指路由器的接口，链路状态指路由器的接口状态，包括地址、子网掩码、MTU、接口开启或关闭状态等多种信息。链路状态路由选择算法使用：

- 链路状态通告（Link State Advertisement，LSA）。
- 一个拓扑结构数据库。
- SPF 算法和所产生的 SPF 树。
- 一个到每个网络的路径和端口的路由选择表。

如图 6-6-1 所示，路由器 0 ~ 3 运行链路状态选路协议，每个链路状态路由器发送链路状态通告。路由器收集到的所有 LSA 构成了其拓扑数据库，然后根据 SPF 算法构造 SPF 树，从而建立到拓扑结构中的每个网络的路径。开放的最短路径优先（OSPF）路由选择中实现了这种链路状态的概念。

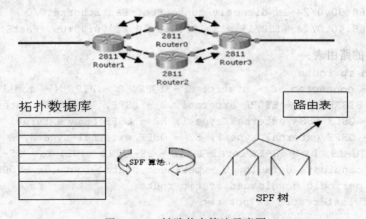

图 6-6-1　链路状态算法示意图

1. **链路状态信息的交换**

链路状态网络发现机制被用来构建整个网络的拓扑图，所有链路状态路由器共享该网络图。在图 6-6-2 中，4 个网络（W、X、Y 和 Z）通过 3 个链路状态路由器相连。链路状态路由选择用以下过程进行网络的发现：

（1）路由器之间彼此交换 LSA。每个路由器都从与它直接相连的网络开始，因为它拥有这些网络的直接信息。

（2）每个路由器并行地构建一个拓扑数据库，这个数据库由所有来自拓扑中的 LSA 组成。

（3）使用 SPF 算法计算网络的可达性。路由器将这种逻辑拓扑结构构造成一棵树，这棵树由所有到达其他各个网络的可能路径组成，树根就是路由器本身，然后再由路由器按照 SPF 算法计算出最短的那条路径。

（4）路由器将到达拓扑中所有网络的最短路径构造成一张表，即路由表。路由表中既包含了到达目的网络的最优路径，也包含了出站端口。同时它还维护了邻居表和拓扑数据库。

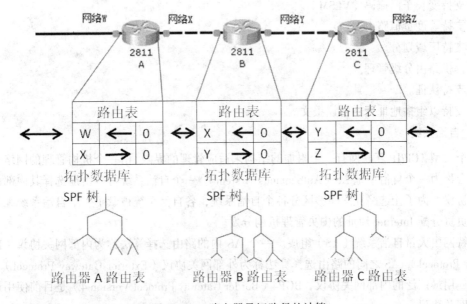

图 6-6-2　路由器最短路径的计算

2. **链路状态拓扑变化对路由器的影响**

链路状态算法依赖于使用相同的链路状态更新。无论何时链路状态拓扑发生改变时，最先察觉到这种改变的路由器会向其他或一台指定的路由器发送信息，所有其他的路由器通过这个指定的路由器来进行更新，这使得公共的路由信息发送到互联网中的所有路由器。为了达到收敛，每个路由器都需要完成如下工作：

- 了解其相邻路由器的动态：每个邻居路由器的名字、这个邻居路由器的状态是好是坏以及到达这个邻居路由器的链接的开销。
- 构造一个 LSA 数据包，这个数据包列出了邻居路由器的名字和链接开销，这包括新的邻居路由器、链路开销的改变以及已发生故障的到某邻居的链路。

- 发送这个 LSA 数据包，让所有其他的路由器都收到它。
- 当路由器接收到一个 LSA 数据包时，在数据库中记录这个数据包，以保证自己使用最新的 LSA 数据包。
- 利用积累的 LSA 数据包建立一个互联网拓扑结构的完整映射，运行 SPF 算法，计算到达其他网络的路由。

6.6.2　OSPF 选路协议

OSPF（Open Shortest Path First）是一种链路状态路由选择协议，它是由 IETF（Internet Engineering Task Force，因特网工程任务组）所开发的内部网关路由协议。OSPF 是目前内部网关协议中使用最广泛、性能最优的一个选路协议，它具有以下特点：

- 可适应大规模的网络。
- 路由变化收敛速度快。
- 无路由环路。
- 支持变长子网掩码（VLSM）。
- 支持等度量值路由。
- 支持区域划分。
- 提供路由分级管理。
- 支持认证。
- 支持以组播地址发送协议报文。

1．自治系统

一个大型 TCP/IP 互联网有一个附加的结构来适应管理的界限，由一个机构管理的网络和路由器的集合称为一个自治系统 AS（Autonomous System）。一个自治系统可自由地选择其内部的选路结构和协议。为了让选路算法能够区分各个自治系统，各自治系统被赋予一个自治系统编号，该编号由负责分配 Internet 地址的中央管理机构分发。

因特网由大量自治系统（AS）组成。一个 AS 内的路由选择算法称为内部网关协议（Interior Gateway Protocol），AS 之间的路由选择算法称为外部网关协议（Exterior Gateway Protocol）。OSPF 是目前使用最广泛的内部网关协议，BGP4（Border Gateway Protocol Version 4）是目前使用最广泛的外部网关协议。

2．链路状态选路协议

链路是指路由器的接口，链路状态是路由器的接口状态，它包括接口 up、down、IP 地址、网络类型以及路由器和邻居路由器间的关系。链路状态信息通过链路状态通告（Link State Advertisement，LSA）被扩散到网络上的相关路由器。每台路由器根据 LSA 信息建立一个网络拓扑数据库。

3．最短路径算法

OSPF 协议通过将实际网络、路由器链路集抽象成有向图工作，利用从 LSA 通告得来的信息为图中每条有向弧赋予一个开销值（带宽、延迟等），然后根据有向弧上的开销值采用最短路径算法（也称为 Diskjtra 算法）计算出自己到达每个网络的完整路径。

4．路由器标识

路由器标识 ID 是一个 32 位的二进制数，它在自治系统中被用来唯一识别路由器。OSPF 路由器 ID 按以下顺序确定：

（1）通过命令 router-id 指定的 IP 地址。

（2）如果没有通过 router-id 指定，选择最大的环回接口 IP 地址 router-id 指定。

（3）路由器处于开启状态接口的 IP 地址的最大值。

5．区域

在 OSPF 网络中，使用区域（Area）将自治系统（AS）划分为若干部分。OSPF 协议是一种层次化的选路协议，区域 0 是一个 OSPF 网络中必须有的区域，也称为主干区域，其他区域要求和主干区域连接到一起。

OSPF 协议在大规模网络的使用中，链路状态数据库比较庞大，它占用了很大的存储空间。在执行最小生成数算法时，要耗费较长的时间和很大的 CPU 资源，网络拓扑变化的概率也大大增加。这些因素的存在，不仅耗费了路由器大量的存储空间，加重了路由器 CPU 的负担，而且，整个网络会因为拓扑结构的经常变化，长期处于"动荡"的不可用的状态。

OSPF 协议之所以能够支持大规模的网络，进行区域划分是一个重要的原因。OSPF 协议允许网络方案设计人员根据需要把路由器放在不同的区域（Area）中，两个不同的区域通过区域边界路由器 ABR（Area Border Router）相连。与区域内部的路由信息同步，采取的方法与上文提到的方法相同。在两个不同区域之间传递路由信息由区域边界路由器（ABR）完成。它把相连两个区域内生成的路由以类型 3 的 LSA 向对方区域发送。此时，一个区域内的 OSPF 路由器只保留本区域内的链路状态信息，没有其他区域的链路状态信息。这样，在两个区域之间减小了链路状态数据库，降低了生成数算法的计算量。同时，当一个区域中的拓扑结构发生变化时，其他区域中的路由器不需要重新进行计算。OSPF 协议中的区域划分机制有效地解决了 OSPF 在大规模网络中应用时产生的问题。

OSPF 协议使用区域号（Area ID）来区分不同的区域，其中，区域 0 为骨干区域（根区域）。因为在区域间不再进行链路状态信息的交互（实际上，在区域间传递路由信息采用了可能导致路由自环的递归算法），OSPF 协议依靠维护整个网络链路状态来实现无路由自环的能力，在区域间无法实现。所以，路由自环可能会发生在 OSPF 的区域之间。解决这一问题的办法是，使所有其他的区域都连接在骨干区域（Area 0）周围，即所有非骨干区域都与骨干区域邻接。对于一些无法与骨干区域邻接的区域，在它们与骨干区域之间建立虚连接。

6．邻居和邻接关系

OSPF 通过交换 Hello 消息与位于同一条链路上的路由器建立邻居关系。首次交换 Hello 消息后，路由器彼此将对方加入到自己邻居表中。邻居表是一些相连的运行 OSPF 的路由器。路由器在起启了 OSPF 的接口上发送组播 Hello 消息，其目标地址为 224.0.0.5；在广播链路上，OSPF 每隔 10 秒发送一个 Hello 分组，而在非广播链路上每隔 30 秒发送一次。Hello 消息包含的内容如表 6-6-1 所示。

表 6-6-1　OSPF Hello 消息

值	描　　述
路由器 ID	当前路由器特有的 32 位数字
Hello 间隔和失效时间	Hello 间隔和超时时间
邻居列表	由邻居路由器 ID 组成的列表
区域 ID	区域号
优先级	优先级最高的路由器将被选举为指定路由器
DR 和 BDR	指定路由器的 IP 地址
身份验证	密码（如果启用了的话）
末梢区域标志	如果为末梢区域，则为 TRUE

两台路由器完成初次 Hello 交换之后，它们将交换有关网络的信息。路由器同步其信息后，将建立邻接关系。

Hello 将定期地被发送，只要在交换 Hello 分组，邻接关系就将保持。若在指定时间内，没有收到 Hello 分组，路由器将认为邻接关系失效。OSPF 发现问题后将修改其 LSA，并将更新后的 LSA 发送给与其完全邻接关系的邻居，从而大大提高了网络收敛时间。

7．指定路由器和备用指定路由器

在广播网段中，将选举一台路由器负责同网段中其他路由器建立邻接关系，这种路由器称为指定路由器（DR），根据 Hello 消息中的信息进行选举。同时，为提供冗余，还选举出一个备用指定路由器（BDR）。

在包含 n 台路由器的广播网络中，将需要建立 $n*(n-1)/2$ 个邻接关系。所以，随着路由器设备数量的增加，维护邻接关系耗用的带宽和处理资源将急剧增加。DR 负责与其他所有路由器建立邻接关系，非 DR 路由器不再需要建立邻接关系，通过使用 DR 可将需要耗用带宽和处理资源的邻接关系数减少到 $n-1$ 个。表 6-6-2 说明了路由器与需要维护的邻接关系。

表 6-6-2　各种情况下所需要的邻接关系数量

路由器数量	不使用 DR 时所需要的邻接关系数	只使用 DR 时所需要的邻接关系数	使用 DR 和 BDR 时所需要的邻接关系数
1	0	0	1
2	1	1	3
3	3	2	5
4	6	3	7
5	10	4	9
6	15	5	11
7	21	6	13
8	28	7	15
9	36	8	17
10	45	9	19

DR 负责接收更新并将其发送给网段中的所有路由器，确保每台路由器确认收到了更新并有同步的链路状态数据库副本。当网段上发生变化时，路由器通告给表示 DR 的组播地址 224.0.0.6，然后 DR 使用表示所有 OSPF 路由器的组播地址 224.0.0.5 来通告 LSA，最后每台路由器确认收到了 LSA。

BDR 被动地侦听这种交换，并与所有路由器建立邻接关系。如果 DR 不再发送 Hello，则 BDR 将代替 DR 成为新的 DR。在多路访问链路上，DR 和 BDR 才有用，在点到点链路上，路由器不使用 DR。

指定路由器应符合以下要求：

- 该路由器是本网段内的 OSPF 路由器。
- 该 OSPF 路由器在本网段内的优先级（Priority）大于零。
- 该 OSPF 路由器的优先级最大，如果所有路由器的优先级相等，路由器 ID（Router ID）最大的路由器（每台路由器的 Router ID 是唯一的）被选举为指定路由器。

满足以上条件的路由器将被选举为指定路由器，而第二个满足条件的路由器则当选为备份指定路由器。指定路由器和备份指定路由器的选举是由路由器通过发送 Hello 数据分组完成的。

8．OSPF 分组类型

在区域之间共享 OSPF 链路状态信息时，会遵循一组复杂的机制（依赖于一系列不同的 OSPF 分组类型）。所有 OSPF 数据分组都是基于 IP 分组的，协议号为 89。

OSPF 支持以下 5 种分组：

- Hello 分组：与直接相连的邻居建立通信。
- 数据库描述符（DBD）：发送一个路由器 ID 列表和当前序列号。
- 链路状态请求（LSR）：收到 DBD 后用于请求提供没有的 LSA。
- 链路状态更新（LSU）：对链路状态请求的应答，其中包含请求提供的数据。
- 链路状态确认（LSAck）：确认收到了链路状态信息。

所有 OSPF 分组的格式都相同，它们包含如下 9 个字段：

- 版本：OSPF 第二版用于 IPv4。
- 类型：有 5 种分组类型，编号为 1~5。
- 分组长度：以字节为单位的长度。
- 路由器 ID：32 位的路由器标识符。
- 区域 ID：32 位的区域标识符。
- 校验和：标准的 16 位校验和。
- 身份验证类型：OSPFv2 支持以下 3 种身份验证方法：
  - ➢ 不进行身份验证。
  - ➢ 明文密码。
  - ➢ MD5 散列。
- 身份验证数据：64 位的数据，可能为空、明文密码或消息摘要。
- 数据：要传输的内容。

6.6.3　单区域中配置 OSPF

本节讨论单区域中 Cisco 路由器的 OSPF 配置。为了叙述方便，以下面的网络拓扑为例，如图 6-6-3 所示。

图 6-6-3　单区域 OSPF 网络拓扑

1．区域中配置 OSPF 的基本命令

本部分介绍如何配置内部 OSPF 路由器。内部路由器指的是其所有接口都位于同一个区域中的路由器，其唯一的职责是在区域内路由数据流。

路由器成为 OSPF 路由器由以下几个参数决定：

- OSPF 进程：声明 OSPF 进程。
- 参与接口：指定 OSPF 将使用的接口。
- 区域：指定每个接口所属的区域，这里的讨论假设所有活动接口都位于同一个区域内。
- 路由器 ID：32 位的唯一 ID，通常是一个接口的 IP 地址。

1）用 OSPF 路由协议

要启用 OSPF，可使用下述命令：

```
Router (config) # router ospf process-number
```

其中 process-number 只在本地有意义。通常一台路由器上只运行一个 OSPF 进程。在区域内的不同路由器中，进程号可以不同。习惯上，我们使用同一个数作为进程号。

2）OSPF network 命令

启用 OSPF 后，必须使用下面的命令指定哪些接口将参与 OSPF 以及它们所属的区域：

```
Router (config) # network network-number wildcard-mask area area-number
```

和 RIP 一样，命令 network 指定将运行 OSPF 的接口，但不同的是，该命令支持使用通配符掩码指定具体的接口。与网络和掩码匹配的所有接口都将运行 OSPF，并加入指定区域。

参数 area 将接口加入指定区域。同一台路由器的接口可以位于不同区域，这将导致其成为 ABR。Area-number 是 32 位的数字，格式可以是简单的十进制，也可以是点分十进制。

指定将加入 OSPF 域的路由器接口后，将交换 Hello 分组、发送 LSA，然后路由器将加入到网络中。

2．路由器的配置选项

下面的选项用于调整内部路由器的 OSPF 配置：

- 路由器 ID。
- 环回接口。
- cost 命令。
- priority 命令。

1）义路由器 ID 和环回接口

路由器必须有 ID 才能加入 OSPF 域。路由器 ID 用于标识 OSPF 数据库中的 LSA，可由管理员进行配置，也可让路由器自动确定。手工定义路由器 ID，方便跟踪网络中的事件、编写内部文档和其他系统管理工作。

OSPF 路由器 ID 可使用命令 router-id 来指定，如果没有配置该命令，路由器 ID 将为最大的环回接口 IP 地址。如果没有环回接口，路由器 ID 将为第一个活动的接口的 IP 地址。

```
Router (config) # router ospf process-id
Router (config-router) # router-id ip-address
```

若使用环回接口，通常指定子网掩码为 32，以最大限度地减少占用的地址空间。

指定路由器 ID 后，它将保持稳定，不因路由器上物理接口的状态的变化而变化。修改路由器 ID 可能破坏某些 OSPF 配置。

2）改默认成本

度量值是将 100 000 000bit/s 除以接口的带宽（单位为 bit/s）得到的。有时候修改默认成本很有用，尤其是在链路速度超过 1000M 时。要手工修改成本，可使用命令 cost：

```
Router (config) # ip ospf cost cost
```

成本是 16 位的值，其值越小，相应的路由被选中的可能性越大。在默认情况下，快速以太网和吉比特以太网接口的成本都为 1，可以调整成本，让速度更快的路径优先，默认的 OSPF 成本如表 6-6-3 所示。

表 6-6-3　默认的 OSPF 成本

链路类型	默认成本
56 kbit/s 的串行链路	1 785
T1（1.544 Mbit/s 的串行链路）	64
以太网	10
快速以太网	1
吉比特以太网	1

3）使用命令 priority 来设置指定路由器

Hello 分组中包含一个优先级字段，从而提供了选举 DR 和 BDR 的机制。要参与选举，优先级必须是 1~255 的正整数。如果优先级为 0，则路由器将不能参与选举；在其他路由器中，优先级最高的路由器将赢得选举。所有 Cisco 路由器的默认优先级都为 1，路由器 ID 最大的路由器成为 DR。可使用下面的命令来调整每个接口的优先级：

```
Router (config-if) # ip ospf priority number
```

3. 单台路由器的 OSPF 设置

1）配置 OSPF

● 路由器 1 配置：

```
R1(config)#router ospf 100
R1(config-router)#network 192.168.10.0 0.0.0.255 area 0
R1(config-router)#network 192.168.20.0 0.0.0.255 area 0
R1(config)#int fa 0/1
R1(config-if)#ip add 192.168.20.1 255.255.255.0
R1(config-if)#ip ospf cost 10
```

● 路由器 2 配置：

```
R2(config)#router ospf 100
R2(config-router)#network 192.168.20.0 0.0.0.255 area 0
R2(config-router)#network 192.168.30.0 0.0.0.255 area 0
```

● 路由器 3 配置：

```
R3(config)#router ospf 100
R3(config-router)#network 192.168.30.0 0.0.0.255 area 0
R3(config-router)#network 192.168.40.0 0.0.0.255 area 0
```

2）OSPF show 命令

OSPF show 命令如表 6-6-4 所示。

表 6-6-4　OSPF show 命令

命　　令	描　　述
show ip ospf	显示 OSPF 进程的细节，如路由器重新计算了其路由选择表多少次
show ip ospf database	显示拓扑数据库的内容
show ip ospf interface	提供有关在各个接口上 OSPF 是如何配置的信息
show ip ospf neighbor	显示邻居的信息，用于核实是否含有所有的邻居
show ip protocols	显示路由器的 IP 路由器协议配置
show ip route	显示路由器知道哪些网络、到这些网络的最佳路径以及每条连接的下一跳

OSPF show 命令显示的内容非常详细，能够让您全面地了解网络的状态。

（1）命令 show ip ospf。该命令指出路由选择协议 OSPF 在路由器上的运行情况，包括路由选择算法 SPF 运行了多少次，这是网络稳定性的重要指标，该命令的语法如下：

```
Router # show ip ospf[process - id]
```

命令 show ip ospf process-id 的输出如下：

```
R1#show ip ospf 100
Routing Process "ospf 100" with ID 192.168.20.1
Supports only single TOS(TOS0) routes
Supports opaque LSA
SPF schedule delay 5 secs, Hold time between two SPFs 10 secs
Minimum LSA interval 5 secs. Minimum LSA arrival 1 secs
Number of external LSA 0. Checksum Sum 0x000000
Number of opaque AS LSA 0. Checksum Sum 0x000000
Number of DCbitless external and opaque AS LSA 0
Number of DoNotAge external and opaque AS LSA 0
Number of areas in this router is 1. 1 normal 0 stub 0 nssa
External flood list length 0
    Area BACKBONE(0)
        Number of interfaces in this area is 2
        Area has no authentication
        SPF algorithm executed 4 times
        Area ranges are
        Number of LSA 3. Checksum Sum 0x019a60
        Number of opaque link LSA 0. Checksum Sum 0x000000
        Number of DCbitless LSA 0
        Number of indication LSA 0
        Number of DoNotAge LSA 0
        Flood list length 0
```

命令 show ip ospf process-id 的输出的名字段含义如表 6-6-5 所示。

表 6-6-5　命令 show ip ospf process-id 的输出

字　　段	描　　述
Routing Process "ospf 100" with ID 192.168.20.1	OSPF 的本地进程 ID 和路由器 ID
It is an internal router	路由器类型（内部路由器、ABR 或 ASBR）
SPF schedule delay	收到 LS 更新后等待多长时间启动 SPF 计算，以免过于频繁地运行 SPF
Hold time between two SPFs	两次 SPF 计算之间相隔时间
Number of DCbitless LSA	用于 OSPF 按需拨号电路
Number of DoNotAge LSA	用于 OSPF 按需拨号电路，如 ISDN
Area BACKBONE(0) Number of interfaces in this area is 2 Area has no authentication SPF algorithm executed 4 times Area ranges are	指出路由器属于多少个区域。这台路由器是内部路由器，因为它只属于一个区域。 可以知道路由器有多少个接口位于某个区域、是否使用了 MD5 安全特性以及 SPF 算法执行了多少次。因为它是网络稳定性的风向标，区域范围（Area Ranges）指出了配置的汇总
Link State Upduat Interval is 00:30:00 and due in 00:18:54	LSA 更新定时器的默认值为 30 分钟，这种定时器用于确保拓扑数据库的完整性。该字段指出了下次更新的时间，同时表示没有修改默认值
Link State Age Interval is 00:20:00 and due in 00:08:53	删除过时更新的时间间隔以及下次删除数据库中过时路由的时间

（2）命令 show ip ospf database。该命令显示路由器的拓扑数据库的内容以及被加入到该数据库中的 LSA。

命令 show ip ospf database 的输出如下：

```
R1#show ip ospf database
        OSPF Router with ID (192.168.20.1) (Process ID 100)
            Router Link States (Area 0)

Link ID         ADV Router       Age      Seq#        Checksum Link count
192.168.20.1    192.168.20.1     504      0x80000004  0x00a227 2
192.168.30.1    192.168.30.1     46       0x80000004  0x005dc2 2
192.168.40.1    192.168.40.1     46       0x80000003  0x001d5b 2

            Net Link States (Area 0)
Link ID         ADV Router       Age      Seq#        Checksum
192.168.20.2    192.168.30.1     539      0x80000001  0x005598
192.168.30.2    192.168.40.1     46       0x80000001  0x0044c0
```

命令 show ip ospf database 输出的名字段含义如表 6-6-6 所示。

表 6-6-6　命令 show ip ospf database 的输出

字　　段	描　　述
OSPF Router with ID (192.168.20.1) (Process ID 100)	当前路由器的路由器 ID 和进程 ID
Router Link States(Area0)	路由器 LSA，指出了将当前路由器连接到邻居的链路，这些邻居是通过 Hello 协议发现的

（续表）

字　段	描　述
Link ID	链路 ID，与 OSPF 路由器 ID 相同
ADV Router	发出通告的路由器的路由器 ID
Age	最后一次更新后的时间，单位为秒
Seq#	序列号
Checksum	整个 LSA 更新的校验和，用于确保完整性
Link Count	为路由器配置的 OSPF 链路数
Net Link States(Area0)	路由器收到的网络 LSA 中的信息

（3）命令 show ip ospf interface。该命令显示接口的 OSPF 配置及运行情况，这种细节对于排除配置错误很有帮助，该命令的语法如下：

```
Router #show ip ospf interface (type number)
```

该命令显示诸如 DR、BDR、邻居列表和网络类型等主要信息。

命令 show ip ospf interface(type number)的输出如下：

```
R1#show ip ospf interface fa 0/1
FastEthernet0/1 is up, line protocol is up
  Internet address is 192.168.20.1/24, Area 0
  Process ID 100, Router ID 192.168.20.1, Network Type BROADCAST, Cost: 10
  Transmit Delay is 1 sec, State BDR, Priority 1
  Designated Router (ID) 192.168.30.1, Interface address 192.168.20.2
  Backup Designated Router (ID) 192.168.20.1, Interface address 192.168.20.1
  Timer intervals configured, Hello 10, Dead 40, Wait 40, Retransmit 5
    Hello due in 00:00:07
  Index 2/2, flood queue length 0
  Next 0x0(0)/0x0(0)
  Last flood scan length is 1, maximum is 1
  Last flood scan time is 0 msec, maximum is 0 msec
  Neighbor Count is 1, Adjacent neighbor count is 1
    Adjacent with neighbor 192.168.20.2  (Designated Router)
  Suppress hello for 0 neighbor(s)
```

命令 show ip ospf interface(type number)的输出的名字段含义如表 6-6-7 所示。

表 6-6-7　命令 show ip ospf interface (type number)的输出

字　段	描　述
FastEthernet01 is up ,line protocol is up	第一个 up 表明物理路线正常；第二个 up 表明数据链路层协议运行正常
Internet address is 192.168.20.1/24	接口的 IP 地址和子网掩码
Area0	接口所属的 OSPF 区域
Process ID 100, Router ID 192.168.20.1	OSPF 进程 ID 和路由器 ID
Network Type BROADCAST	网络的类型，指出了将如何发展邻居和建立邻接关系
Cost: 10	链路的成本
Transmit Delay is 1 sec	向邻居发送更新所需的时间，默认为 1 秒

（续表）

字　段	描　述
State BDR	可能的 DR/BDR 状态： 　　DR：路由器为该接口连接的网络中的 DR，它与该广播网络中的所有路由器都建立了邻接关系。在这里，该路由器为其接口 fastEthernet0/1 连接的以太网中的 BDR。 它与该广播网络中的所有路由器都建立了邻接关系。 　　DROTHER：路由器为该接口连接的网络中既不是 DR 也不是 BDR，它只同 DR 和 BDR 建立连接关系。 　　Waiting：接口正在等待声明链路的状态为 DR。接口等待的时间取决于等待定时器的设置，在非广播多路访问（NBMA）环境中，这种状态是正常的 Point-to-Multipoint：对 OSPF 来说，该接口是点到多点的
Priority 1	在 Hello 分组中发送的优先级，用于选举 DR
Designated Router (ID) 192.168.30.1, Interface address 192.168.20.2	DR 的地址
Backup Designated Router (ID) 192.168.20.1, Interface address 192.168.20.1	BDR 的地址
Timer intervals configured,Hello 10,Dead 40,Wait 40,Retransmit 5	这些定时器的值是可以修改的，但在整个组织中必须一致。定时器设置不同的路由器之间不能建立连接关系
Hello due in 00:00:07	接口将于什么时候发送下一个 Hello 分组
Neighbor Count is 1, Adjacent neighbor count is 1	当前路由器有多少个邻居路由器 　　注意到与之建立了邻接关系的路由器数比邻居数少，这是因为有 DR 和 BDR，它们与 LAN 上的所有路由器建立邻接关系

（4）命令 show ip ospf neighbor。该命令显示 OSPF 邻居。该命令可用于显示路由器知道的所有邻居或某个接口连接的邻居，其语法如下：

```
Router# show ip ospf neighbor [type number][neighbor-id][detail]
```

命令 show ip ospf neighbor 的输出如下：

```
R2#show ip ospf neighbor
Neighbor ID    Pri                State       Dead Time    Address Interface
192.168.40.1   Neighbor prioriey  FULL/DR     00:00:37     192.168.30.2
                                                           FastEthernet0/0
192.168.20.1   Neighbor prioriey  FULL/BDR    00:00:34     192.168.20.1
                                                           FastEthernet0/1
```

命令 show ip ospf neighbor 的输出的含义如表 6-6-8 所示。

表 6-6-8　命令 show ip ospf neighbor 的输出

字　段	描　述
Neighbor ID	路由器 ID
Neighbor priority	通过 Hello 分组发送的优先级，用于选举 DR

（续表）

字　　段	描　　述
State	邻居路由器的状态： Down； Attempt； 初始； 双向； 预启动； 交换； 加载； 完全邻接
Dead Time	持续多长时间没有从邻居那里收到 Hello 分组后，将认为该邻居已失效
Address	邻居的地址。注意路由器 ID 和接口地址不是一回事
Interface	这是当前路由器的出站接口，邻居路由器就是通过该接口获悉的
Options	指出邻居所属的区域是否是末节区域

（1）命令 show ip protocols。该命令显示路由器的 IP 路由选择协议配置，详细说明了协议的配置情况及协议之间的交互情况，还指出了下一次更新将在何时进行。该命令非常适合用于排除配置错误以及了解网络是如何交换其路由的，其语法如下：

```
Router# show ip protocols
```

命令 show ip protocols 的输出如下：

```
R2#show ip protocols
Routing Protocol is "ospf 100"
  Outgoing update filter list for all interfaces is not set
  Incoming update filter list for all interfaces is not set
  Router ID 192.168.30.1
  Number of areas in this router is 1. 1 normal 0 stub 0 nssa
  Maximum path: 4
  Routing for Networks:
    192.168.20.0 0.0.0.255 area 0
    192.168.30.0 0.0.0.255 area 0
  Routing Information Sources:
    Gateway        Distance      Last Update
    192.168.30.2   110           00:17:22
    192.168.20.1   110           00:17:17
  Distance: (default is 110)
```

命令 show ip protocols 的输出的名字段含义如表 6-6-9 所示。

表 6-6-9　命令 show ip protocols 的输出

字　　段	描　　述
routing Protocols is "ospf 100"	路由器上配置的路由选择协议，将依次列出每种协议
Outgoing update filter list for all interface is not set	可在接口上配置访问列表来禁止在路由选择更新中通告某些网络。注意出站分发列表在 OSPF 中无效
Incoming update filter list for all interfaces is not set	访问列表可以过滤出站更新或入站更新

（续表）

字　　段	描　　述
Redistributing：ospf 100	显示配置的重分发
Routing for Networks： 192.168.20.0 0.0.0.255 area 0 192.168.30.0 0.0.0.255 area 0	配置协议时使用的 network 命令
Routing Information Sources	将更新发送给当前路由器的地址
Gateway	提供更新的路由器的地址
Distance	管理距离
Last Update	收到最后一条更新后的时间
Distance（default is 110）	可修改整个路由选择协议（这里为 OSPF）的管理距离，也可修改特定信源的管理距离

（6）命令 show ip route。该命令显示路由器的 IP 路由选择表，详细指出了路由器是如何获悉网络和发现路由的。

（7）命令 debug。该命令是一个故障排除工具。debug 命令的进程优先级最高，因此可能占用路由器的所有资源，使用该命令必须小心。该命令的 no 格式关闭调试输出。

命令 debug 的含义如表 6-6-10 所示。

表 6-6-10　命令 debug

debug 命令	描　　述
debug ip ospf events	显示有关 OSPF 事件的信息，如建立邻接关系、指定路由器的选举和 SPF 计算等
debug ip packet	IP 调试信息，包括收到、生成和转发的分组；快速转发分组时不会生成消息

6.7　网络地址转换

6.7.1　网络地址转换 NAT 的基本概念

NAT（Network Address Translation）即网络地址转换，在 NAT 中，有以下 4 个地址术语需要理解：

- 内部本地地址（Inside Local Address）：指一个网络内部分配给网络上主机的 IP 地址，此地址通常不是 Internet 上的合法 IP 地址。
- 内部全局地址（Inside Global Address）：用来代替一个或者多个本地 IP 地址的、对外的、NIC 注册过的 IP 地址。
- 外部本地地址（Outside Local Address）：一个外部主机相对于内部所用的 IP 地址。不一定是合法的地址，但是，是从内部网进行路由的地址空间中分配的。
- 外部全局本地地址（Outside Global Address）：主机拥有者分配给外部网络的一个 IP 地址。它是从一个全局可路由地址或网络空间中分配的。网络地址转换（NAT）是用于将一个地址域（如专用 Intranet）映射到另一个地址域（如 Internet）的标准方法。NAT 允许一个机构专用 Intranet 中的主机透明地连接到公共域中的主机，无须内部主机拥有注册的 Internet 地址。

6.7.2 NAT 的原理

Internet 的快速发展使得 IP 地址逐渐耗尽。对于这个问题一个长远的解决方案是使用 IPv6 技术，但短时间内无法实现。另一个方案是有效地使用现有的 Internet 地址。根据 RFC 1631（IP Network Address Translator）开发的 NAT 技术可以在不同的内部网中使用相同的 IP 地址，用来减少注册 IP 地址的使用。NAT 技术使得一个私有网络可以通过 Internet 注册 IP 连接到外部世界，位于 Inside 网络和 Outside 网络中的 NAT 路由器在发送数据包之前，负责把内部 IP 翻译成外部合法地址。内部网络的主机可能不同时与外部网络通信，所以可能只有一部分内部地址需要翻译。Internet 保留了下列 3 块地址空间作为内部网络使用：

- 10.0.0.0 ～ 10.255.255.255（一个单独的 A 类网络号码）。
- 172.16.0.0 ～ 172.31.255.255（16 个连续的 B 类网络号码）。
- 192.168.1.0 ～ 192.168.255.255（256 个连续的 C 类网络号码）。

企业可以不用向 Internet 地址管理机构申请，直接使用上述地址。使用内部网络的主机可以和企业网络的其他主机进行互通，但如果不进行地址转换，就不能访问企业外部的主机。NAT 技术使得内部网络的主机可以访问外部网络，NAT 的地址转换可以采取静态转换（Static Translation）和动态转换（Dynamic Translation）两种。静态转换将内部地址和外部地址一一对应。当 NAT 需要确认哪个地址需要转换，转换时采用哪个地址池时，就使用动态转换。动态转换采用端口复用技术，或改变外出数据的源端口号技术可以将多个内部 IP 地址映射到同一个外部地址，这就是端口地址转换 PAT（Port Address Translation）。

NAT 可以支持大部分 IP 协议，但有几个协议需要注意，首先 tftp、rlogin、rsh、rcp 和 ip multicast 都被 NAT 支持，其次就是 bootp、snmp 和路由表更新全部给拒绝了。具体支持哪些协议与路由器运行的 IOS 版本有关。

6.7.3 NAT 配置实例

如图 6-7-1 所示，路由器 1、路由器 2 及交换机是用户网络设备，路由器 0 是服务提供者的一台边界路由器。用户申请到两个 C 类 IP 网络地址段：202.112.80.0/24 和 202.112.81.0/24。由于在用户网络中用户较多，地址不够用，使用了私有地址 192.168.1.0/24。这些地址需要进行地址转换。网络设备物理连接及编址如下：

路由器 1 的 fa0/0 与路由器 0 的 fa0/1 相连，fa0/1 与另一台路由器 2 的 fa0/1 相连。路由器 1 的 fa0/0 IP 为 202.112.42.18/30（此地址一般由服务提供者提供），fa0/1 IP 为 202.112.81.2/24。

路由器 2 的 fa0/1 与路由器 1 的 fa0/1 相连，fa0/0 与交换机相连，fa1/0 与一台交换机相连。路由器 2 fa0/1 IP 地址为 202.112.81.1/24，fa0/0IP 为 202.112.80.1/24，fa1/0 IP 地址为 192.168.1.1/24。

路由器 0 的 fa0/1 与路由器 1 的 fa0/0 相连，fa0/0 连接到提供者网络，路由器 0 的 fa0/1 IP 地址为 202.112.42.17/30，fa0/0 IP 地址为 200.200.200.1/24。

PC 和服务器在 202.112.80.0 和 192.168.1.0 网段各有一台，地址是所在网段的地址 10 和地址 100。

在这个网络中，我们要求用户网络可以正常访问互联网，私有地址在路由器 2 进行转换，转换成路由器 2 的 fa0/1 的接口地址，私有网络中的服务器 IP 地址为 192.168.1.100，要求允许外网访问该服务器，并且从外网访问 202.112.81.100 时就访问了该服务器。

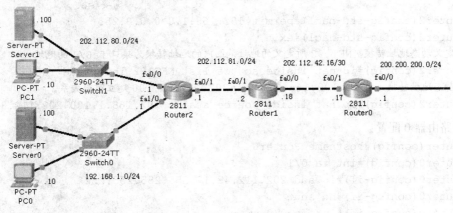

图 6-7-1 网络地址转换实例

下面我们给出各设备的配置:

● 路由器 1 配置:

```
Router(config)#hostname Router1
Router1(config)#int fa 0/0
Router1(config-if)#ip add 202.112.42.18 255.255.255.252
Router1(config-if)#no shut
Router1(config-if)#int fa 0/1
Router1(config-if)#ip add 202.112.81.2 255.255.255.0
Router1(config-if)#no shut
Router1(config)#ip route 0.0.0.0 0.0.0.0 202.112.42.17
Router1(config)#router ospf 100
Router1(config-router)#network 202.112.81.0 0.0.0.255 area 0
Router1(config-router)#default-information originate   ! 此命令用于将默认路由
                                                        分发到整个 OSPF 域中
```

● 路由器 2 配置:

```
Router(config)#hostname Router2
Router2(config)#int fa 0/0
Router2(config-if)#ip add 202.112.80.1 255.255.255.0
Router2(config-if)#no shut
Router2(config-if)#int fa 0/1
Router2(config-if)#ip add 202.112.81.1 255.255.255.0
Router2(config-if)#no shut
Router2(config-if)#ip nat outside   ! 将接口 fa0/1 配置为外部网络
Router2(config-if)#int fa 1/0
Router2(config-if)#ip add 192.168.1.1 255.255.255.0
Router2(config-if)#no shut
Router2(config-if)#ip nat inside    ! 将接口 fa1/0 配置为内部网络

Router2(config-if)#exit
Router2(config)#router ospf 100
Router2(config-router)#network 202.112.80.0 0.0.0.255 area 0
Router2(config-router)#network 202.112.81.0 0.0.0.255 area 0
Router2(config-router)#
Router2(config)#ip access-list standard NET192  ! 使用 access-list 定义哪些地址
```

需要转换

```
Router2(config-std-nacl)#permit 192.168.1.0 0.0.0.255
Router2(config-std-nacl)#exit
```
！定义动态地址转换，NET192 所定义的地址范围内的地址转换为接口 fa0/1 的地址
```
Router2(config)#ip nat inside source list NET192 interface fa0/1
```
！静态地址转换，将地址 192.168.1.100 与 202.112.81.100 建立对应关系。
```
Router2(config)#ip nat inside source static 192.168.1.100 202.112.81.100
```

- 路由器 0 配置：
```
Router(config)#hostname Router0
Router0(config)#int fa 0/1
Router0(config-if)#ip add 202.112.42.17 255.255.255.252
Router0(config-if)#no shut
Router0(config-if)#int fa 0/0
Router0(config-if)#ip add 200.200.200.1 255.255.255.0
Router0(config-if)#no shut
Router0(config-if)#exit
```
！配置到用户的路由
```
Router0(config)#ip    route    202.112.80.0    255.255.255.0    202.112.42.18
Router0(config)#ip route 202.112.81.0 255.255.255.0 202.112.42.18
Router0(config)#
```
测试

192.168.1.0 网段 PC 配置如图 6-7-2 所示，内网 PC 访问因特网测试如图 6-7-3 所示。

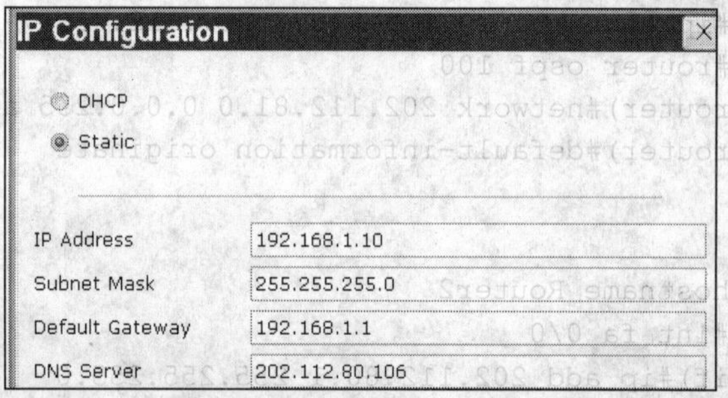

图 6-7-2　内网 IP 地址配置

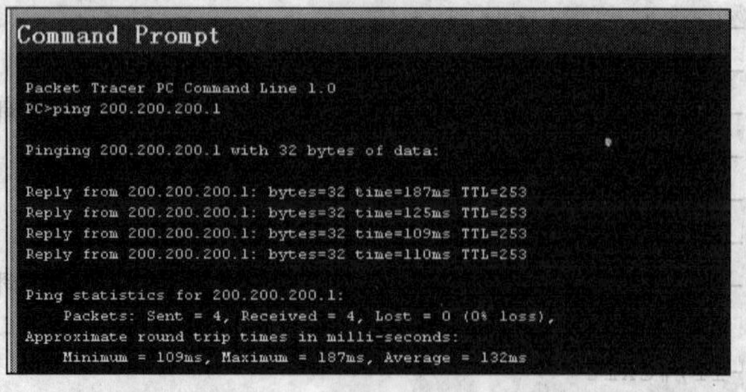

图 6-7-3　内网 PC 访问 Internet

配置好内网服务器的 IP 地址 192.168.1.100 后，从外网进行测试，从路由器 0 使用地址 200.200.200.1 作为源，Ping 202.112.81.100：

```
Router0#ping
Protocol [ip]:
Target IP address: 202.112.81.100
Repeat count [5]:
Datagram size [100]:
Timeout in seconds [2]:
Extended commands [n]: y
Source address or interface: 200.200.200.1
Type of service [0]:
Set DF bit in IP header? [no]:
Validate reply data? [no]:
Data pattern [0xABCD]:
Loose, Strict, Record, Timestamp, Verbose[none]:
Sweep range of sizes [n]:
Type escape sequence to abort.
Sending 5, 100-byte ICMP Echos to 202.112.81.100, timeout is 2 seconds:
Packet sent with a source address of 200.200.200.1
.!!!!
Success rate is 80 percent (4/5), round-trip min/avg/max = 98/110/125 ms
```

从外网可以访问内网的服务器，实现了本次测试目标。

第 7 章 \ 交换机配置基础

引 言

局域网的设计在不断发展，很早以前，网络设计人员一般用集线器和网桥组建网络。从 20 世纪 90 年代中期开始人们逐渐用交换机代替了集线器和网桥。从共享式网络发展到交换式网络，同时交换机的功能和性能都不断提高。现代网络由交换机和路由器构成。可以在一个平台上集成路由器和交换机的功能。

本章主要介绍交换机的基本概念、理论、配置方法。

内容结构图

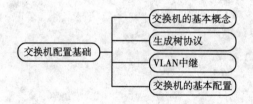

学习目标

- 了解交换机的定义与功能。
- 了解交换机的交换方式。
- 理解交换机的工作原理。
- 了解生成树的作用及选择过程。
- 熟练掌握 VLAN 的概念及配置方法。
- 学会在交换环境中配置二层和三层交换机。

7.1 交换机的基本概念

交换机一般是工作在 OSI 参考模型第二层的网络连接设备，它可以识别设备的硬件（第二层）地址。其组成与路由器类似，包含背板、CPU、内存、闪存和网络接口等。广义上说交换机也是一台计算机。交换机也被称为多端口网桥，它与网桥的主要区别是，网桥的桥接功能是通过软件实现的，因而网桥包含的端口一般较少，有 2～3 个；交换机的交换功能是通过硬件实现的，因而交换机包含的端口一般较多，少到几个，多到几百个。

作为局域网的主要连接设备，以太网交换机成为应用普及最快的网络设备之一。交换机主要用于连接多台计算机等终端设备，通过交换机可以将网络分为多个冲突域。一台交换机的每个端口与其他端口在不同的冲突域上，保证了一个冲突域中的结点最少，最大限度地提高了网络传输效率。

7.1.1 交换机的三种交换方式

1．直通式（Cut Through）

直通式的以太网交换机可以理解为在各端口间是纵横交叉的线路矩阵电话交换机。它在输入端口检测到一个数据包时，检查该包的包头，获取包的目的地址，启动内部的动态查找表转换成相应的输出端口，在输入与输出交叉处接通，把数据包直通到相应的端口，实现交换功能。不需要存储，延迟非常小、交换非常快，这是它的优点。它的缺点是，因为数据包内容并没有被以太网交换机保存下来，所以无法检查所传送的数据包是否有误，不能提供错误检测能力，由于没有缓存，不能将具有不同速率的输入/输出端口直接接通，而且容易丢包。

2．存储转发（Store & Forward）

存储转发方式是计算机网络领域应用最为广泛的方式。它把输入端口的数据包先存储起来，然后进行 CRC（循环冗余码校验）检查，在对错误包处理后才取出数据包的目的地址，通过查找表转换成输出端口送出包。正因如此，存储转发方式在数据处理时延时大，这是它的不足，但是它可以对进入交换机的数据包进行错误检测，有效地改善网络性能。尤其重要的是它可以支持不同速度的端口间的转换，保持高速端口与低速端口间的协同工作。

3．碎片隔离（Fragment Free）

这是介于前两者之间的一种解决方案。它检查数据包的长度是否够 64 个字节，如果小于 64 字节，说明是假包，则丢弃该包；如果大于 64 字节，则发送该包。这种方式也不提供数据校验。它的数据处理速度比存储转发方式快，但比直通式慢。

当交换机收到一个数据帧时，它将接收帧的端口与帧的源 MAC 地址建立映射，构成一个表项，所有这些表项的集合被称为交换表。每当收到数据帧时，它都会将数据帧的目的 MAC 地址与系统内的交换表进行比较，并根据比较结果将数据包发送给相应的目的端口。如果在交换表中没有找到，则将数据帧广播到接收端口外的所有端口。

7.1.2 VLAN 的基本概念

VLAN（Virtual Local Area Network）即虚拟局域网，是一种通过将局域网内的设备逻辑地而不是物理地划分成一个个网段从而实现虚拟工作组的新兴技术。IEEE 于 1999 年颁布用以标准化 VLAN 实现方案的 802.1Q 协议标准草案。VLAN 采用多种方式配置于企业网络中，包括网络安全认证、使无线用户在 802.11b 接入点漫游、隔离 IP 语音流在不同协议的网络中传输数据等虚拟局域网（VLAN）的出现打破了传统网络的许多固有观念，使网络结构变得灵活、方便。

虚拟网是交换机的重要功能，通常虚拟网的实现形式有 2 种：

1．静态端口分配

静态虚拟网的划分通常是网管人员使用网管软件或直接设置交换机的端口，使其直接从属某个虚拟网。这些端口一直保持这些从属性，除非网管人员重新设置。这种方法虽然比较麻烦，但比较安全，容易配置和维护。

2. 动态虚拟网

支持动态虚拟网的端口，可以借助智能管理软件自动确定它们的从属。端口是通过借助网络包的 MAC 地址、逻辑地址或协议类型来确定虚拟网的从属。当一网络结点刚连接入网时，交换机端口还未分配，于是交换机通过读取网络结点的 MAC 地址动态地将该端口划入某个虚拟网。这样一旦网管人员配置好后，用户的计算机可以灵活地改变交换机端口，而不会改变该用户的虚拟网的从属，如果网络中出现未定义的 MAC 地址，可以向网管人员报警。

交换机通过启用 VLAN 管理策略服务器（VLAN Management Policy Server，VMPS）可以支持动态 VLAN。VMPS 目前在实际网络中应用较少，VMPS 功能可以配置在某些较高端的交换机上，一般低端交换机不支持此功能，也有支持此功能的网管软件。

7.2 生成树协议

生成树协议 STP（Spanning Tree Protocol）是交换式以太网中的重要概念和技术，该协议的目的是在实现交换机之间的冗余连接的同时，在网络中避免环路的出现，提高网络的可靠行。交换机或网桥端口发送 BPDU（Bridge Protocol Data Unit，网桥协议数据单元），在交换机间交换信息，选出根网桥，构造无环拓扑。

7.2.1 生成树协议的帧格式及选举过程

IEEE802.1d 是关于交换机/网桥的基本生成树协议，IEEE802.1w/802.1s 是当前最新生成树协议规范。一个 IEEE802.1d 帧的格式如下：

6 字节	6 字节	2 字节	1 字节	1 字节	1 字节	35 字节	4 字节
DA 目的地址	SA 源地址	Length 长度	DSAP（0x42）	SSAP（0x42）	U Frame（0x03）	BPDU	FCS

BPDU 格式如下：

2 字节	1 字节	1 字节	1 字节	8 字节	4 字节	8 字节	2 字节	2 字节	2 字节	2 字节	2 字节
协议标识符	版本	信息类型	标志	根 ID	根路径开销	网桥 ID	端口 ID	报文生命期	最大生命期	呼叫时间	转发延迟

上面的数字是该字段的字节数。

- 协议标识符（Protocol ID）：指示这是一个 BPDU 帧，当前取值为 0x0000。
- 版本（Version）：BPDU 使用的版本，当前使用的版本为 0x00。
- 信息类型（Message Type）：有两种类型，分别为配置 BPDU（0x00）和拓扑改变通告（TCN）BPDU。
- 标志（Flags）：IEEE 802.1d 中使用 2bit，指示拓扑改变通告和拓扑改变确认。
- 根 ID（Root ID）：拓扑中具有最小网桥 ID 的网桥为根网桥，其网桥 ID 为根网桥 ID。
- 根路径开销（Root cost）：从网桥到达根路径开销的总和。
- 网桥 ID（Bridge ID）：由 2 字节的优先级和 6 字节的 MAC 地址构成；网桥 ID 值越小，越优先成为根。

- 端口 ID（Port ID）：标识发送配置信息的端口。
- 报文生命期（Message Age）：指出自根网桥发送配置消息到现在的时间总量。
- 最大生命期（Max Age）：标识当前的配置消息应在何时被删除，默认为 20 秒。
- 呼叫时间（Hello time）：BPDU 配置报文发送间隔，默认为 2 秒。
- 转发延迟（Forward delay）：给出当拓扑结构发生更改后，网桥转换到一个新状态之前，应等待的时间长度。

802.1d 定义了以下 5 种端口状态：

- 监听：没有数据帧转发，正在监听数据帧。
- 学习：没有数据帧转发，正在学习 MAC 地址。
- 转发：数据帧被转发，正在学习 MAC 地址。
- 阻塞：没有数据帧转发，听到了 BPDU。
- 无效：没有数据帧转发，没有听到 BPDU。

下面我们通过例子说明生成树的选举过程。以交换机为例，在交换机构成的网络中，可以划分多个虚拟网，每一个虚拟网可以有一棵生成树。如图 7-2-1 所示，交换机 1 和交换机 2 是某公司网络的两台核心交换机，交换机 3（和交换机 3 类似的交换机可能有多台）是一台接入交换机，为了提高网络可靠性，进行了冗余连接，我们假定所有端口带宽都是 100M bit/s。我们只考虑一个虚拟网中生成树的选举过程，其他虚拟网中生成树选举过程是一样的。

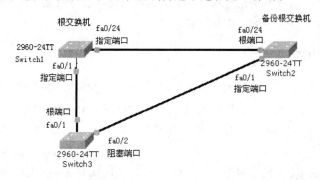

图 7-2-1 生成树的选举过程

第一步：选出根网桥

交换机是一种二层设备，每个端口都使用 MAC 地址，一般在交换机出厂时会被分配一段连续的 MAC 地址供交换机使用，我们说交换机的 MAC 时习惯上指这段 MAC 地址中最小的。交换机出厂时默认优先级均为 32768，优先级是可以通过配置改变的，MAC 地址通常是不能改变的。交换机的 ID 是优先级加上 MAC 地址构成的 8 个字节的二进制数。ID 越小，越优先被选为根交换机。在例子中我们可以调整交换机 1 和交换机 2 的优先级，使它们优先成为根，比如，我们将交换机 1 的优先级设置为 0，将交换机 2 的优先级设置为 4096，这样网络中交换机比较交换机 ID 后，就会发现交换机 1 的 ID 最小，从而将交换机 1 选为生成树的根。

第二步：确定各交换机的根端口

确定交换机的根端口，就是确定交换机通过哪个端口到达根，这里涉及根路径开销的概念，通常用 100M bit/s 除以交换机端口的实际带宽，得到链路的开销值，由于当前有很多带宽超过

100M bit/s 的链路，人们对这一规定进行了调整，具体调整和 OSPF 中链路开销调整相同。根路径开销就是从交换机到根交换机开销的总和。交换机 2 有两条路径到达根，通过端口 fa0/24 的开销为 1，通过 fa0/1 到交换机 3，然后到交换机 1 的开销是 2，它会选择前一个路径，并且将端口 fa0/24 选为根端口。类似地，交换机 3 将端口 fa0/1 选为根端口。如果交换机到根的最短路径有两条，那么交换机将选择具有较小端口 ID（通常是端口编号小的那个，比如 fa0/1 比 fa0/2 端口编号低）的端口为根端口。

第三步：确定每个网段的指定端口

这一步要看网络中有多少个网段，本例中有 3 个网段，我们考察每个网段上的计算机何如到达根交换机。交换机 1 和交换机 2 之间的网段上的机器（当然也可能没有机器）要通过交换机 1 的 fa0/24 到达根，交换机 1 的 fa0/24 就是该网段的指定端口。交换机 1 和交换机 3 之间的网段上的机器要通过交换机 1 的 fa0/1 到达根，fa0/1 就是该网段的指定端口。交换机 2 和交换机 3 之间网段上的机器既可以通过交换机 2 到达根，也可以通过交换机 3 到达根，并且两条路径的开销相等，这时要比较交换机 2 和交换机 3 的 ID 来决定走哪一条，由于交换机 2 的 ID 较小（因为我们把它的优先级调小了），该网段上的机器将通过交换机 2 上的端口 fa0/1 到达根，fa0/1 被选为指定端口。

第四步：确定阻塞端口，构建生成树

拓扑中既不是根端口也不是指定端口，余下的端口将不发送数据，出于阻塞状态，被称为阻塞端口。至此，一棵无环拓扑的生成树构建完成。

7.2.2　快速生成树协议简介

IEEE 802.1d 生成树需要 50 秒的时间才能把一个处于阻塞状态的端口打开使其工作，这大大影响了用户的通信，为此而开发的快速生成树协议（RSTP – Rapid STP）对这种情况做了改善。

快速生成树协议标准是 IEEE802.1w，是对 IEEE802.1d 的一个扩展，所以 802.1d 中的主要术语和参数在 802.1w 中都保留不变，使得熟悉 IEEE802.1d 的用户能够很快学会使用快速生成树。运行快速生成树协议的交换机端口也可以与运行 802.1d 协议的交换机端口在同一网段上使用，但不足之处就是它将失去"快速"特性。802.1w 最终计算出的拓扑和 802.1d 是完全一样的，主要是节约端口状态转变时所需的时间。

1. 端口状态

802.1d 定义了 5 种端口状态：无效、监听、学习、转发、阻塞。从运行的观点来看，处于阻塞状态的端口和处于倾听状态的端口没什么区别，它们都不转发数据，也不学习地址，不同之处在于 802.1d 给它们指派的角色（role）不同。一旦一个端口处于转发状态，也无法区分它是根端口还是指定端口。RSTP 把端口状态和端口角色区分开，解决了这些问题。

802.1w 定义了 3 种端口状态，对应于 3 种可能的运行状态。802.1w 把 802.1d 定义的无效、阻塞、监听状态合并为 discarding 状态，另外两种状态是学习和转发。

2. 端口角色

802.1w 定义了 4 种端口角色，根端口角色和指定端口角色保持不变，和 802.1d 中定义的含义相同。RSTP 为了快速收敛，在拓扑变化中一旦端口被选举为新的根端口，该端口立即进入转发状态，不再经由 listening、learning 阶段。802.1d 中定义的 blocking 角色在 802.1w 中被分为两种角色，分别是替代端口角色（alternate port role）和备份端口角色（backup port role）。

RSTP 计算生成树的最终拓扑使用的选举原则和 802.1d 使用的原则相同（比较交换机 ID 和路径花费等值），通过定义不同的端口状态和端口角色把端口所处的状态及其在 RSTP 中的功能角色二者分开，能够提供更多的信息，使拓扑收敛更快。

3. 边缘端口和链路类型

为了达到端口快速收敛的目的，802.1w 定义了边缘端口（Edge Port）和链路类型（Link Type）。

- 边缘端口：直接与终端主机（End Station）相连的端口称为边缘端口。由于这种端口在网络中不会产生环路，所以它们可以直接进入转发状态而跳过倾听和学习阶段。这种端口在拓扑变化时也不会产生拓扑变化的信息，但是，一旦收到 BPDU，它将失去边缘端口的属性，成为普通的生成树端口。
- 链路类型：运行在全双工模式下的端口被认为是点到点端口，它们所形成的链路称为点到点链路（Point-to-Point Link）。RSTP 可以在点到点端口上通过使用协商机制获得快速转换到转发状态的特性。相对于点到点链路，半双工模式下的链路看做是共享链路（Shared Link）。

4. 802.1w 特性

在拓扑发生变化时，802.1d 生成树协议计算出一个新拓扑是非常快的，但当一个端口被选为指定端口并能工作时，需要经历 30 秒的转发延迟，这意味着有 30 秒的数据中断。802.1w 采纳了反馈机制及其他一些特性使端口快速转换到转发状态，拓扑变化的信息被每个交换机向网络中传播，而不是像 802.1d 那样单单依靠根桥。

7.3　VLAN 中继

VLAN 中继（VLAN Trunk）也称为 VLAN 主干。中继概念的起源可以追溯到电话和无线电交换技术。在交换机与交换机之间或交换机与路由器之间连接的情况下，在相互连接的端口上配置中继模式，使得属于不同 VLAN 的数据帧都可以通过这条中继链路进行传输。VLAN 中继的国际标准帧格式是 IEEE802.1Q 标准。

7.3.1　VLAN 中继数据帧的格式

VLAN 中继（Trunk）能够在单条物理链路上承载多个 VLAN 的流量，VLAN 中继用于将 VLAN 扩展到多个交换机之间。IEEE802.1Q 是交换机所使用的标准中继协议，它能够为帧标记各自的 VLAN，进而使其能够跨越中继接口进行传输。当数据包在中继链路上传输之前，交换机将增加标记，当数据包到达接收端时，中继链路对端接口将清除标记，并且将数据包转发到各自的 VLAN 中正确的目标。

IEEE 802.1Q 的帧结构如下：

原始帧：

Dest	Src	Len/Type	Data	FCS

标记帧：

Dest	Src	Tag	Len/Type	Data	FCS

标记字段（tag）内容：

Ether Type（0x8100）	PRI	CFI	VLAN ID

- Dest：目标 MAC 地址（6 字节）。
- Src：源 MAC 地址（6 字节）。
- Tag：插入 IEEE 802.1Q 标记（4 字节）。
- Ether Type：如果设置为 0x8100，那么表示跟随的是 802.1Q 标记（2 字节）。
- PRI：802.1p 优先级字段，其长度为 3 比特。
- CFI：正则格式标志（Canonical Format Indicator），用于标识该帧是否是令牌帧。如果该字段值为 1，表明帧为令牌环帧，如果该字段值为 0，表明帧为以太帧，长度是 1 比特。
- VLAN ID：VLAN 字段，长度是 12 比特。
- Len/Type：指明长度（802.3 帧）或类型（以太网 II 帧）的字段，其长度是 2 字节。
- Data：数据字段，长度可变。
- FCS：帧校验序列字段（4 字节）。

由于 802.1Q 标记字段有 4 字节，因此带 802.1Q 标记的以太网帧最大为 1522 字节，最小为 68 字节。IEEE802.1Q 采用修改原始的内部标记机制，它在原始帧的 FCS 之上大 "X"，并且将重新对包括标记在内的整个帧进行 CRC 计算，之后再将新的 CRC 值插入到新的 FCS 中。

7.3.2　VLAN 数据帧跨交换机的传输

1．交换机端口的分类

根据交换机处理 VLAN 数据帧方式的不同，可以将交换机的端口分为两类：一类是只能识别和传送标准以太网的端口，称为访问端口（Access Port）；另一类是能同时识别和传送有 VLAN 标签的数据或标准以太网数据帧的端口，称为 Trunk 端口。

访问端口一般用于连接那些不支持 VLAN 技术的终端设备，如 PC 和大多数服务器等。这些端口接收到的数据帧不包含 VLAN 标签，向外发送的数据帧也不包含 VLAN 标签。

Trunk 端口通常是交换机互连的端口，或者交换机和路由器互连的端口，同时路由器的连接接口需要创建多个逻辑子接口。这些端口收到的数据帧一般包含 VLAN 标签，而向外发送数据帧时，必须保证接收端能够区分不同 VLAN 的数据帧，所以通常需要加 VLAN 标签。

2．VLAN 数据帧跨交换机的传输

目前任何主机都不支持带有 VLAN 标记的数据帧，即主机只能发送和接收标准以太网数据帧，如果接收到带 VLAN 标记的数据帧，将认为数据帧非法而丢弃。所以支持 VLAN 的交换机在与主机和交换机通信时，需要分别对待。

交换机的每个端口属于一个特定的 VLAN，该 VLAN 被称为端口虚拟网标识（Port Vlan ID，PVID），在默认情况下，交换机的所有端口属于 VLAN 1。当交换机的一个访问端口收到一个标记数据帧时，它将该数据帧丢弃，当访问端口收到一个未标记的帧时，就把该帧打上 VLAN ID，这个 ID 值等于端口的 PVID 的值，然后转发到帧中 VID 值和端口 PVID 相等的 VLAN 中。帧从端

口出去时，如果帧头中的 VID 和端口的 PVID 值相同，就把这个标识去掉，再送出去。交换机的 Trunk 端口，当接收到一个未标记数据帧时，就将该端口 PVID 值插入到帧的 VID 部分，构成标记帧，然后将帧在端口 PVID 与帧中 VID 相同的端口转发；当接收到一个标记帧时，如果帧中 VID 与接收端口的 PVID 值一致，就将帧在端口 PVID 与帧中 VID 相同的端口转发；如果帧中 VID 与接收端口的 PVID 值不一致，那么数据帧中的 VID 值将被改为端口的 PVID 值，将帧在端口 PVID 与帧中 VID 相同的端口转发。一个 Trunk 链路两端的端口应该具有相同的 PVID 值，否则将导致一些不可预料的错误。在思科、华为等厂家的交换机中，属于 VLAN 1 的访问端口接收到一个未标记的数据帧时，一般不对该数据帧进行标记，即不将 VID 值 1 插入到一个标准以太网数据帧中，图 7-3-1 所示为典型的交换机间跨 VLAN 的传输。

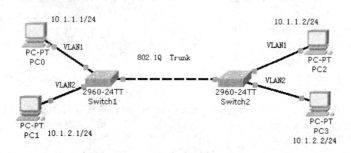

图 7-3-1   交换机间跨 VLAN 传输

7.4   交换机的基本配置

通常交换机支持动态学习 MAC 地址的功能，每个端口可以动态学习多个 MAC 地址，从而实现端口之间已知 MAC 地址数据流的转发。当 MAC 地址老化后，进行广播处理。也就是说，交换机某接口上学习到某 MAC 地址后可以进行转发，如果将连线切换到另外一个接口上交换机将重新学习该 MAC 地址，从而在新切换的接口上实现数据转发。

为了安全和便于管理，需要将 MAC 地址与端口进行绑定，通过配置 MAC 地址表的方式进行绑定。即 MAC 地址与端口绑定后，该 MAC 地址的数据流只能从绑定端口进入，而不能从其他端口进入，但是不影响其他 MAC 的数据流从该端口进入。

7.4.1   在交换机上配置 VLAN 和配置中继链路

在交换机上配置 VLAN，首先要创建 VLAN，然后将相应的端口划分到 VLAN 中去，如果这些端口只连接 PC 或路由器等设备,将端口配置为访问模式。每个 VLAN 都有一个唯一的 ID (范围为 001 ~ 1005, 有些交换机可以扩展到 4095)。为了添加一个 VLAN 到 VLAN 数据库,需要给 VLAN 分配一个 ID 号和一个名字。VLAN1、VLAN1002、VLAN1003、VLAN004 和 VLAN1005 是思科默认的 VLAN 号。为了配置一个以太网 VLAN,必须指定一个 VLAN 号码。如果不为 VLAN 输入 VLAN 名字，默认配置会在 VLAN 字母串后自动添加 VLAN 号码作为 VLAN 的名字。比如，如果不对 VLAN100 命名，则 VLAN100 的默认名字为 VLAN100。

为叙述方便，我们以下面图 7-4-1 的网络拓扑为例。

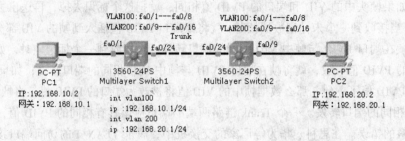

图 7-4-1　VLAN 及 Trunk 的配置

图 7-4-1 中左侧交换机 Switch1 配置如下，右侧交换机 Switch2 配置类似。

```
Switch#conf t
Switch (config) #hostname SW1
SW1 (config) #vlan 100                    ！创建 VLAN100
SW1 (config-vlan) #exit
SW1 (config) #int range fa 0/1 - 8    ！同时指定端口 1~8，此处为思科命令，神州数码交
                                          换机命令不同。
SW1 (config-if-range) #switchport mode access ！将端口配置为访问模式，当端口连接计
                                                  算机、路由器设备时，适合将端口配置
                                                  为访问模式。
SW1 (config-if-range) #switchport access vlan 100 ！将端口划分到 VLAN100 中
SW1 (config-if-range) #exit
SW1 (config) #vlan 200
SW1 (config-vlan) #int range fa 0/9 - 16
SW1 (config-if-range) #switchport mode access
SW1 (config-if-range) #switchport access vlan 200
SW1 (config-if-range) #exit
SW1 (config) #int fa 0/24
SW1 (config-if) #switchport mode trunk    ！将端口 24 配置为 Trunk 端口
SW1 (config-if) #^Z
SW1#
```

7.4.2　三层交换机上 VLAN 间路由的配置

VLAN 间路由要求为第三层协议启用路由选择，另外，必须配置静态或动态路由协议。每当在一个三层交换机创建了 VLAN 后，在交换机上就会产生一个三层逻辑端口，接口号为 VLAN vlan-id，就像一个物理接口一样，可以为其分配 IP 地址。左侧交换机配置如下：

```
SW1 (config) #int vlan 100                      ！进入逻辑接口 VLAN100
SW1 (config-if) #ip add 192.168.10.1 255.255.255.0  ！配置 IP 地址及子网掩码
SW1 (config-if) #no shut
SW1 (config) #int vlan 200                      ！进入逻辑接口 VLAN100
SW1 (config-if) #ip add 192.168.20.1 255.255.255.0  ！配置 IP 地址及子网掩码
SW1 (config-if) #no shut
```

1. 在换机上显示 VLAN 表

可以通过 show vlan 显示 VLAN 配置信息：

```
SW1#show vlan
vlanname         status                         port
----   -------------                    -------  --------------------------------
```

```
1    default      active       Fa0/17, Fa0/18, Fa0/19, Fa0/20
                               Fa0/21, Fa0/22, Fa0/23, Gig0/1
                               Gig0/2
100  VLAN0100     active       Fa0/1,  Fa0/2,  Fa0/3,  Fa0/4
                               Fa0/5,  Fa0/6,  Fa0/7,  Fa0/8
200  VLAN0200     active  Fa0/9, Fa0/10, Fa0/11, Fa0/12
                               Fa0/13, Fa0/14, Fa0/15, Fa0/16
1002 fddi-default      active
1003 token-ring-default active
1004 fddinet-default active
1005 trnet-default     active
VLAN    Type  SAID   MTU  Parent RingNo BridgeNo Stp BrdgMode Trans1 Trans2
----    ----  ----   ---- ------ ------ -------- ---- -------- ------- ------
1       enet  100001 1500   -      -       -     -     -         0      0
100     enet  100100 1500   -      -       -     -     -         0      0
200     enet  100200 1500   -      -       -     -     -         0      0
1002    enet  101002 1500   -      -       -     -     -         0      0
1003    enet  101003 1500   -      -       -     -     -         0      0
SW1#
```

需要说明的是，以上是针对思科交换机的 show vlan 输出结果，fa0/24 没有显示在 VLAN 中，通过 show interface trunk 可以显示 fa0/24 的情况。如果是神州数码交换机，fa0/24 会出现在 vlan1、100 和 200 中，并且会以 fa0/24（T）的形式表明该端口为 Trunk 端口。

2．在 PC 上配置 IP 并测试连通性

在计算机上配置 IP 地址、子网掩码及网关地址，网关通常是三层交换机 VLAN 接口 IP 地址，如表 7-4-1 所示，然后检测网络连通性。

表 7-4-1　配置 PC

PC 名	IP 地址	网　　关	所在 VLAN
PC1	192.168.10.2	192.168.10.1	VLAN 100
PC2	192.168.20.2	192.168.20.1	VLAN 200

配置好地址后，就可以进行连通性测试了，图 7-4-2 所示是测试的输出。

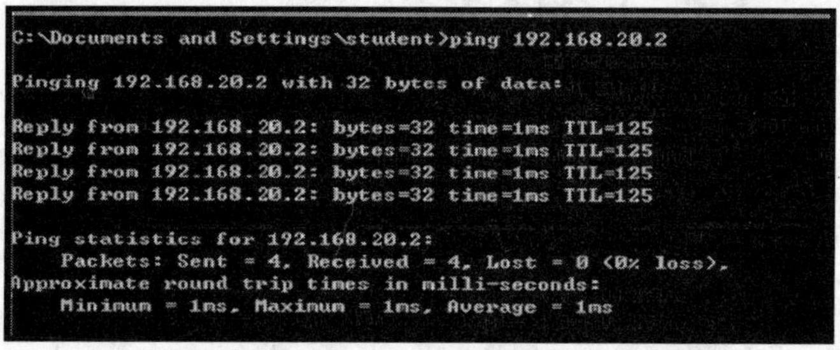

```
C:\Documents and Settings\student>ping 192.168.20.2

Pinging 192.168.20.2 with 32 bytes of data:

Reply from 192.168.20.2: bytes=32 time=1ms TTL=125
Reply from 192.168.20.2: bytes=32 time=1ms TTL=125
Reply from 192.168.20.2: bytes=32 time=1ms TTL=125
Reply from 192.168.20.2: bytes=32 time=1ms TTL=125

Ping statistics for 192.168.20.2:
    Packets: Sent = 4, Received = 4, Lost = 0 (0% loss),
Approximate round trip times in milli-seconds:
    Minimum = 1ms, Maximum = 1ms, Average = 1ms
```

图 7-4-2　连通性测试

3．在三层交换机上配置 OSPF

在三层交换机上配置路由协议，与在路由器上配置类似，只是将 VLAN 接口作为三层接口看待。有些厂家三层交换机还需要在接口上激活路由协议。

```
SW1(config)#int vlan 100
SW1(config-if)#ip add 192.168.10.1 255.255.255.0
SW1(config-if)#exit
SW1(config)#int vlan 200
SW1(config-if)#ip add 192.168.20.1 255.255.255.0
SW1(config-if)#exit
SW1(config)#router ospf 100
SW1(config-router)#network 192.168.10.0 0.0.0.255 area 0
SW1(config-router)#network 192.168.20.0 0.0.0.255 area 0
SW1(config-router)#exit
```

4. 将默认路由注入到 OSPF 域

将默认路由注入到 OSPF 域的方法对于 OSPF 来说有些特别，对于 RIP、EIGRP 等协议使用在分发就可以把默认路由分发到路由域中，但对于 OSPF 协议需要特别配置，如下所示：

```
SW1(config)#ip route 0.0.0.0 0.0.0.0 192.168.10.254
SW1(config)#router ospf 100
SW1(config-router)#default-information originate
SW1(config-router)#
```

5. 在三层交换机上配置静态路由

在三层交换机上配置静态路由与在路由器上配置类似，如果要配置一条到网络 202.112.80.0/24 的静态路由，则配置如下：

```
SW1(config)#ip route 202.112.80.0  255.255.255.0  192.168.10.254
```

第8章　计算机网络安全

引　言

随着计算机网络技术的迅猛发展，计算机网络的安全问题日益突出，为了保证网络的安全稳定，越来越多的人在研究有关网络安全的问题。这章我们将系统地讨论网络安全基本概念、密码体制的基本原理及意义、防火墙技术及入侵检测技术的应用。

内容结构图

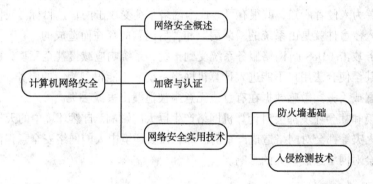

学习目标

- 了解计算机网络安全的定义与计算机网络的安全机制。
- 建立计算机网络安全的意识。
- 了解基本的网络加密技术。
- 了解防火墙的工作原理，掌握防火墙的基本配置。
- 了解入侵检测系统的工作原理，掌握侵检测系统的基本配置。

8.1　网络安全概述

网络安全的问题是计算机网络中的关键点。计算机网络能否得到更迅猛的发展和应用，网络安全起了很重要的作用。本节介绍网络安全的基本概念。

8.1.1　网络安全概念

1. 计算机网络安全的定义

计算机网络安全是指网络系统的硬件、软件及其系统中的数据受到保护，不因偶然或者恶意的原因而遭到破坏、更改、泄露，确保系统能连续、可靠、正常地运行，使网络服务不中断。网络安全从本质上讲就是网络上信息的安全。

计算机网络安全是通过采用各种技术和管理措施使网络系统正常运行，从而确保数据的可用性、完整性和保密性。所以，建立网络安全保护措施的目的是为了确保经过网络传输和交换的数据不会发生增加、修改、丢失和泄露等。

2. 计算机网路面临的威胁

影响网络安全的因素有很多，有自然的因素，也有人为的因素。其中人为因素危害较大，归纳起来，主要表现以下几点：

- 非授权访问。没有预先经过同意或者授权，就使用网络或计算机资源。如有意避开系统访问控制机制，对网络设备及资源进行非正常使用，或擅自扩大使用权限，越权访问信息非法获取信息。这些行为都有可能会对网络资源造成极大的破坏。
- 计算机病毒。病毒一直是计算机系统安全最直接的威胁，网络更是为病毒提供了迅速传播的途径。病毒以多种方式进入网络，然后对网络进行攻击，造成很大的损失。
- 系统的漏洞及"后门"。操作系统和软件都或多或少存在一定的缺陷和漏洞，一旦"漏洞"、"后门"为入侵者所知，就很有可能成为网络系统受攻击的首选目标。我们今天看到的很多黑客入侵事件就是由系统的"漏洞"和"后门"的存在而造成的。
- 拒绝服务攻击（DoS）。网络服务系统受到干扰，系统响应减慢甚至瘫痪，影响正常用户的使用，甚至使合法用户不能进入计算机网络系统或不能得到相应的服务。
- 信息泄漏或丢失。敏感数据在有意或无意中被泄漏出去或丢失。
- 自然环境和社会环境都会对计算机网络产生巨大的影响。自然环境中的天气、地震、洪水、海啸、火灾等都会对网络造成严重的破坏；社会环境中人的网络安全意识淡薄和不良社会风气也会对网络造成重大的影响。

8.1.2 网络安全机制

1. 网络安全策略一般性原则

- 综合分析网络风险原则。对任何一个网络来说，绝对安全难以达到，那么就应该结合该网络实际情况，对网络所面临的各种风险、威胁等进行定性及定量的综合分析，根据分析结果制订相关的措施和规范，确定本系统的安全策略。
- 综合性、整体性原则。运用系统工程的方法分析网络的安全问题，并制订相应措施。一个好的安全措施应该是多种方法综合运用的结果。计算机网络是一个极其庞大和复杂的系统，包括了多个环节，它们在网络安全中的影响和作用只有从系统综合、整体的角度去把握和分析，才可能获得有效、可行的措施。
- 易操作性原则。制订网络安全措施时，应尽量保证安全措施的易操作性，如果措施过于复杂，对操作人员要求太高，反而会因此降低网络的安全性。其次，所采用的措施不能影响系统正常运行。
- 灵活性原则。任何一个网络都不可能是一成不变的，它必然会随着外部和内部各种因素的影响而改变，这就要求安全措施必须能随着网络性能及安全需求的变化而变化，要具有一定的适应性，易于修改。

- 管理与制度相结合原则。除了采用技术措施之外，加强网络的安全管理，制订有关规章制度，对于确保网络的安全并使之可靠地运行将起到十分有效的作用。
- 统筹规划，分步实施原则。由于网络安全服务需求会随着环境、条件、时间的变化而变化，且随着入侵者攻击手段的不断翻新，安全防护策略也不可能一步到位，可以在一个比较全面的安全规划下，根据网络的实际需要，先建立基本的安全框架，保证基本的、必需的安全性。随着今后网络规模的扩大及应用的增加，不断调整和增强网络安全的防护力度，更全面地保证整个网络的安全性。

2．网络安全策略的技术实现

1）物理安全策略

物理安全策略的目的是保护计算机系统、网络服务器等硬件和通信链路免受自然灾害和人为破坏；验证用户的身份和使用权限、防止用户越权访问；确保计算机系统有一个良好的工作环境；建立完备的安全管理制度，防止非法进入计算机控制室和各种偷窃、破坏活动的发生。

2）访问控制策略

访问控制是网络安全保护的主要策略，它的主要任务是保证网络资源不被非法使用和非法访问。它也是维护网络系统安全、保护网络资源的重要手段。各种安全策略必须相互配合才能真正起到保护作用。访问控制可以说是保证网络安全最重要的核心策略之一，常用的访问控制策略包括入网访问控制、网络权限控制、网络服务器安全控制、网络监测和锁定控制等。

3）信息加密策略

信息加密技术是网络安全体系中的核心技术。通过信息加密可以保护网内的数据、文件和控制信息以及网上传输的数据。网络中常用的信息加密方法有链路加密、结点加密和端到端加密 3 种。链路加密是指所有信息在被传输之前进行加密，在每一个结点处对接收到的信息进行解密，然后再使用下一个链路的密钥对信息进行加密，再进行传输。在到达目的地之前，一条消息可能要经过许多通信链路的传输。结点加密在操作方式上与链路加密相似，不同的是结点加密不允许信息在网络结点以明文形式存在，它先把收到的信息进行解密，然后采用另一个不同的密钥进行加密，这一过程是在结点上的一个安全模块中进行的。端到端加密是为数据从一端到另一端提供的加密方式。数据在发送端被加密，在接收端被解密，中间结点处不以明文的形式出现。

4）安全管理策略

在网络安全中，除了采用技术措施之外，还应加强网络的安全管理，包括建立完善的安全管理体制和制度、确定安全管理等级和安全管理范围、制定有关网络操作使用规程和人员出入机房管理制度、制定网络系统的维护制度和应急措施等，对网络各类用户及相关人员加强安全意识、职业道德和责任心的培养以及相关的技术培训。这对于确保网络的安全运行起到十分重要的作用。

8.2 加密与认证

网络加密技术是计算机网络安全的基本手段，使用加密技术可以防止网络窃听，从而保证电子信息的安全。本节详细介绍加密技术的原理及应用。

8.2.1 网络加密技术

数据加密的基本过程就是对原来为明文的文件或数据按某种算法进行处理，使其成为不可读的一段代码，通常称为"密文"，在输入相应的密钥之后才能复原为可读的明文，通过这样的途径来达到保护数据不被非法人窃取、阅读的目的。该过程的逆过程为解密，即将该编码信息转换为其原来数据的过程。

目前常用的加密技术分为两类，即对称加密（Symmetric Cryptography）和非对称加密（Asymmetric Cryptography）。

1. 对称加密技术

对称加密又称为密钥密码技术，是一种比较传统的加密方式。它的加密运算、解密运算使用的是同样的密钥，信息的发送者和信息的接收者在进行信息的传输与处理时，必须共同持有该密钥。图 8-2-1 所示为对称加密的工作原理图。目前常用的对称加密算法有 DES 算法、IDEA 算法、RC2 算法、RC4 算法和 Skipjack 算法等。

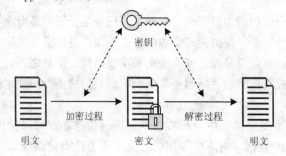

图 8-2-1　对称加密的工作原理

对称加密技术的安全性依赖于以下两个因素：第一，加密算法必须足够强，仅仅基于密文本身去解密信息在实践上是不可能的；第二，由于通信双方加密和解密时使用同一把密钥，因此加密方法的安全性依赖于密钥的秘密性，而不是算法的秘密性，因此，我们没有必要确保算法的秘密性，但一定要保证密钥的秘密性。事实上，现实中使用的很多单钥密码系统的算法都是公开的。

从图 8-2-1 中可以看，出对称加密技术存在的主要问题有两点：第一，密钥量问题，在对称加密系统中，每一对通信者都需要一对密钥，当用户增加时，必然会带来密钥量的成倍增长。因此在网络通信中，大量密钥的产生、存放和分配将是一个难以解决的问题。第二，密钥分发问题，在对称加密系统中，加密的安全性依赖于对密钥的保护，但是由于通信双方使用的是相同的密钥，人们又不得不相互交流密钥，为了保证安全，人们必须使用其他的安全信道来分发密钥，例如用专门的信使来传送密钥，这种做法的代价是相当大的，甚至是非常不现实的。

2. 非对称加密技术

非对称加密技术又称为公钥密码技术，它对信息的加密和解密使用不同的密钥，用来加密的密钥是可以公开的公钥，用来解密的密钥是需要保密的私钥，因而解决了对称加密技术中的密钥分发问题。图 8-2-2 所示为非对称加密的工作原理图。目前，常用的非对称加密算法有 RSA 算法、DSA 算法、PKCS 算法和 PGP 算法。

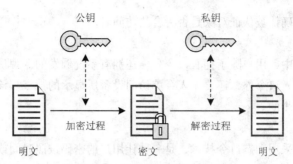

图 8-2-2 非对称加密的工作原理

在非对称加密系统中，加密和解密使用的是不同的密钥，这两个密钥之间存在着相互依存关系，即使用公钥加密的信息只能使用私钥来解密。这使得通信双方无须事先交换密钥就可进行保密通信。其中加密密钥和算法是对外公开的，人人都可以通过这个密钥加密文件然后发给收信者，这个加密密钥又称为公钥；而收信者收到加密文件后，可以使用自己的解密密钥解密，这个密钥是由他自己私人掌管的，并不需要分发，因此又称为私钥，这就解决了密钥分发的问题。非对称加密技术的工作过程如下：

（1）网络中的每个终端系统生成一个密钥对，用于加密和解密。

（2）每个系统都将公钥公开，而将私钥秘密保存。

（3）如果 A 想和 B 通信，使用 B 的公钥加密信息。

（4）当 B 收到信息后，使用私钥进行解密，其他用户无法知道 B 的私钥，因而也无法解密。

8.2.2 网络认证技术

认证技术是网络安全技术的重要组成部分之一，它是证实被认证对象是否属实和是否有效的一个过程。其基本思想是通过验证被认证对象的属性来达到确认被认证对象是否真实有效的目的。被认证对象的属性可以是口令、数字签名或者像指纹、声音、视网膜这样的生理特征。认证常常被用于通信双方相互确认身份，以保证通信的安全，一般可以分为以下两种：

- 身份认证：用于鉴别用户身份。
- 消息认证：用于保证信息的完整性和抗否认性；在很多情况下，用户要确认网上信息是不是假的、信息是否被第三方修改或伪造，这就需要消息认证。

1. 身份认证技术

身份认证是指计算机及网络系统确认操作者身份的过程。计算机网络系统是一个虚拟的数字世界。在这个数字世界中，一切信息包括用户的身份信息都是用一组特定的数据来表示的，计算机只能识别用户的数字身份，所有对用户的授权也是针对用户数字身份的授权。而现实世界是一个真实的物理世界，每个人都拥有独一无二的物理身份。如何保证以数字身份进行操作的操作者就是这个数字身份合法拥有者，也就是说，保证操作者的物理身份与数字身份相对应，成为了一个很重要的问题。身份认证技术就是为了解决这个问题而诞生的。常用的身份认证方法主要有以下 5 种：

1）基于口令的认证方法

传统的认证技术主要采用基于口令的认证方法。当被认证对象要求访问提供服务的系统时，提供服务的认证方要求被认证对象提交该对象的口令，认证方收到口令后，将其与系统中存储的用户口令进行比较，以确认被认证对象是否为合法访问者。

2）双因素认证

在双因素认证系统中，用户除了拥有口令外，还拥有系统颁发的令牌访问设备。当用户向系统登录时，用户除了输入口令外，还要输入令牌访问设备所显示的数字。该数字是不断变化的，而且与认证服务器是同步的。

3）一次口令机制

一次口令机制其实采用动态口令技术，是一种让用户的密码按照时间或使用次数不断动态变化，每个密码只使用一次的技术。它采用一种称之为动态令牌的专用硬件，内置电源、密码生成芯片和显示屏，密码生成芯片运行专门的密码算法，根据当前时间或使用次数生成当前密码并显示在显示屏上。认证服务器采用相同的算法计算当前的有效密码。用户使用时只需要将动态令牌上显示的当前密码输入客户端计算机，即可实现身份的确认。由于每次使用的密码必须由动态令牌来产生，只有合法用户才持有该硬件，所以只要密码验证通过就可以认为该用户的身份是可靠的。而用户每次使用的密码都不相同，即使黑客截获了一次密码，也无法利用这个密码来仿冒合法用户的身份。

4）生物特征认证

生物特征认证是指采用每个人独一无二的生物特征来验证用户身份的技术，常见的有指纹识别、虹膜识别等。从理论上说，生物特征认证是最可靠的身份认证方式，因为它直接使用人的物理特征来表示每一个人的数字身份，不同的人具有相同生物特征的可能性可以忽略不计，因此几乎不可能被仿冒。

5）USB Key 认证

基于 USB Key 的身份认证方式是近几年发展起来的一种方便、安全、经济的身份认证技术，它采用软、硬件相结合一次一密的强双因子认证模式，很好地解决了安全性与易用性之间的矛盾。USB Key 是一种 USB 接口的硬件设备，它内置单片机或智能卡芯片，可以存储用户的密钥或数字证书，利用 USB Key 内置的密码学算法实现对用户身份的认证。

2. 消息认证技术

随着网络技术的发展，对网络传输过程中信息的保密性提出了更高的要求，这些要求主要包括：

- 对敏感的文件进行加密，即使别人截取文件也无法得到其内容。
- 保证数据的完整性，防止截获人在文件中加入其他信息。
- 对数据和信息的来源进行验证，以确保发信人的身份。

现在业界普遍通过加密技术方式来满足以上要求，实现消息的安全认证。消息认证就是验证所收到的消息确实是来自真正的发送方且未被修改的消息，也可以验证消息的顺序和及时性。

消息认证实际上是对消息本身产生一个冗余的信息——MAC（消息认证码），消息认证码是利用密钥对要认证的消息产生新的数据块并对数据块加密生成的。它对于要保护的信息来说是唯一的，因此可以有效地保护消息的完整性，以及实现发送方消息的不可抵赖和不能伪造。

消息认证技术可以防止数据的伪造和被篡改，以及证实消息来源的有效性，已广泛应用于信息网络。随着密码技术与计算机计算能力的提高，消息认证码的实现方法也在不断地改进和更新中，多种实现方式会为更安全的消息认证码提供保障。

8.2.3 利用 PGP 加密技术文件

PGP（Pretty Good Privacy）是目前最流行的一种加密软件，它是一个基于 RSA 公钥加密体系的文件和邮件加密软件。我们可以用它对文件保密以防止非授权者阅读，它还能对用户的文件或邮件加上数字签名，从而使收信人可以确认发信人的身份。例如，用户 A 要给用户 B 发送电子邮件，A 和 B 都知道对方的公钥。A 就用 B 的公钥加密邮件后寄出，B 收到后就可以用自己的私钥解密，得到邮件的明文。由于别人不知道 B 的私钥，所以他们即使截获了该邮件，也无法解密，这样就解决了信件保密的问题。另一方面，A 可以使用数字签名技术来确认自己的身份，使 B 知道该电子邮件是 A 发给他的。

下面以用户 Jerry（邮件地址为 jerry@163.com）需要将文件 abc.txt 加密后发送给用户 Tom（邮件地址为 tom@yahoo.com.cn）为例，说明 PGP 的使用方法。

1. 安装 PGP

从 www.pgp.com 下载 PGP Desktop Pro 9.9 版，解压，单击 PGP990.exe 进行安装。安装过程其实很简单，一直单击 Next 按钮即可，一直到程序提示重新启动计算机。重启后，输入相应的序列号和许可证即可。

2. 用户 Tom 生成一对密钥

在使用 PGP 之前，首先需要生成一对密钥，这一对密钥其实是同时生成的，其中的一个称为公钥，可以分发给加密者，让他们用这个密钥来加密邮件。另一个称为私钥，这个密钥由用户自己保存，用来解开加密的邮件。选择"开始"→"程序"→"PGP"→"PGP Desktop"命令，弹出图 8-2-3 所示的窗口。

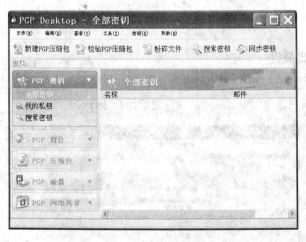

图 8-2-3　PGPkeys 程序界面

（1）选择"文件"→"新建 PGP 密钥"命令，会提示正在使用"PGP 密钥生成助手"，单击"下一步"按钮后填写邮件信息，如 tom@yahoo.com.cn，如图 8-2-4 所示。单击图 8-2-4 中的"高级"按钮，可以选择加密算法（默认为 RSA）和密钥长度（默认为 2048 比特）等。

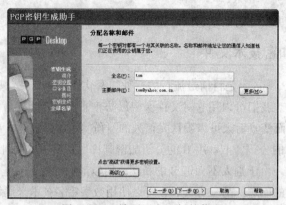

图 8-2-4　填写用户和邮件信息

（2）单击"下一步"按钮，在"创建口令"对话框中设置一个不少于 8 位的密码。勾选"显示键入"复选框，所输入的密码就会在相应的对话框中显现出来，如图 8-2-5 所示。单击"下一步"按钮，PGP 将完成密钥生成向导。

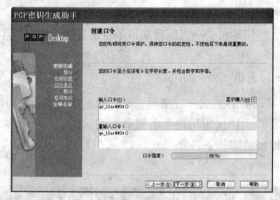

图 8-2-5　创建口令

3. 用户 Tom 导出公钥

在刚刚生成的密钥上右击，在弹出的快捷菜单中选择"导出"命令，如图 8-2-6 所示，导出扩展名为.asc 的公钥文件，如"tom.asc"，将它发给用户 Jerry。

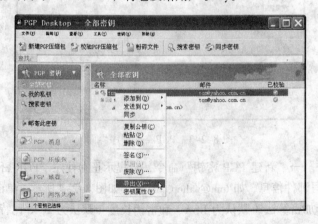

图 8-2-6　导出公钥

4．Jerry 导入 Tom 的公钥

Jerry 同样先安装 PGP 软件，然后将 Tom 的公钥文件 tom.asc 下载到自己的计算机上，双击该文件，会出现图 8-2-7 所示的对话框，此时，选中 Tom 的 E-mail 地址，单击"导入"按钮，导入 Tom 的公钥。

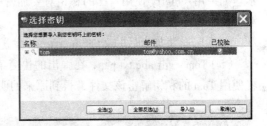

图 8-2-7　导入公钥

5．加密和解密测试

（1）Jerry 首先选中文件 abc.txt，然后右击，在弹出的快捷菜单中选择 PGP Desktop→"使用密钥保护"命令，如图 8-2-8 所示。

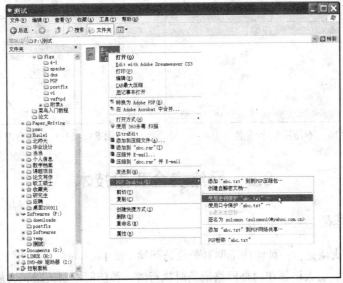

图 8-2-8　加密文件

（2）在弹出的"添加用户密钥"对话框中添加 Tom 的公钥文件 tom.asc 作为加密密钥，如图 8-2-9 所示，单击"下一步"按钮。

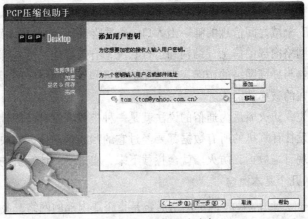

图 8-2-9　添加用户密钥

（3）在"签名并保存"对话框中，不使用数字签名，单击"下一步"按钮，如图 8-2-10 所示。如果用户 Jerry 使用自己的私钥对要加密的文件进行数字签名，则 Tom 收到该加密文件后，需要使用 Jerry 的公钥进行解密。

（4）Jerry 将加密后的文件 abc.txt.pgp 发送给 Tom。

（5）Tom 右击 abc.txt.pgp，在弹出的快捷菜单中选择 PGP Desktop→"解密&校验"命令，PHP 将使用 Tom 的私钥解密该文件，得到原来的明文文件 abc.txt，如图 8-2-11 所示。

图 8-2-10　不使用数字签名

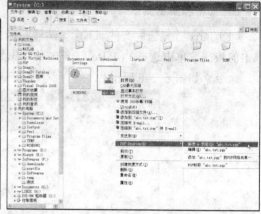

图 8-2-11　使用 PGP 解密文件

8.3　网络安全实用技术

8.3.1　防火墙基础

在网络中，防火墙是指一种将内部网和公众访问网（如 Internet）分开的网络设备，它实际上采用一种隔离技术。防火墙是在内外网络通信时执行的一种访问控制策略，它能允许您"同意"的数据进入您的网络，同时将您"不同意"的数据拒之门外，最大限度地阻止了网络中的非法访问。防火墙是用一个或一组网络设备通过执行安全策略在两个或多个网络间进行访问控制，以保护一个网络不受另一个网络威胁和入侵的安全技术。

防火墙一般部署在不同网络（如可信任的企业内部网和不可信的公共网）或网络安全域之间。它是不同网络或网络安全域之间信息的唯一出入口，通过监测、限制、更改跨越防火墙的数据流，尽可能地对外部屏蔽网络内部的信息、结构和运行状况，有选择地接受外部访问，对内部强化设备监管、控制对服务器与外部网络的访问，在被保护网络和外部网络之间架起一道屏障，以防止发生不可预测的、潜在的破坏性侵入。

对于普通用户来说，防火墙最为通俗的说法就是一种被放置在自己的计算机与外界网络之间的防御系统，从网络发往计算机的所有数据都要经过它的判断处理后，才决定能不能把这些数据交给计算机，一旦发现有害数据，防火墙就会拦截下来，实现了对计算机的保护功能。

1. 有关防火墙的几个基本概念

- 内部网络（Inside Network）：内部网络通常是指企业内部的网络，我们认为内部网络是安全可靠的，一般网络的攻击都来自于外部 Internet。在思科防火墙上，通常用安全级别来刻画网络的安全程度。安全级别是一个 0~100 之间的整数，数字越大，安全级别越高。它是防火墙的接口属性，防火墙的一个接口的安全级别被配置为 100 时，该接口所对应的网络就是内部网络。在主流网络厂商中，思科使用内部网络的概念。

- 可信任区域（Trust Zone）：可信任区域相当于思科的内部网络的概念，神州数码、华为等网络厂商使用可信任区域的概念。在这些厂家的防火墙上，可信任区域接口是固定的，是不可改变的。
- 外部网络（Outside Network）：外部网络通常是指 Internet 等公共网络，对企业而言，它是外部的，是不可信赖的。在思科防火墙上，一个接口的安全级别被配置为 0 时，该接口所对应的网络就是外部网络。在主流网络厂商中，思科使用外部网络的概念。
- 不可信任区域（Untrust Zone）：不可信任区域相当于思科的外部网络的概念，神州数码、华为等网络厂商使用不可信任区域的概念。在这些厂家的防火墙上，不可信任区域接口是固定的，是不可改变的。
- DMZ（Demilitarized Zone）：隔离区或非军事化区，该区域的划分主要是为了解决安装防火墙之后外部网络不能访问局域网服务器的问题，比如 Web 服务器、E-mail 服务器、视频会议、网络游戏等。通常将允许外部网络访问的服务器放在一个被称为 DMZ 的区域。在思科防火墙上，设置该区域的优先级在内部网络优先级（100）和外部网络优先级（0）之间。神州数码、华为等网络厂商防火墙的 DMZ 接口是固定的，是不可改变的。
- VPN（Virtual Private Network，虚拟专用网络）：它是指在专用和公共网络（比如 Internet）上创建安全的专用网络连接，又称为"隧道"，并不是物理专用网络。在防火墙中使用 VPN 功能可以创建临时连接，在网络中进行数据的安全传输。目前，大部分防火墙产品都支持该功能。

像路由器和交换机一样，在使用之前，防火墙也需要经过基本的初始配置。防火墙的初始配置也是通过控制台端口（Console）与 PC 的串口连接，再通过 Windows XP 系统自带的超级终端（HyperTerminal）程序进行选项配置。防火墙的初始配置物理连接与前面介绍的路由器和交换机初始配置连接方法一样。

防火墙的配置方法主要有以思科公司为代表的基于命令行的配置以及大多数防火墙厂家基于 Web 方式的配置。

防火墙的实现技术可根据防范的方式和侧重点的不同划分为多种类型，但总体来讲可分为三大类，即分组过滤、应用代理和状态检测。

- 分组过滤（Packet filtering）：作用在网络层和传输层，它根据分组包头源地址、目的地址和端口号、协议类型等标志确定是否允许数据包通过。只有满足过滤规则的数据包才被转发到相应的目的地出口端，其余数据包则被从数据流中丢弃。
- 应用代理（Application Proxy）：也叫应用网关（Application Gateway），它作用在应用层，其特点是完全"阻隔"了网络通信流，通过对每种应用服务编制专门的代理程序，实现监视和控制应用层通信流的作用。实际中的应用网关通常由专用工作站实现。
- 状态检测（Stateful Inspection）：状态检测防火墙又称为动态报文过滤防火墙，它采用一种基于连接的状态检测机制，将属于同一连接的所有报文作为一个整体的数据流看待，构成连接状态表，通过过滤规则表与连接状态表的共同配合，对表中的各个连接状态加以识别。

防火墙分为两大类，即硬件防火墙和软件防火墙。软件防火墙是一种安装在负责内外网络转换的网关服务器或者独立的个人计算机上的特殊程序，它是以逻辑形式存在的，防火墙程序跟随系统启动，通过运行特殊驱动模块把防御机制插入系统关于网络的处理部分和网络接口设备驱动之间，形成一种逻辑上的防御体系。

软件防火墙工作于系统接口与网络驱动程序接口（Network Driver Interface Specification，NDIS）之间，用于检查过滤由 NDIS 发送过来的数据，在无须改动硬件的前提下便能实现一定强度的安全保障，但是由于软件防火墙自身属于运行于操作系统上的程序，不可避免地需要占用一部分 CPU 资源维持工作，而且由于数据判断处理需要一定的时间，在一些数据流量大的网络中，软件防火墙会使整个系统工作效率和数据吞吐速度下降，甚至有些软件防火墙会存在漏洞，导致有害数据可以绕过它的防御体系，给数据安全带来损失。

硬件防火墙是一种以物理形式存在的专用设备，通常架设于两个网络的分界处，直接从网络设备上检查过滤有害的数据报文，位于防火墙设备后端的网络或者服务器接收到的是经过防火墙处理的相对安全的数据不必另外分出 CPU 资源去进行基于软件架构的 NDIS 数据检测，可以大大提高工作效率。

硬件防火墙（如思科公司的 ASA）利用专用 ASIC 芯片和专用、高效、安全的操作系统，以几乎接近线速的吞吐量处理数据。防火墙的性能指标主要包括吞吐量、支持的并发连接数、延迟、丢包率、VPN 支持、在有 VPN 时的吞吐量等。

2．防火墙的工作模式

防火墙主要工作在路由模式或透明模式中，有些厂家的防火墙也可运行在混合模式中。例如：思科的防火墙主要工作在路由模式或透明模式中；神州数码和华为等厂家的防火墙可以在 3 种模式之一中工作。

3．防火墙的路由模式

在路由模式中，网络中的防火墙可以让处于不同 IP 网络的计算机通过路由转发的方式相互通信。在防火墙上可以运行 RIP、OSPF 等选路协议。路由模式支持多个网络接口，不同的接口必须在不同的 IP 网络上。

路由模式工作过程如下：

防火墙工作在路由模式下，此时所有接口都配置 IP 地址，各接口所在的安全区域是三层区域，不同三层区域相关的接口连接的用户属于不同的子网。当报文在三层区域的接口间进行转发时，根据报文的 IP 地址来查找路由表，此时防火墙表现为一个路由器。但是，防火墙与路由器存在不同，防火墙中 IP 报文还需要送到上层进行相关过滤等处理，通过检查会话表或 ACL 规则以确定是否允许该报文通过。此外，还要完成其他防攻击检查。路由模式的防火墙支持 ACL 规则检查、OSPF 状态过滤、防攻击检查、流量监控等功能。

4．防火墙的透明模式

透明模式就是对用户是透明的，即用户意识不到防火墙的存在。要想实现透明模式，防火墙的各接口必须在没有 IP 地址的情况下工作，用户也不知道防火墙的 IP 地址。作为管理需要，例如，通过 SNMP 管理防火墙，或者通过 Telnet、SSH 等进入防火墙，可以设置一个管理 IP 地址。透明模式的防火墙就好像是一台透明网桥，网络设备（包括主机、路由器、工作站等）和所有计算机的设置（包括 IP 地址、网关和 DNS 等）不需要改变。防火墙解析所有通过它的数据包，既增加了网络的安全性，又降低了用户管理的复杂程度。

5．防火墙的混合模式

如果防火墙既存在工作在路由模式的接口（接口具有 ip 地址），又存在工作在透明模式的接口（接口无 IP 地址），则称防火墙工作在混合模式下。混合模式主要用于透明模式做双机备份的情况，此时启动 VRRP（Virtual Router Redundancy Protocol，虚拟路由冗余协议）功能的接口需要配置 IP 地址，其他接口不配置 IP 地址。

防火墙工作在混合透明模式下，配置 IP 地址接口所在的安全区域是三层区域，接口上启动 VRRP 功能，用于双机热备份；而未配置 IP 地址的接口所在的安全区域是二层区域，和二层区域相关接口连接的用户同属一个子网。

8.3.2　入侵检测技术基础

入侵检测是指任何试图危机计算机资源的完整性、可用性或机密性的行为。入侵检测系统是对入侵行为的发觉。它从计算机或系统中的若干关键点收集信息，并对这些信息进行分析，对保护的系统进行安全审计、监视、进攻识别并做出实时的反应。

1．入侵检测系统的作用和功能

入侵检测系统的作用和功能如下：

- 监控、分析用户和系统的活动。
- 审计系统的配置和弱点。
- 评估关键系统和数据文件的完整性。
- 识别攻击的活动模式。
- 对异常活动进行统计分析。
- 操作系统审计跟踪管理，识别违反策略的用户活动。

2．入侵监测系统的优点

入侵监测系统具有以下优点：

- 提高信息安全构造的其他部分的完整性。
- 提高系统的监控能力。
- 从入口点到出口点跟踪用户的活动。
- 侦测并纠正系统配置错误。
- 识别特殊攻击类型，并向管理人员发出警告，进行防御。

3．入侵检测系统的缺点

入侵检测系统具有以下缺点：

- 不能弥补差的认证机制。
- 若没有人的干预，不能管理攻击调查。
- 不能得知安全策略的内容。
- 不能弥补网络协议上的弱点。
- 不能弥补系统提供质量或完整性的问题。

4. 入侵检测系统的工作模式

入侵检测系统的工作模式可以划分为 4 个步骤：

（1）从系统的不同环节收集信息。

（2）分析该信息，试图寻找入侵活动的特征。

（3）自动对检测的行为作出响应。

（4）记录并报告检测过程及结果。

一个典型的入侵检测系统从功能上可以分为 3 个部分：感应器、分析器和管理器。感应器负责收集信息；分析器从许多感应器接收信息，并对其进行的处理，以决定是否有入侵行为发生；管理器通常也被称为用户控制台。

5. 入侵检测系统的分类

按照检测方法，入侵检测系统可以分为异常检测和误用检测。按照数据来源或者目标系统的类型，入侵检测可以分为基于主机的入侵检测和基于网络的入侵检测。

- 异常检测：系统首先统计出正常操作应该具有的特征，当用户活动与正常行为有重大偏差时就被认为入侵。
- 误用检测：系统收集非正常行为的特征，建立相关的数据库，当检测到用户的行为与库中的记录相匹配时，系统就认为这种行为是入侵。
- 基于主机的入侵检测系统：通常安装在被重点检测的主机之上，保护的目的也是运行系统的主机，主要是对该主机的网络实时连接以及系统审计日志进行智能分析和判断。可以监视系统、事件和操作系统下的安全记录以及系统记录。
  - ➢ 优点：主机入侵检测系统对分析"可能的攻击行为"非常有用。主机入侵检测系统与网络入侵检测系统相比通常能够提供更详尽的相关信息。
  - ➢ 弱点：基于主机的入侵检测系统安装在我们需要保护的设备上，这会降低应用系统的效率。
- 基于网络的入侵检测系统：基于网络的入侵检测系统获取的数据是网络传输的数据包，基于网络的入侵检测系统通常利用一个运行在混合模式下的网络适配器来实时监视并分析通过网络的所有通信业务。
  - ➢ 优点：基于网络的入侵检测系统能够检测那些来自网络的攻击，它能够检测到超过授权的非法访问。网络入侵检测系统发生故障不会影响正常业务的运行。部署一个网络入侵检测系统的风险比主机入侵检测系统的风险要小得多。
  - ➢ 弱点：基于网络的入侵检测系统只检查它直接连接网段的通信，不能检测在不同网段的网络数据包。网络入侵检测系统为了性能目标通常采用特征检测的方法，它可以检测出普通的一些攻击，而很难实现一些复杂的大量计算与分析时间的攻击检测。网络入侵检测系统处理加密的会话过程较困难。

6. 入侵检测系统的数据来源

入侵检测系统中分析检测入侵攻击的数据主要来源于主机系统日志、网络数据包、系统针对应用程序的日志数据、防火墙报警日志以及其他入侵检测系统或监控系统的报警信息。

1）基于主机的数据源